名贵珠宝

鉴赏与收藏

张庆麟工作室 编著

上海科学技术出版社

图书在版编目（CIP）数据

名贵珠宝鉴赏与收藏/张庆麟工作室编著. —上海：上海科学技术出版社，2014.4
　ISBN 978-7-5478-2127-5

　Ⅰ.①名… Ⅱ.①张… Ⅲ.①宝石－鉴赏②宝石－收藏 Ⅳ.①TS933.21②G894

中国版本图书馆CIP数据核字（2014）第026357号

名贵珠宝鉴赏与收藏
张庆麟工作室　编著

上海世纪出版股份有限公司
上　海　科　学　技　术　出　版　社　出版
（上海钦州南路71号　邮政编码200235）
上海世纪出版股份有限公司发行中心发行
200001　上海福建中路193号　www.ewen.cc
上海中华商务联合印刷有限公司印刷
开本 787×1092　1/16　印张 16.5　字数 300千字
2014年4月第1版　2014年4月第1次印刷
ISBN 978-7-5478-2127-5/G·496
定价：98.00元

本书如有缺页、错装或坏损等严重质量问题，请向工厂联系调换

前言

　　金光闪烁、晶莹璀璨的珠宝是大自然的骄子，也是大自然赠予我们人类的最珍贵礼物。古罗马时代著名的长老大普林尼（23～79年）曾怀着无比崇敬和爱慕的心情赞美道："在宝石微小的空间中，包含了整个壮丽的大自然，仅一颗宝石就足以表现天地万物之优美。"面对这大自然的珍贵赠予，古往今来有谁不为之动心？有谁不真诚惜爱、热烈追求？

　　人们对珠宝的喜爱，从当代珠宝首饰业的发展就可窥见一斑。据有关资料统计，珠宝首饰业在世界上是一个具有十分重要地位的产业。20世纪70年代中期，其在世界上的总产值就曾达250亿美元，是当时黄金总产值的5倍，比世界全部非金属矿产的总产值的1/3还多。到1986年，世界珠宝业的总产值又增至359亿美元；1992年再猛增至960亿美元；到20世纪末2000年又增至2 500亿美元，是25年前的十倍。据英国研究公司购物者报告，全球包括珠宝、黄金奢侈品牌的支出额至2012年增长到4 650亿美元。其增长速度之快，让许多其他重要产业都无法望其项背。

　　珠宝业之所以如此兴旺发达，当然不仅仅因为珠宝是一种令人赏心悦目的饰物，可使佩戴者更添几分俏丽，几分华贵；而且还在于它在人们的心目中一直是幸运、财富、地位、权贵的象征，致使每一位珠宝的拥有者，都会因之而增添几分自信，几分荣耀；还因为珠宝的财富效应，致使它成为一种硬通货，一种具有巨大升值潜力的投资品种，又使许多收藏家和投资者也纷纷涌入这一领域，竞相觅取和收藏各种珠宝，期望由此获得几分收益、几分乐趣；再者，珠宝还藏有许多令人迷惑的自然之谜，拥有众多神奇的理化性质，这使科学家们和技术专家们也对它格外垂青，格外重视，渴望能够从它那里揭开大自然的奥秘，期望能利用它来推进技术、材料领域的新进展，这又使许多珠宝成为众多高精尖技术领域中不可或缺的新材料、新元件，为珠宝业的发展开辟了一条广阔而崭新的道路。

　　人们在投资收藏珠宝时，首先会面临如何选择的问题。珠宝品种繁多、五光十色，琳琅满目，这常常让人不知如何选择。它们都是一些什么品种？拥有哪些令人称羡的优秀品质？哪些更适合自己的个性、更能体现自己的财富和地位？它们中究竟哪个具有投资收藏的价值，具有保值、升值的潜力？为了帮助读者解开这些疑惑，我们在这本书中将选择一些最受人们青睐，市场上最热销，也相对最具保值、升值潜力的名贵珠宝作为本书叙述的对象，希望能给读者们提供一些有益的参考。这便是本书的第一个目的。

其次，大家知道，人们常常说"黄金有价玉无价"。珠宝由于影响其价格的因素比较繁杂，这就使其不可能像黄金、白银那样能简单地根据其重量来评估其价格，而是要从多方面来进行分析和评判，以致两块看似相似的珠宝却有着完全不同的悬殊价格，难免给不知详情的人看来是"玉无价"了。那么究竟应该怎样对珠宝的价格作出正确的评估呢？应该说，回答这一问题的难度很大，因为它不仅涉及珠宝的真伪，还涉及它的优劣高低，以及许多社会、经济、文化等方面的因素和动态变化。所以，即使是同一件珠宝，在不同的场合下，也可能有着完全不同的价格。不过，尽管存在这样一些困难，我们还是希望通过本书的相关介绍，让你熟悉影响珠宝价值的各种因素，了解当代珠宝市场的主要动态，从而尽可能地把握好适当的买入价格，为保值、增值奠定有利的基础。这是本书希望达到的第二个目的。

第三，人们在面对这潜藏有无限机遇和令人爱不释手的珠宝，而怦然心动和渴望获取的同时，常常也免不了会有些许担心，担心自己所购的珠宝是否物有所值，更担心遭遇不法商人的欺诈，误把那些假冒伪劣的珠宝当作真品佳品购入。事实上人们不难听说，某小姐花了上万元把所谓的合成碳硅石当作真钻石买回来；某先生去国外旅游，带回一只红宝石戒指，经行家鉴定却是价格低得多的合成红宝石；人们也听到，有人把本来只值几十元的所谓"马来西亚玉"，当作真翡翠以数千元的价格出售；还曾听说，在某地的旅游市场上出售的珠宝，竟有90%以上是假冒伪劣产品……诸如此类的例子，让人不禁在美丽动人的珠宝玉石面前举棋难定，犹豫难决。因此，怎样识别这些珠宝玉石的真伪优劣，自然是每一个珠宝爱好者、收藏者和投资者十分关心的课题。不过，要真正做到识别珠宝的真伪，却不是一件容易做到的事情。今天由于高新技术的不断涌现，致使假冒产品也越来越逼真，越来越难以识别，即使是行家里手也难免走眼。尽管如此，掌握一些基本的珠宝知识，了解市场上常见的作假和仿冒手法，无疑将有助于你不致轻易地上当受骗，错把赝品当真品，蒙受不该承担的损失。这是本书希望达到的第三个目的。

本书是笔者多年来在珠宝领域中不断学习的心得和体会，也是多年来从事教学、科研和鉴定实践的经验汇总。在编写过程中，我们还参阅了国内外的一些相关著述，如丘志力著的《珠宝市场估价》、张蓓莉主编的《系统宝石学》等，以及散见在珠宝界刊物中的一些论述。在此，特向有关作者表示真挚的感谢。

当然，本书也存在一定的缺陷与不足。这一方面是受篇幅的限制，使我们不得不对有些内容作了割舍，比如对钻石的评价体系，在世界不同的国家和地区是有所不同的，我们未能对此作一横向比较；又比如对翡翠的价格评估，世界上也存在一些不同的意见和做法，我们也未能进行充分介绍和分析。同样，也受限于篇幅，我们忽略了一些为许多爱好者喜爱的珠宝，如当今市场上被狂热炒买的田黄石和鸡血石等，在本书中均未予涉及。另一方面，限于笔者本身掌握资料的不足，可能会出现某些不该有的遗漏，甚至差错。我们也欢迎读者对此提出批评和指正。

尽管如此，我们深信，本书对于大多数珠宝爱好者和收藏投资者来说，还是会提供十分有用且有益的参考，尤其是对那些热心于收藏投资钻石、红蓝宝石、翡翠等名贵宝石的爱好者们，本书的内容已能满足他们的基本需要，可以成为他们的必备参考手册。

最后，愿本书能真正成为珠宝爱好者和投资收藏者的益友和参谋，并衷心地预祝读者能从珠宝的投资收藏中，不仅获得美的享受、知识的积累和收藏的乐趣，还能获得良好的经济效益。

张庆麟
2013 年 10 月

目 录

总论　名贵珠宝收藏基本知识 / 1

一、珠宝的概念和属性 / 2
（一）宝石、玉石、有机宝石的概念 / 2
（二）珠宝的三个基本属性 / 4
（三）市售珠宝的六种类型 / 6

二、珠宝的收藏与投资 / 8
（一）珠宝是最佳的投资选择 / 8
（二）影响珠宝价格的主要因素 / 9
（三）世界珠宝市场概况 / 11
（四）我国的珠宝市场 / 12
（五）世界珠宝资源的分布 / 13
（六）我国的珠宝资源 / 15
（七）珠宝收藏投资要点 / 17

三、珠宝的防伪技术 / 21
（一）晶系与珠宝鉴别 / 21
（二）颜色与珠宝鉴别 / 23
（三）光泽的鉴定价值 / 25
（四）硬度与珠宝鉴别 / 26
（五）解理与珠宝鉴别 / 27
（六）折射、双折射与珠宝鉴别 / 29
（七）偏光仪、二色镜和滤色镜的使用 / 31
（八）密度的鉴别意义 / 32
（九）荧光及荧光测试 / 34

（十）包裹体的鉴定价值 / 35
（十一）珠宝鉴别的其他方法 / 38

第一篇　宝石 / 39

一、钻石 / 40

（一）价值昂贵的钻石 / 40
（二）钻石的质重与价格 / 41
（三）颜色与钻石价格 / 44
（四）钻石的净度等级与价格 / 46
（五）钻石的琢型与切工评判 / 48
（六）钻石分级报告 / 51
（七）身价非凡的彩钻 / 52
（八）钻石的人工处理 / 56
（九）钻石净度的"三级跳" / 57
（十）钻石改色的几种方法 / 59
（十一）初露真貌的合成钻石 / 62
（十二）各种各样的仿钻 / 64
（十三）钻石的收藏投资要点 / 67
（十四）世界钻石资源概况 / 67
（十五）我国的钻石资源 / 69
（十六）钻石销售与价格走势 / 71

二、红宝石 / 73

（一）红宝石的主要特性 / 73
（二）红宝石的价值评估 / 75
（三）人工优化处理红宝石的特征 / 78
（四）合成红宝石揭秘 / 80
（五）貌似红宝石的仿冒品 / 83
（六）红宝石收藏投资要点 / 85
（七）世界红宝石资源的分布 / 86

（八）红宝石的消费市场 / 88

三、蓝宝石 / 89
（一）蓝宝石的基本概况 / 89
（二）形形色色的蓝宝石 / 91
（三）蓝宝石的价值评估 / 92
（四）蓝宝石的优化处理与合成 / 94
（五）"希望蓝宝石"和各类仿冒品 / 98
（六）蓝宝石收藏投资要点 / 100
（七）蓝宝石的供需市场 / 101

四、祖母绿及其他绿柱石宝石 / 103
（一）祖母绿的一般特征 / 103
（二）评价祖母绿价值的因素 / 105
（三）祖母绿的优化处理与合成 / 107
（四）仿冒祖母绿一览 / 109
（五）祖母绿的收藏投资要点 / 110
（六）祖母绿的供需市场 / 111
（七）海蓝宝石 / 113
（八）其他绿柱石宝石 / 115

五、金绿宝石 / 118
（一）金绿宝石的特性 / 118
（二）会变色的变石 / 119
（三）神奇的猫眼石 / 121
（四）珍贵的变石猫眼 / 123
（五）金绿宝石的收藏投资要点 / 123
（六）金绿宝石的供需概况 / 124

六、碧玺 / 126
（一）碧玺概述 / 126
（二）碧玺的主要品种 / 128
（三）碧玺的品质评价 / 130
（四）碧玺的优化处理和人工合成 / 131
（五）碧玺的收藏与投资 / 132

七、石榴石 / 134
（一）石榴石概述 / 134
（二）石榴石的主要品种 / 135
（三）石榴石的品质评价与优化处理 / 141
（四）石榴石的供销市场和投资收藏要点 / 143

第二篇　玉石 / 145

一、翡翠 / 146
（一）翡翠的基本特征 / 146
（二）翡翠评价的颜色因素 / 148
（三）透明度和质地的评价意义 / 151
（四）翡翠价值评价的其他因素 / 154
（五）警惕B货翡翠 / 156
（六）C货翡翠与其他处理手段 / 158
（七）常见的翡翠仿冒品 / 160
（八）翡翠的收藏投资要点 / 165
（九）翡翠料石的来源 / 167
（十）翡翠加工和消费市场概况 / 169

二、软玉 / 171
（一）软玉的基本特征 / 171
（二）软玉的主要品种 / 173
（三）评价软玉优劣的因素 / 176
（四）软玉的作伪处理 / 178
（五）常见的白玉仿冒品 / 180
（六）古玉简介 / 182
（七）软玉收藏投资要点 / 185
（八）软玉的供需概况 / 185

三、欧泊 / 187
（一）色彩变幻的欧泊 / 187
（二）欧泊的优劣评价 / 189
（三）欧泊的处理、合成和仿造 / 191
（四）欧泊的收藏投资要点 / 194
（五）欧泊的供需概况 / 195

四、绿松石 / 197
（一）绿松石的基本情况 / 197
（二）绿松石的性质与品种 / 199
（三）绿松石的优劣评价 / 201
（四）绿松石的人工美化处理 / 202

（五）常见的绿松石的仿冒品 / 205
（六）绿松石的投资收藏要点 / 207
（七）绿松石的供需概况 / 208

第三篇　有机宝石 / 211

一、珍珠 / 212

（一）深渊之宝 / 212
（二）珍珠的类型 / 213
（三）珍珠的颜色 / 215
（四）评价珍珠品质七要素 / 217
（五）珍珠的鉴别 / 222
（六）珍珠的收藏投资要点 / 225
（七）世界珍珠的供需概况 / 227

二、琥珀 / 230

（一）琥珀的基本状况 / 231
（二）琥珀的品种与品质评价 / 232
（三）再说蜜蜡 / 234
（四）琥珀的人工处理 / 236
（五）赝品琥珀的鉴别 / 237
（六）琥珀的收藏 / 239
（七）琥珀的供需概况 / 240

三、红珊瑚 / 242

（一）珊瑚的生物学概况 / 243
（二）珊瑚的宝石学特征 / 244
（三）珊瑚的优劣评价 / 245
（四）其他珊瑚品种 / 247
（五）珊瑚的人工处理和常见仿冒品 / 249
（六）珊瑚的收藏投资要点 / 251
（七）珊瑚的供需概况 / 252

后记 / 254

总论
名贵珠宝收藏基本知识

一、珠宝的概念和属性

珠宝是珠宝玉石的简称，我国国家标准 GB/T 16552-1996《珠宝玉石名称》中指出："珠宝玉石是对天然珠宝玉石和人工珠宝玉石的统称"。也就是说，它既包含了天然产出的具有美观、耐久、稀少性和具有工艺价值、可加工成饰品的物质，也包含了具有相似特征的人工制品。该标准还进一步指出：珠宝玉石可再分为宝石、玉石和有机宝石三大类。

◆ 美丽的珠宝饰品

（一）宝石、玉石、有机宝石的概念

让我们先来讲讲"宝石"，宝石，顾名思义就是一种宝贵的石头。但作为一个名词，在使用上长期来却一直存在着一定程度的混乱，有广义和狭义两个不尽相同的含义。

广义的宝石是珠宝的同义词。按照国标上的定义，它是那些具有美观、耐久、稀少性和具有工艺价值、可加工成饰品的物质。已知符合这一定义的物质主要有矿物和岩石两大类。那么矿物和岩石又有什么区别呢？

矿物是地球上一切地体的最基本组成单元，就像细胞是生物体的基本组成单元一样。矿物从其化学组成来说，可区分为单质矿物和化合物矿物两类。前者是由某一种元素自身结合而成的，如钻石就是由碳元素自身结合而成的；后者则是由两种或两种以上元素互相化合而成，如水晶就是由硅和氧这两种元素结合组成的。

已知极大多数矿物是以固体的形态产出，而且它们还几乎都是晶体。所谓晶体，是指组成该晶体的各个元素的质点都作有规律的重复排列。这种内部结构上的规律性，就决定了在外界环境许可的情况下，它们都会自动地形成具有一定的几何多面体形态的固体——晶体。而非晶体，如常见的玻璃，其组成物质的质点则是作无序的、任意的、无规律排列的。晶体可大可小，大的晶体长径可超过 1 米，甚至更大；小

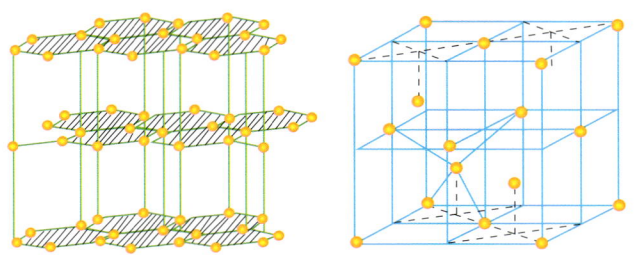

石墨（左）和钻石（右）的晶体结构（碳原子的排列方式）

的晶体可小到不足一毫米，甚至小到在普通的光学显微镜下都很难分辨其颗粒。但不管是大是小，同一种矿物的晶体都具有相同的晶体结构，即具有相同的质点排列方式。

矿物的物理化学性质，不仅决定于其化学成分，也决定于其晶体结构，所以具有相同化学成分但晶体结构不同的两种矿物，会具有完全不同的性质。钻石和石墨就是最典型的例子。它们两者都是由碳元素构成的单质矿物，但由于晶体结构明显不同，所以就具有截然不同的物理化学性质。

岩石与矿物相比，是属于更高一个层次的物质单元。它们是由许许多多矿物的小晶体共同组合而成的，所以也可称为"矿物集合体"。有的岩石是基本上由同一种矿物集合组成的，称为单矿物岩，常见的大理岩就是基本上由碳酸钙的矿物——方解石组成的单矿物岩，大多数翡翠和软玉也属于单矿物岩；有的岩石则是由两种或两种以上矿物集合组成，称多矿物岩，如常见的花岗岩就是由石英、黑云母和长石三种矿物共同组成，我国河南南阳地区产的著名的独山玉也是一种多矿物岩，它由斜长石、黝帘石、铬云母等几种不同的矿物集合而成。

明白了矿物和岩石的区别，我们就可以知道如何区分国标中所划分出来的三大类珠宝——宝石、玉石和有机宝石。

这里所说的宝石，是指狭义的"宝石"，即指广义宝石中那些由矿物的单个晶体所构成的具有工艺价值、可加工成饰品的物质，以及与其相当的人工制品。也就是说，狭义的宝石是由矿物的独立晶体构成的，如钻石、红宝石、蓝宝石等等。

玉石则不同，它是由许许多多矿物的小晶体共同组成的，所以，它实际上是一种岩石。如翡翠、软玉、玛瑙等皆是。

天然的宝石（狭义的）和玉石都是各种地质作用的产物，而

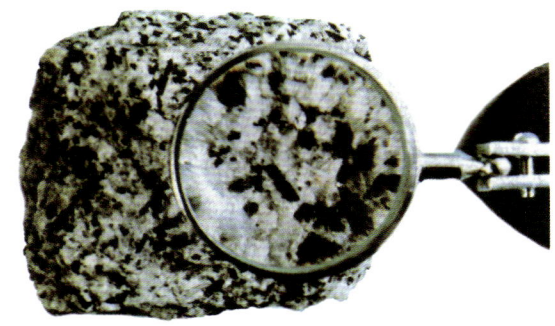

由石英（微蓝色）、黑云母（黑色）和长石（白色）共同组成的花岗岩

所谓的有机宝石，则不是地质作用的产物，而是生物作用的产物。它们有的是生物的骨骼、介壳和牙齿，有的则是生物的分泌物或变化了的残骸。前者如珊瑚、玳瑁和象牙，后者如珍珠、琥珀和煤精等。构成有机宝石的物质，有的完全是有机物，如琥珀，它由多种成分不同的树脂酸等构成；也有的主要是无机矿物加上少量有机物构成，如珍珠主要由成分为碳酸钙（$CaCO_3$）的矿物——文石（占组成物质的86%～93%）及少量有机物构成。

（二）珠宝的三个基本属性

地球上已知矿物有 3 000 多种，岩石的种类则可以说是不计其数，生物的产物也多种多样，但可用作珠宝的总数不超过 200 种。为什么比例是如此之低呢？原来这是由于珠宝还有三个最基本的属性，只有符合这三个基本要求的矿物或岩石，才有可能跻身珠宝的殿堂。

这三个属性是：

1. **美观**。美是珠宝的灵魂。珠宝要让人喜爱，具有观赏和装饰价值，美当然是首位的选择条件。只有美丽的矿物和岩石才会被选为珠宝。我国古人就曾指出："玉，石之美"，简洁明了地说出了宝玉石的本质。珠宝的美，通常首先体现在它的色彩上，凡是具有明媚、悦目、纯正的色彩的多被视为上品，否则即使其他条件再好，也与珠宝无缘。美观还涉及许多其他方面，如光泽是否璀璨，亮度是否耀眼，是否晶莹剔透，有无所谓的"出火"现象，有无有碍观感的瑕疵等。另外，若能拥有特殊的光学现象，如所谓的"猫眼效应"、"星光效应"、"变色效应"、"变彩效应"、"日光石效应"、"月光石效应"以及夜光现象等，都会使宝石变得更加瑰丽、更加神奇，也更加令人爱不释手。

2. **稀罕**。珠宝除了美观艳丽外，还要有一定的"身价"，这就要求它应该数量较少，才能"物以稀为贵"。稀罕有两种情况，一是它在自然界中本来就产量稀少。例如钻石就是一种产量比较稀少的物质。据统计，即使在含钻石比较丰富的矿山上，人们平均每开采 3 吨多矿石才能获得不足 1 克拉（1 克拉 = 0.2 克）的钻石；而且这些钻石中有的由于存在这样那样的弊病，还不能用作宝石，仅可用于工业。只有一小部分可选作宝石，但在把它们加工成一定琢型时，常常还会有 1/3～1/2 被人为地磨削掉，因此，要取得 1 克拉磨好的钻石，人们实际上平均要开采 20 吨左右的矿石。造成稀罕的另一情况是加工困难。如在我国的古籍中，一直把珍珠玛瑙视为财富的象征，可见玛瑙在古人的心目中是十分贵重的。这是因为玛瑙十分坚硬（硬度 7 级），对于生产工具落后的古人来说，将其琢磨成美玉是十分困难的。但在今天，生产技术的提高使玛瑙的加工已变成并不需要花很大劲的事情，加之玛瑙在自然界远不像钻石、祖母绿那样稀罕，这就使玛瑙在宝石殿堂中的地位迅速下降，成为一种十分普通、价格也比较低廉的中低档玉石。

3. **耐久**。对珠宝来说也十分重要，因为只有耐久才能使珠宝永葆艳姿美色。世界著名的钻石商德比尔斯公司有一句广告语——"钻石恒久远，一颗永留传"，就充分体现了钻石耐久的性质。事实上，世界上有许多著名的珠宝都有几百年甚至上千年的流传历史。珠宝的耐久性，表现在物理性质和化学性质两方面。在物理性质方面，首要因素是硬度。由于在自然界里石英是一种分布十分广泛的矿物，空气中也有很多石英尘粒，而石英的硬度是 7 级，所以，若要保证珠宝在长期佩戴后仍能永葆美艳，不被石英尘粒所侵蚀，就要求珠宝的硬度也不低于石英，即不低于 7 级。然而，由于自然界客观上能满

具美丽艳红色的辰砂

足硬度在 7 级以上的珠宝并不多，因此那些硬度虽然稍低一些，但能满足美观和稀罕这两大条件的矿物和岩石也仍可在珠宝殿堂中保留一席之地。不过，它们通常被降格使用，隶属中低档的行列，而真正的贵重宝石，如世界公认的四大名贵宝石——钻石、红蓝宝石、祖母绿、金绿宝石（变石和猫眼），其硬度都在 7 级以上。与物理性质相比，化学性质的稳定性对珠宝的耐久性更为重要。譬如辰砂，是一种具有美丽艳红色和强的光泽的矿物，凭借这两点，它本也可成为一种令人喜爱的宝石，遗憾的是它的化学稳定性很差，在阳光照射下它会发生分解而破坏，因此无法成为优秀的宝石。

除了上述三个属性外，还有人提出另一个也应注意的属性，这就是无害。已知某些矿物或岩石会含有放射性元素或其他对人体有害的成分。如某些锆石、磷灰石、萤石等就常常有放射性元素混入；而像雌黄、雄黄等则含有砷等有毒元素。显然它们都不宜用作宝石，至少不宜直接用于长期佩戴与装饰。

根据以上属性，人们把已知的近 200 种珠宝，大致划分为三档：一是高档的珍贵珠宝，它们是一些相对较严格地符合上述属性的珠宝，除了前已述及的四大名贵宝石外，还包括翡翠、欧泊和珍珠（后两者的耐久性较差，但其罕见性、美观性较好，故仍列入第一档）。此类珠宝是当今珠宝市场上最热销的品种，其保值、升值的潜力相对较大。二是中档宝石，它们基本符合上述要求，如有的硬度稍低，有的不那么稀罕，市场价格大多不如前者。属于这一类的珠宝，种类较多，但其中较重要的也只有 20 多种，如海蓝宝石、尖晶石、石榴石、橄榄石、碧玺、托帕石、日光石、月光石、水晶、软玉、青金石、绿松石、玛瑙、琥珀、珊瑚和象牙等。三是所谓少用和罕用的珠宝，它们是一些非实用型的珠宝，大致又可分为两种情况。一种情况是这类宝石在自然界本身就非常稀少，如一种被叫做"塔菲石"的宝石，据说用其制成的琢型宝石全世界总共才有 10 颗；另一种是由于这样那样的原因也很少被使用的珠宝，如艳色方解石、萤石、石膏猫眼等。它们都有一定的美观性和罕见性，但耐久性不足，所以饰用价值不高，主要用于收藏和观赏。在本书中我们主要述及的是最具投资收藏价

值的高档珍贵珠宝，及部分在市场上十分热销的中档珠宝。

（三）市售珠宝的六种类型

市场上琳琅满目的珠宝，若按照人工介入程度的不同，我们可以把它们总的划分为七种类型：

1. **真正的天然珠宝**。这是一类除了琢磨成型之外，未经任何人工处理的天然珠宝。此类珠宝产出稀少，而且随着人类的采掘，更是日趋减少，所以，它们是珠宝市场上价值较高并具有不断升值潜力的一类。它们应当是收藏投资者的首选。

2. **经过人工美化处理的天然珠宝**。这类珠宝虽然也是天然产品，但却存在色泽欠佳、透明度不足，或有瑕疵、裂纹等品质方面的缺陷，以致影响其美观和使用，为此人们常采用染色、加热、辐射、上蜡等方法对其进行美化处理，使其焕然一新，以较好的面貌示人。这类宝石根据美化方法的不同，又可将其分为两个亚类。一类称为"优化"，它是采用传统的已被人们广泛接受的美化方法对珠宝进行加工，如单纯的热处理使某些珠宝的颜色变好；轻度的漂白清洗以去除表面的污迹；上蜡打光以增加其光泽等。这类优化珠宝，由于其美化方法已被人们广泛认同和接受，所以，人们常常把它们视作也是真正的天然珠宝。我国国家标准《珠宝玉石名称》中规定，此类珠宝可等同于真正的天然珠宝来销售，无需额外声明。故而它们也仍具有投资收藏的价值。另一亚类称为"处理"。它们是一些采用辐射、染色、涂层、填充、酸蚀等方法进行美化的珠宝。由于这些方法有的有人为的添加物——染色剂、填充物、涂层等，有的对珠宝的耐久性有损，有的可能激活珠宝的放射性，因此，这些美化方法不被人们所接受。我国国家标准《珠宝玉石名称》中规定，采用这种方法处理的珠宝在销售时应公开声明。如经一种叫做扩散处理的蓝宝石应标示为"蓝宝石（处理）"，或直接标示出处理的方法——"扩散处理蓝宝石"，否则被视为商业欺诈。当然，采用这种美化处理方法获得的珠宝，其投资收藏价值也相应降低。

3. **拼合珠宝，也称"粘合珠宝"或"夹珠宝"**。这是一类利用真真假假的珠宝薄片或碎块拼合而成的珠宝。根据薄片的组合情况可以分成若干组合形式。如采用二片真天然钻石拼合而成的所谓真二层型钻石；也有采用一层真天然珠宝，一层仿真珠宝拼合而成的所谓半真二层型的珠宝；也有上下两层均为仿真品构成的假二层型珠宝，如在早期市场上常见的以石榴石为顶、以红玻璃为底的假二层型仿红宝石。除二层石外，市场上也常见有半真三层型或假三层型的珠宝等。一般说来，它们虽然也有收藏意义，但大多缺乏升值的潜力，不宜选作投资品种。我国国家标准《珠宝玉石名称》中规定：此类珠宝在标示时应突出"拼合"两字。可逐层写出组成材料名称，如"蓝宝石、合成蓝宝石拼合石"；也可以只写出主要材料的名称，如"蓝宝石拼合石"，或"拼合蓝宝石"。

4. **合成珠宝**。这是一类采用人工合成技术制造出来的，与天然珠宝具有完全相同的化学组分、相同的晶体结构，及相同的物理化学性质的人造珠宝。如合成钻石、合成红宝石、合成祖母绿等。据报道，在目前的技术条件下，除有机宝石外，差不

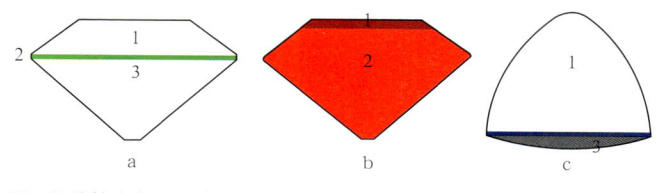

♦ 几种粘合宝石示意

 a，半真三层型祖母绿：1. 3 无色绿柱石；2. 绿色胶

 b，假二层型红宝石：1. 石榴石；2. 红玻璃

 c，假三层型星光宝石：1. 蓝玻璃；2. 有星形图案的胶片；3. 不透明底托

多所有的常见珠宝都已有了人工合成品。合成珠宝由于与天然珠宝具有"三相同"，因此极易以假充真，鱼目混珠，给人们的鉴别也带来了极大困难。但是合成珠宝因为可以人工大量生产，而且会随着生产技术的不断进步而逐渐提高生产率，所以是不会具有升值潜力的，相反却会相应地贬值，故无投资价值。不过，有些历史上曾经生产、现在已不生产的品种，倒是可以作为历史文物来加以收藏。我国国家标准《珠宝玉石名称》中规定：此类珠宝在标示时应突出"合成"两字，不允许使用生产商的名称，如"查塔姆红宝石"、"林德祖母绿"等；也不允许使用含糊不清的名称，如"鲁宾"、"红刚玉"等。

 5. **人造珠宝**。这是一类也是采用人工合成技术制造出来的。它们与合成珠宝不同的是，它们在自然界找不到与其化学成分相同，或晶体结构相同的珠宝，也即没有天然对应物。如市场上常见的被人叫做"俄罗斯钻石"的立方氧化锆，被叫做"美国钻石"的钇铝榴石，以及钆镓榴石、钛酸锶等。人造珠宝的收藏投资价值与合成珠宝类同。在标示时也应突出"人造"两字。

 6. **再造珠宝**。这是一种用同种宝石的碎块或粉末，在一定温度和压力条件下（有的还添加有粘结剂），让其重新粘合在一起的人造珠宝。目前市场上属于此类的主要有：再造琥珀、再造绿松石、再造欧泊和再造翡翠等。此类珠宝也无投资意义，在标示时也必须突出"再造"两字。

 7. **仿造珠宝**。这是一类使用廉价的玻璃、陶瓷、塑料等人工材料仿制而成的貌似珠宝的制品。如用有色玻璃来仿制红宝石、蓝宝石、祖母绿；用具高折射率的铅玻璃来仿制钻石，用塑料仿制琥珀和欧泊，用涂有鱼鳞精的玻璃珠仿制珍珠等。仿造珠宝无任何投资升值的意义。我国国家标准《珠宝玉石名称》中规定：此类珠宝在标示时可以用其所仿的天然珠宝的名称前面加一个"仿"字来命名，如仿珍珠、仿钻石等，也可直接按其本来面貌来命名，如为玻璃仿制的水晶，既可直接称其为"玻璃"，也可书写为"仿水晶（玻璃）"。

♦ 一颗假二层型祖母绿（顶面是红色石榴石，下部是绿玻璃）的侧视

二、珠宝的收藏与投资

（一）珠宝是最佳的投资选择

当今社会为人们开启了多种收藏与投资的渠道。储蓄、股票、基金、国债是人们最熟悉的投资方式，此外字画、古玩、房地产等也都是人们经常采用的投资对象。与这些投资方式相比，我们认为，珠宝是一种更佳的投资选择。

众所周知，储蓄虽然没有风险，但却是一种回报率十分低的投资方式。倘若处在通货膨胀的年代，储蓄还可能带来负效益，虽然钱的数目上有所增长，但实际购买力却在下降。股票、基金是快速简便的投资方式，不仅易于操作，有时候还能给投资者带来巨大的收益；但股票、基金的风险也是人所皆知的。房地产投资虽然也可带来可观的收益，但投资额通常十分巨大，致使大多数投资者难以问津；而且它还是一种不动产，不便迁移，又有交易手续相对繁琐的缺陷。字画、古玩投资，从其特点来说与珠宝投资十分相似，都是具有良好增值潜力的投资品种，而且它们还都具有陶冶性情、提高收藏者文化品位、点缀生活环境的优点，它们也还都有体积较小、便于携带、便于收藏的优点，但是字画相对易于损坏，难以保存，它常会受到虫蛀、水渍、火烧等的损害；如果是陶瓷一类的古玩，也很容易受到损坏。在这方面，珠宝最具优势。耐久，本就是珠宝的基本属性之一，人们不难看到许多珠宝尽管几经战乱，但仍辗转流传了几百年，上千年。

金银也曾是人们十分看重的收藏投资品种，但它也存在大起大落的风险。据报道在1980年，国际市场上黄金的价格曾高达每盎司850美元。但随后黄金价格持续疲软。2001年下跌至每盎司260美元，2008年以后随着国际金融危机的出现，黄金价格再度上扬，最高达每盎司1 923.7美元，但近期又突然出现暴跌，2013年4月中旬下跌至每盎司1 321美元，以致引起我国大妈们的抢购热潮。据说短短数天时间内300吨黄金被一扫而空。然而这并没能阻止黄金下跌的趋势，把中国大妈们都深套其中。黄金投资的风险可见一斑。

◇ 这颗重12.04克拉的粉红钻，在2012年香港春季拍卖会上以1.35亿港元（合1 740万美元）成交

◆ 用珠宝装饰的手袋

现在让我们来看看珠宝。以钻石为例，在20世纪50年代，每克拉的价格一般在800～1000美元。1976年，1克拉重的D色级的无瑕钻是6 000美元。1992年底，同等级钻石的价格已升至15 800美元；1999年3月，又升到16 500美元；2013年5月已升达28 400美元，是50年前的28倍。再如1966年，在香港曾售出2颗无瑕的优质粉红钻。一颗杏形重17.42克拉；另一颗梨形重16.66克拉，合计34.08克拉，售价是150万港币。1990年，还是在香港，另一颗优质的粉红钻，重为32.24克拉（比刚才两颗的合计重量轻），售价竟高达407万英镑，折合港币近5千万元。可见珠宝升值之迅速。然而若比起翡翠和白玉来，钻石还不是珠宝中涨势最凶的品种。据报道，2001年到2010年的10年间，玻璃种翡翠的价格从每千克1万～2万元，到2003年涨到每千克4万～5万元；再到2005年每千克6万元；2008年是每千克40万元；2010年又再次翻番，达到每千克150万元。也就是说从2001年到2010年的10年中，翡翠价格涨了75到150倍。怪不得人们要说它是"疯狂的石头"了。与之类似，白玉也从20世纪80年代的每千克几千元，涨到现在已高达每千克数百万元。

诸如此类，我们就不再一一细说。据国际珠宝行家推测，珠宝的价格今后仍可能以平均每年8%～12%的速度增长。可见以珠宝作为收藏投资的对象，当是一种最佳的选择。

◆ 伊朗的王冠。这顶古老的王冠是由一批顶级伊朗匠人联手打造而成，穷奢极欲地镶嵌了3 380颗钻石，重量超过1 000克拉

（二）影响珠宝价格的主要因素

首先是珠宝本身的因素。不同种类的珠宝，其本身在使用价值上的差异，以及它在客观自然环境中产出量的多少，常是影响它的价格高低的最重要原因。其中产量多少，是否罕见，对珠宝价格的影响尤为显著。如紫水晶在中世纪曾是一种比较贵重的宝石，足可以与红宝石、蓝宝石平起平坐。这是因为那时候紫水晶产量稀少，欧亚各地都只有一些规模很小的矿脉。但是十八、十九世纪以后，人们在巴西、乌拉圭边境发现了大型紫水晶矿床，使紫水晶的产量迅速上升。充足的紫水晶供应，就使紫水晶的价格一落千丈，并从原本贵重宝石的地位跌落成为一种中档宝石。使

用价值的大小也是影响珠宝价格的重要原因。如钻石和水晶都是一种透明无色的宝石。但比起水晶，钻石具有更高的折射率，故看起来更璀璨明亮；钻石还具有较大的色散率，会在光照下呈现出被称为"出火"的缤纷色彩；钻石也更坚硬，不易受磨损。这就使钻石具有比水晶更好的装饰效果。钻石还有可用于高新技术领域的多种优良的品质。正由于钻石的使用价值远高于水晶，再加上它也远比水晶稀少，这就决定了两者具有悬殊的价格差异。使用价值的高低，也反映在同种珠宝的个体差异上。同一种珠宝，由于品质优劣上的差异，就会使其具有不同的价格。

呈现出缤纷色彩的钻石

　　影响珠宝价格的另一因素是客观的社会文化经济环境。不同的社会有着不同的价值观。尤其是珠宝，属于非生活必需的商品，其使用价值的高低更明显地受到社会意识的影响。譬如，玉在我国和受中华文化影响的东亚人民的心目中一直具有十分崇高的地位，受到人们的普遍珍爱；而在西方，由于文化背景的不同，人们对玉缺乏认识，这就使同样一块玉，在东方和西方会具有完全不同的价格。一个地区的经济状况对珠宝的价格也会有很大影响。在经济落后的贫困地区，人们的衣食尚难保证，自然无暇顾及珠宝，社会需求量的不足，使珠宝价格必然在低位徘徊。反之，在经济富裕的社会里，人们拥有较多的闲钱，对珠宝的兴趣也必然日增，促使珠宝的价格节节攀高。这也是近代珠宝价格不断创新和为我们提供了良好的投资机会的客观原因。此外，珠宝销售地距原产地的远近、交通状况、销售市场的外部环境，销售中的流通环节（是一手还是二手，是批发，还是零售）等等这些社会客观条件，也会对珠宝的价格产生不同程度的影响。

　　影响珠宝价格的第三个因素是珠宝爱好者个人的情况。众所周知，每个人都会因自己的社会、经济、文化背景的不同，而具有不同的兴趣和爱好。同一样东西，爱好者愿意以较高的价格购入，认为这是物有所值；反之，对另一个并不爱好它的人来说，就会认为这个价格太高，不值这个钱。这种情况在珠宝拍卖会上最能得到体现。个人对珠宝的认知也常会影响珠宝的价格。如有的人对珠宝的内在价值了解较透彻，便愿意以与之相当的价格收购；反之，有的人并不了解珠宝的内涵，把一件名贵珠宝视同一般，因此，他就会给它出个较低的价钱。例如，我们曾听说这样一个故事：20世纪80年代某农家以人民币9 000元的价格售出一枚祖传的翡翠扳指。几天后，收购方以10万元的价格售给某港商。此港商回到香港以后，又以30万元的价格转售给另一收藏家。这同一件珠宝在价格上的如此变化，充分反映了因认知上的差异对价格的影响。再有个人的经济状况、购买时的心境、采购珠宝的目的等也都会影响珠宝价格的高低。

　　凝结在珠宝个体上的人文因素对珠宝价格也有重要的影响。其中珠宝加工方式、

◆ 翡翠扳指

加工程度和加工工艺的水平的不同，对珠宝价格的影响尤为显著。我们不难看到，两件相似的珠宝，一件加工精美，一件加工平平，就使两者有着悬殊的价格差异。如1978年，在香港举办的一次中国工艺品首饰展览会上，北京玉雕老艺人王树森制作的一对"龙凤呈祥"翡翠玉佩，尽管每块高仅1市寸多，7分多宽，2分多厚，但由于加工精美，制作精细，竟以180万元人民币售出（在今天，它的价格很可能已上涨至上千万元），成为轰动一时的新闻。人文因素对珠宝价格的影响还表现在时代上。一些制作年代久远的古玉器、古宝石，就比当代制作的同种珠宝具有高得多的价格。还有，如果该珠宝曾为某个名人所拥有，或具有某种特殊的纪念意义，或曾为某名师所加工等，都会对珠宝的价格产生积极的影响。

（三）世界珠宝市场概况

作为一项产业，珠宝业在世界市场上占有十分重要的地位。在有些国家甚至已发展成为支柱产业。人们估计世界珠宝业会以每年5%～10%的速度继续增长。

人们认为，珠宝首饰业发展如此迅速的原因，归根结底在于整个世界经济的不断发展和日趋兴旺，以及许多贫困国家和地区逐渐摆脱贫困，生活好转。现在佩戴珠宝也不再是妇女的专利，许多男士，甚至儿童也成了珠宝的拥有者。与男士相比，女性的珠宝占有欲更加旺盛，尤其是在一些经济较富裕的地区。如在日本，98.2%的妇女都拥有珠宝，而且平均每人高达8.7件，其中东京地区的妇女更高达

◆ 男用镶珠宝的打火机

◆ 男用镶翡翠的白金领带夹和袖扣

平均每人 10.4 件。世界珠宝的主要销售消费地区是北美、日本、西欧、东南亚及中东产油地区。东亚和东南亚地区在 20 世纪 70 年代以后也迅速崛起。据世界钻石最大的垄断商德比尔斯的统计，近些年来，东亚和东南亚地区钻石的需求量激增，平均年增长率达 10%，并已占有世界钻石销售量的 30%，是全球增长速度最快的地区。

（四）我国的珠宝市场

珠宝首饰业在我国也有着十分悠久的历史。据史载，清光绪中末期，仅上海一地就有珠宝从业人员上千人，店铺、工场不下二三百家，并形成了所谓"苏邦"、"京邦"、"广邦"、"扬邦"等不同的工艺流派。后因政局混乱，社会动荡，珠宝业也渐趋衰落。至 20 世纪 70 年代末，改革开放之前，全国仅有黄金饰品生产定点企业十几家，加上其他宝玉石饰品企业也不超过百家，产值仅 2 000 万美元左右。

改革开放以后，随着我国经济的迅速起飞，我国的珠宝首饰业也有了迅猛的发展。2008 年全国黄金珠宝的销售总额已达 1 800 亿元，2013 年可望达到 2 500 亿元。目前，我国已是世界上最大的玉石加工及消费国，年消费量超过 200 亿元；还是世界上最大的珍珠生产国，珍珠年产量约 1 600 吨，占世界珍珠年总产量的 95% 以上；并已发展成为世界铂金第一消费国；我国还是世界上最大的钻石消费国之一，年消费钻石首饰总额 250 多亿元。此外，白银首饰的年消费量在 600 吨左右，红蓝宝石、水晶、仿真首饰等产品在中国市场也大受欢迎。根据全国珠宝玉石首饰行业协会的测评，中国珠宝首饰市场年销售额约占全球总销量 10% 以上。业界还普遍预测，未来 10 年内，中国珠宝首饰的整体需求将以 15% ~ 30% 的速度增长。预计到 2015 年，中国和印度市场的珠宝消费总和将与美国市场持平，中国未来将是全球最大、消费增长最快、最富有发展潜力的市场。

不过，我国珠宝首饰业的发展还很不平衡，呈现出沿海地区高于内地、大城市高于小城市的态势，并与当地年人均国民生产总值（GDP）呈正相关。从珠宝金银的消费品种来说，我国迄今仍以黄金为主，但随着经济的发展，人民生活水平的提高，珠宝的比重正在逐渐升高。在珠宝消费方面，翡翠和钻石仍然是人们首选的对象。其中一些传统型的珠宝消费者多选择翡翠，而一些赶新潮重时尚的消费者则多选择钻石。据相关机构的市场调查，各类珠宝的消费排名依序是：翡翠、钻石、软玉、蓝宝石、红宝石、碧玺、水晶、祖母绿和珍珠。此外，一些原本较少受到人们注意的品种，如坦桑石、琥珀、红珊瑚等也正在吸引着更多消费者的兴趣。

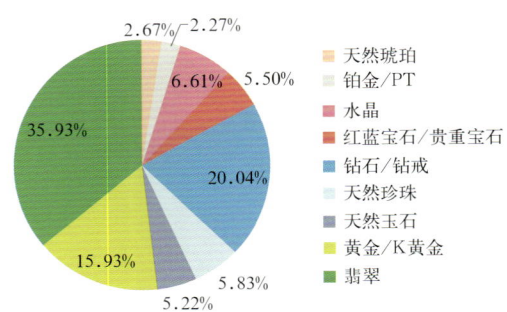

淘宝网发布的 2011 年不同珠宝品类销售额占比

(五)世界珠宝资源的分布

珠宝作为一种矿产资源,其形成受到各种地质条件的严格制约。由于各地的地质条件不同,有的根本不可能形成珠宝矿藏;有的则因条件上的这样那样差异形成品种、规模殊不相同的珠宝矿藏,因此,珠宝矿产在世界上的分布是极不均匀的,并常相对集中地分布在一些具有特定有利地质条件的区域里。

鉴于产地的情况、市场距产地的远近对珠宝的价格都会有十分重要的影响。因此,珠宝的收藏投资者不能不对珠宝资源的分布状况有所了解。已知珠宝较重要的分布区有以下几个:

1. 东南亚地区。包括缅甸、柬埔寨、泰国、斯里兰卡以及周边的越南、印度、巴基斯坦等地。这一地区是世界著名的红宝石、蓝宝石、变石、猫眼石、尖晶石、锆石及翡翠、琥珀、珍珠等类珠宝的主要产区。其中,缅甸的翡翠是世界唯一的优质翡翠的来源;它还是最优质的鸽血红红宝石的主要产地。斯里兰卡的变石和猫眼石也名闻全球。泰国则是世界红宝石和蓝宝石的主要产地和加工地。在克什米尔地区,则有世界最优质的所谓克什米尔蓝蓝宝石。印度是世界上最古老的钻石产地,许多世界名钻如霍布钻石(最著名的蓝钻)、拉其钻石(最著名的红钻)均来自印度。另外,该区邻近海域所产的珍珠在世界上也素负盛名。

2. 非洲中南部。包括南非、纳米比亚、刚果(金)、博茨瓦纳、津巴布韦、赞比亚、马达加斯加及其周边地区。这里是世界最著名的钻石产地。世界年产1.19亿克拉的钻石中,有一半以上(约6 300万克拉)产于该区。而且这里的钻石还以颗大质优而闻名。世界著名的大钻石也大多来自该地区,如世界最大的"库利南钻石"(原石重3 106克拉),即产自南非的普雷米尔矿山。除钻石外,这里还产有多种有色宝石,

◆ 世界著名的蓝钻石——霍布钻石,质重44.4克拉,现存于美国华盛顿史密森博物馆

如马达加斯加、赞比亚、津巴布韦产有祖母绿；马达加斯加和南非等地还是世界有名的水晶、碧玺、石榴石、海蓝宝石、锂辉石等的产地。此外，赞比亚的孔雀石、坦桑尼亚的坦桑石、坦桑尼亚和肯尼亚一带的红宝石等在世界上也享有盛名。南非还是世界最重要的黄金产地，曾占有世界黄金产量的60%。

3. 南美洲。包括哥伦比亚、巴西、乌拉圭、玻利维亚、危地马拉和智利等地。这里是世界著名的有色宝石的产地。

未切割前的世界最大钻石的模制品

其中，哥伦比亚是世界最著名的祖母绿产地，其产量约占世界祖母绿产量的1/3。巴西也是祖母绿另一重要产地，也占有世界产量的1/3。在巴西，还盛产海蓝宝石、碧玺、托帕石、紫水晶、水晶、锂辉石、玛瑙等各类宝玉石，其中托帕石的产量占世界总量的90%，并以拥有托帕石中的名贵品种"帝托帕石"而驰名全球；巴西的海蓝宝石产量也占全世界产量的70%；碧玺的产量占世界总量的50%左右，而且还拥有碧玺中的名贵品种"帕拉伊巴（Paraiba）碧玺"等。因此，巴西是当今世界上最重要的有色宝石供应地。巴西也产有钻石，虽然数量不是很多，却产有几颗著名的大钻石，如世界排名第二大的布拉岗扎钻石（1 680.0克拉），排名第六大的"科尔德曼·德迪奥斯钻石"（922.5克拉）均产自巴西。除巴西外，乌拉圭和玻利维亚的紫水晶、智利的孔雀石和青金石、阿根廷的菱锰矿也都享名于世；危地马拉则有世界第二个重要的翡翠矿床（但品质远不及缅甸）。

4. 澳大利亚。澳大利亚是世界最著名的欧泊产地，已知世界欧泊产量的98%来自该地，其中最优质的黑欧泊更是独步全球。这里还是世界钻石的另一重要产区，以国家而言，其储量雄居世界之首，享有"金刚石盒子"的美誉，目前年产量占全球产量的25%。这里也盛产蓝宝石，虽然品质不及东南亚地区，但产量却占有世界蓝宝石产量的70%。此外，这里还拥有世界最大的软玉矿床，还以盛产被称为"澳玉"的绿

美丽的菱锰矿及用其磨制的戒面

玉髓著称；也产有祖母绿、海蓝宝石、锆石等其他有色宝石。这里也是世界黄金的主要产地之一。在澳大利亚近海，则产有世界著名的"南洋珠"。

除了上述四个较集中的珠宝产地外，在一些国家和地区还有一些相对分散的珠宝矿床。如北美的加拿大，20世纪90年代以来，在靠近北极圈的冻土地里，发现了丰富的钻石矿藏，有望成为未来钻石的重要产地。加拿大还有世界著名的虹彩拉长石和方钠石矿藏；也是世界著名的软玉——加碧的产地。另外，它还是世界铂金属的主要供应地。美国也产有多种，甚至可以说是比较齐全的宝玉石品种，还有世界唯一的蓝锥石矿藏，只是这些宝玉石资源都规模不大。墨西哥是世界火欧泊的产地，也拥有丰富的银矿资源。俄罗斯的乌拉尔和西伯利亚地区也拥有较丰富的宝玉石资源，其中雅库特钻石的产量约占世界产量的1/10；乌拉尔产有世界上品质最佳的变石和钙铬榴石，惜目前已趋枯竭；它也盛产祖母绿、海蓝宝石、碧玺、托帕石和芙蓉石等有色宝石；在西伯利亚的贝加尔湖地区还产有软玉、青金石和世上独一无二的紫色查罗石等。

另外，尚有一些分散的较著名的宝玉石产地：埃及的橄榄石、伊朗的绿松石、阿富汗的青金石、波罗的海沿岸的琥珀、芬兰的光谱石（虹彩拉长石）、挪威的日光石、地中海的珊瑚、太平洋塔希堤岛近海的黑珍珠、英国的煤精等也都享誉全球。

（六）我国的珠宝资源

据20世纪末的调查统计，我国迄今已发现珠宝（未包括金银）332种，其中宝石51种、玉石121种、有机宝石12种、观赏石122种、砚石26种；共发现产地6 000余处。其中，新疆、云南、辽宁、河南和湖南是五个珠宝资源分布相对比较集中的省区。

我国几个主要省区的珠宝资源

省区	珠宝资源品种
新疆	海蓝宝石、碧玺、石榴石、水晶、芙蓉石、天河石、透辉石、方柱石、变色蓝宝石、锂辉石、软玉（和田玉）、蛇纹石玉、丁香紫、密蜡黄玉
云南	海蓝宝石、托帕石、水晶、碧玺、红宝石、祖母绿、锆石、天河石、孔雀石、菱锌矿、异极矿、石榴石、玛瑙、碧石、黄龙玉
辽宁	钻石、岫玉、软玉、琥珀、煤精、玛瑙、滑石、砚石、印石
河南	萤石（有的有夜光）、石榴石、水晶、空晶石、独山玉、梅花玉、密玉、符山石玉、蛇纹石玉、琥珀、虎睛石
湖南	钻石、托帕石、水晶、玛瑙、辉锑矿、雄黄、萤石、黄铁矿、菊花石、方解石晶簇、淡水养珠

纵观我国的珠宝资源，可以发现存在有以下特点：

1. **高档宝石品种相对匮乏。** 我国迄今虽已发现有三个钻石产地——辽宁的瓦房

享有"石帝"之称的田黄

店、山东沂蒙地区、湖南沅水流域,但总计的探明储量仅占全球已探明储量1.5%多一些。红宝石在我国虽也有几个产地,但品质均欠佳,仅云南元江一带所产品质较好,惜规模有限。我国也缺乏祖母绿资源,迄今仅发现云南文山一个产地,且品质欠佳,储量有限。蓝宝石在我国,虽是一种具有相对优势的珠宝资源,已知有山东、海南、福建、江苏、黑龙江等多个产地,有的还具有相当规模,但其品质却不尽如人意。另外,我国迄今尚未发现有变石和金绿宝石猫眼石,也未发现具有变彩的欧泊石。海蓝宝石、碧玺、石榴石、托帕石、橄榄石等中档宝石,在我国虽已有多处产地,有的也有一定规模,但同样缺少相应的优质品种。

2. **与高档宝石匮乏相反,我国却拥有品种众多、质优量大的玉石资源**。如新疆和田的软玉是我国最具优势的玉石资源,不仅以其优良的品质享誉全球,而且储量丰富,其产地西起塔什库尔干,东至若羌,断续绵延1 500公里,并延入青海境内。除和田外,辽宁、四川、江苏、台湾等地也有软玉资源发现。我国还有丰富的蛇纹石玉,其中辽宁岫岩的岫玉、广东信谊的信谊玉也是名闻遐迩,质优量大。河南南阳产的独山玉,更是世界上独一无二的玉石品种,其中优质的享有"南阳翡翠"之称。绿松石也是我国的优势玉石资源之一,主要分

酷似翡翠的绿独山玉

布在湖北襄阳、陕西白河、安徽马鞍山等地。我国还拥有驰名中外的三大印石——福建的寿山石（被誉为"石帝"的田黄系寿山石的一个品种）、浙江的青田石，以及浙江昌化鸡血石和内蒙古巴林鸡血石。除此之外，河南密县产有类似东陵石的密玉，北京和青海产有蔷薇辉石质的京粉翠，青海还产有以石榴石为主要成分的祁连翠，贵州产有石英岩质的贵翠，新疆和陕西产有由锂云母组成的丁香紫，河南汝阳产有安山岩质的梅花玉，河南桐柏产有符山石质的回龙玉等。

3. **在中低档宝石中，橄榄石是我国最具优势的品种**。其他如海蓝宝石、托帕石、碧玺、石榴石等也均有一定的储藏量，但产地大多比较分散，单个矿床的规模不大。

4. **在有机宝石方面，养殖珍珠是我国的优势资源**。其中，淡水养珠的产量占世界产量的95%以上，产地主要集中在江苏的吴县、南通，浙江的诸暨、德清、温岭以及皖、赣、粤等地。不过，我国的淡水养珠在品质方面却不尽如人意，亟待提高。海水养珠的产地，主要位于广西、广东和海南沿海，其中广西合浦（旧称廉州）所产的珍珠驰名于世，被称为"廉珠"。珊瑚也是我国的优势资源之一。台湾地区的珊瑚采集量，在20世纪六七十年代曾占世界产量的60%以上，但由于连年无节制采集，致使近年来产量锐减。琥珀，在我国虽有几个产地，但品质较好的主要来自辽宁的抚顺。抚顺和河北唐山的煤层中还产有一些煤精。

贵金属资源方面，我国的黄金的储量和产量在世界上也占有一定地位。其中已探明储量居世界第7位，次于南非、美国、俄罗斯等国。它主要分布在山东的招远、黄县，河南的嵩县、灵宝，陕西的潼关，内蒙古的喀喇沁旗，新疆的阿尔泰，黑龙江的漠河，以及青海、甘肃、海南等地。2009年黄金产量已超过300吨，跃居世界第一。银，在我国也有一定优势，已知产地有几百处，主要分布在江西贵溪、云南兰坪、甘肃白银厂、内蒙古狼山等地。铂是我国的稀缺矿种，目前主要依赖进口。但应该指出，我国的铂资源却有一定的远景，它们主要分布在甘肃的金川和云南、四川等地。

（七）珠宝收藏投资要点

1. **首先要注意的是，选择恰当的品种**。一般说来，未来具有较大升值潜力的是那些比较著名的贵重的宝石和玉石，尤其是它们中的优质品。换句话说，在通常情况下，今天的价格愈高，未来的升值潜力也愈大。这是因为这些名贵品种本来在自然界里就是产量稀少，才价格高高在上。随着岁月的推移，人类的不断采掘，它的产量只会越来越少；反之，由于世界经济的不断发展，富裕起来的人越来越多，他们对珠宝的追求也随之不断提高，从而更加剧了这些名贵品种的供需矛盾，促使价格不断上扬。而那些比较低档的廉价珠宝，虽然也同样存在这种情况，但毕竟由于它们产量较多，供需之间的矛盾不会那么突出，所以升值潜力也相对减弱。譬如同是翡翠，一些高档的翡翠，十多年来其价格已翻了几十倍、上百倍，甚至上千倍。如据报道，1996年在香港的拍卖会上，一个指甲盖大小（15.5mm×13mm×6.3mm）的翡翠戒面，竟拍出387万港元的高价，平均每克拉37.18万港元。而许多低档（被人们戏称为"砖头料")的翡翠，在同样的几十年中，价格一般也只升值了3～5倍，有的甚至还在原地踏步。

2. **最应该小心警惕的是，切勿购入假冒伪劣的珠宝**。在前文中我们已经谈到，在当今的珠宝市场上，那些琳琅满目、令人眼花缭乱的珠宝中，实际上存在七种不同类型的珠宝。其中真正具有收藏投资价值的主要是第一类，即那些"真正的天然珠宝"。其次，在那些"经人工美化处理的天然珠宝"中，被认为是属于"优化"处理的，也仍具有收藏投资的价值，而属于"处理"的就没有什么投资价值了。至于其他五类，虽然不能完全排斥它们作为不同品类的典型而具有收藏意义，但它们却很少或完全不具有升值的潜力，所以，如果你期望通过投资收藏珠宝来获得收益，那么它们就不应成为选择的对象。此外，已知每种珠宝本身也会由于品质上的差异，而有着悬殊的价格差，因此仔细辨别你将购入的珠宝究竟属于哪种类型，正确判断它的真伪优劣，是保证你投资能否成功的关键。

对于大多数的收藏投资者来说，最好要求出让方提供有关该珠宝的详细鉴定报告。如果出售方不能提供这样的证书，一个办法是你要求对方和你一起携物去进行鉴定，在经过鉴定机构的确认以后，你才付款。假如这还办不到，那么你也可以在付款的同时，要求对方出具一张清楚写明所购珠宝品类名称的发票或相关保证书。这样你就可以在买下该珠宝以后再拿到鉴定机构去鉴定，若发现有问题，就可以凭借发票或相关保证书去要求对方退赔。要注意的是，对方在发票或保证书上所写的珠宝品类名称一定不能含糊其辞，如有的仅笼统地写"珠宝"或"宝石戒"、"玉镯"之类。若是这样，当你请鉴定部门鉴定发现问题时，便很难获得必要的退赔。因为伪劣珠宝也仍属于"珠宝"这一大范畴里，出售方就可以辩称他并没有欺骗你。

宝石鉴定证书示意

这块红宝石虽然个体较大，重520克拉，晶形也较好，但颜色很浅，杂质也较多，显然价值有限

一些特别贵重的珠宝，若仅有一张对方提供的鉴定证书，仍不能完全相信。因为它可能有这样三种情况，难以保证它的正确性。一是由于鉴定上的疏忽或差错，产生误判。特别是那些非常酷似天然珠宝的合成珠宝，由于鉴定人员经验不足或缺乏有效的测试手段，难免出现差错。二是在当今的市场经济条件下，有些机构或个人受到经济利益的诱惑，而出具有失公正的鉴定书。三也曾发现有个别销售商为了赚取非法利润，私自对证书进行涂改，以欺蒙购买者。鉴于此，对于特别贵重的珠宝，你最好能请第二家，甚至第三家检测机构分别予以鉴定，确保没有失误。

一张鉴定证书通常会包含这样一些内容：

①编号（它具有不可重复性，鉴定单位可凭借它查找存底）。

②形状、颜色、透明度、重量、尺寸等（它既告诉你该鉴定件的基本情况，又具有标定鉴定件的意义。如果有人企图张冠李戴，冒用证书，即可通过这些数据与其进行核对）。

③折射率、比重、光性、光泽、荧光性、多色性等（它们是确定被鉴定物究竟是什么的主要依据，其有关数据应是来自仪器的测定结果）。

④鉴定结果。根据国家珠宝检测规范的要求，只有被确认为天然珠宝，才允许在鉴定结果上直接书写珠宝名称；若是合成宝石则必须冠以"合成"两字，如合成红宝石，合成祖母绿；若发现被鉴定物虽是天然珠宝，但经过人工处理，则在鉴定结果一栏中，在珠宝名称后加上括弧"处理"两字，并在备注中写明处理的方法。如扩散处理红宝石，应写成"红宝石（处理）"，然后在备注中加写"扩散处理"；或直接书写"扩散处理红宝石"。

还要注意的是，大多数珠宝鉴定证书，除钻石鉴定证书外，都是只确认该珠宝的类型和种属，如确认该颗珠宝是天然的还是人工合成的，是否经过优化处理，是红宝石还是红石榴石，或红尖晶石等等。这些对于人们作出正确的收藏投资选择是十分重要的，但应该说还不够。我们知道珠宝的价格不仅决定于上述因素，还涉及这颗珠宝本身的品质优劣。如同是一颗真正的天然红宝石，由于颜色、透明度、瑕疵等方面的品质差别，可以有着悬殊的价格差别。因此，你在购入某珠宝时，应该对它的品质也要有所了解，方能作出正确的选择。如果你自己吃不准，则最好请珠宝行家对该珠宝作一番认真的评估。尤其是那些价格高昂的贵重珠宝，有效的评估会大大减少投资的风险。俗话说"黄金有价玉无价"。这充分说明了珠宝评估的复杂性。这是因为影响珠宝价格的主要因素——珠宝的品质，是由多种要素共同构成的，以致很难找到（甚至可以说是不能找到）两颗在各方面品质要素上都完全相同的同种宝石。另一方面，珠宝的价格还不完全决定于它的品质优劣，它还受制于社会的经济、文化、流通等因素的影响，而这些社会因素是动态的，会不断变化的，这又使珠宝的价格具有一定的时效性，会随社会因素的变化而变化。所以，珠宝评估的结果，通常只能是一个大致的范围，一个参考值。它与实际价格之间，如果差额在同一数量级之间，就可以说是基本符合的了。

　　3. **收藏投资珠宝，个人的修养和眼光也十分重要**。前面我们已经谈到，决定珠宝价格的因素是十分复杂的，其中个人对珠宝的认知能力也具有十分重要的影响。同一件珠宝，在甲看来只属一般，不值多少钱，而在乙看来却是一件珍品，可售出较高的价格。如果你是乙，能从甲处购得该件珠宝，你必定会有较大的收益。这就是许多珠宝行家常常津津乐道的所谓捡到了"皮夹子"。我们也看到过相反的例子，某人从农民手中购得一块个体较大的红宝石，他以为奇货可居，试图以十多万元的价格出售，但当拿到市场上去时，行家们一看方知道，这块矿石所含的红宝石质量十分低劣，与其说是红宝石还不如说是红刚玉。该矿石实际上仅有标本的意义，顶多值千百元。这些例子表明，一个珠宝的收藏投资者应积极学习必要的珠宝知识，提高自己的修养，才能立于不败之地。

　　最后，收藏投资珠宝还要注意珠宝的保养。珠宝虽然具有耐久性，但这是相对一般的事物而言的，我们不能把它夸大为永不损坏。不同的珠宝，由于物理化学性质上的某些差异，其可能受到损坏的因素也就不尽相同，所以，其收藏保存的条件也会不同。譬如，钻石虽然非常坚硬，是硬度最大的物质，一般不怕被别的物质刻划，但它却有一定的脆性。若不小心让它受到撞击，它也会破碎。曾经有一女士，在洗澡时不慎滑了一跤，结果把手上戴的钻戒撞在浴缸上，钻石因此缺掉了1/3角。钻石还怕火，在有氧的环境中超过650℃，它就会燃烧。与钻石相比，红宝石的硬度不及钻石。若把它和钻石放在一起，它就可能受到钻石的刻划而留下划痕。但它却比钻石抗高温，即使温度高达1 000℃，它也岿然不动。然而，它对硼酸溶液却非常过敏，会受到硼酸的溶蚀。所以，珠宝的收藏保养也是一个应予高度重视的问题。

三、珠宝的防伪技术

收藏投资珠宝的最大风险来自那些假冒伪劣的货品。防范这些假冒伪劣品，虽然可以依靠一些具有公正立场的鉴定机构，但掌握一些起码的珠宝识别知识和技术，无疑将大大减少误购的机率，提高慧眼识宝的能力。

下面我们就如何识别珠宝作一些扼要的介绍。

（一）晶系与珠宝鉴别

我们已经知道，珠宝是宝石、玉石和有机宝石的泛称，是一些天然的或人工合成的矿物和岩石。宝石来自单个矿物的晶体，而玉石和有机宝石则绝大多数是由众多的矿物晶体集合而成，所以，它们都是"晶质"。

所谓晶质，就是内部具有晶体结构的物质。这种物质由于其组成的原子或离子质点会作有规律几何排列，所以当它们形成时，如周围有允许它们自由生长的空间，就会形成为具有规则几何多面体外形的晶体。在这个晶体中，它的各个部分质点的分布是相同的。如钻石和水晶都是晶体，如果你把它们打碎，每个碎块的物质组成、内部的质点排列，甚至物理化学性质都是相同的。但是由于晶体内部各质点在长、宽、厚方向上的排列方式并不完全相同（譬如距离不同、元素离子的类型不同等），就使晶体常常表现出"异向性"，即在晶体的不同方向上具有不完全相同的性质，如硬度、颜色、折射率等的方向差异。晶体还有对称性，即有的可依假想的中间平面呈镜像对称（就像镜子中的人和镜外的人呈对称一样）；有的依假想的中心轴作旋转对称（每旋转一定角度便出现相同的物像）。

根据晶体对称程度的不同和对称程度的高低，可以把所有的晶体分为七个晶系，三大晶族。对称程度最高的，称高级晶族，它只有一个晶系——等轴晶系。等轴晶系的几何外形有立方体、八面体、菱形十二面体等形态，其特点是长、宽、厚的长度相等，故曰"等轴"。对称程度较低一些的是中级晶族，它包括三个晶系——六方晶系、四方晶系和三方晶系，其晶体的几何外形分别具六边、四边、三边的特征。对称程度最低的是低级晶族，它也包括三个晶系——斜方晶系、单斜晶系和三斜晶系，其晶体的几何外形因对称程度低而缺少可重复看到的晶面（此类晶体最多只有镜像对称，没有三次以上的旋转对称）。属于这个晶系的晶体常呈由具镜像对称的平行双

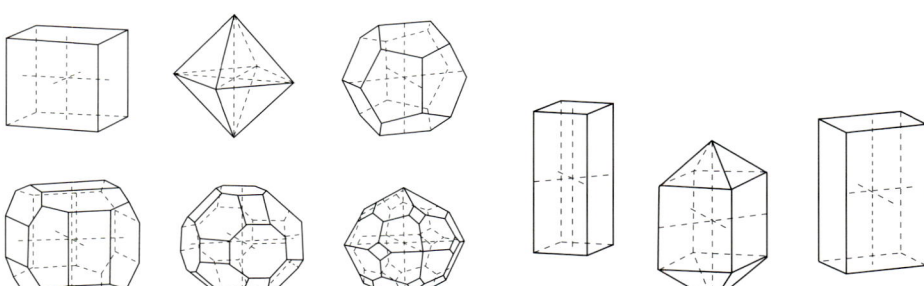

等轴晶系（Cubic System）常见的晶体　　　　正方晶系（Tctragonal System）常见的晶体

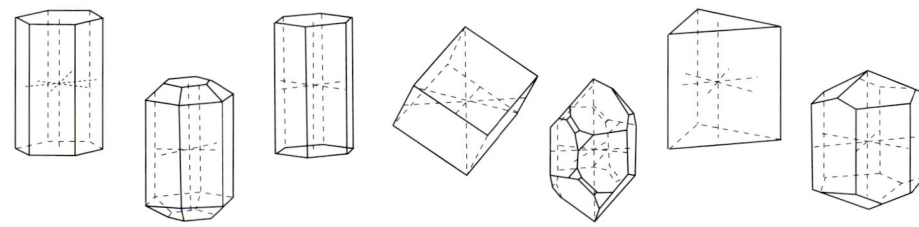

六方晶系（Hexagonal System）常见的晶体　　　　三方晶系（Trigonal System）常见的晶体

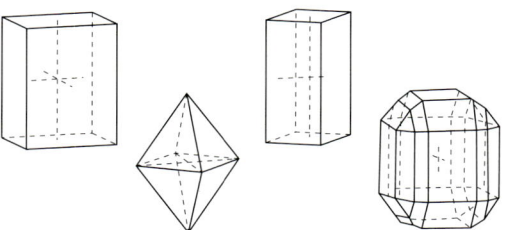 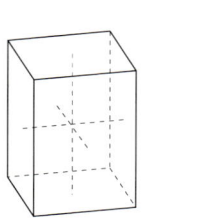

斜方晶系（Orthorhombic System）常见的晶体　　　　单斜晶系（Monoclinic System）常见的晶体

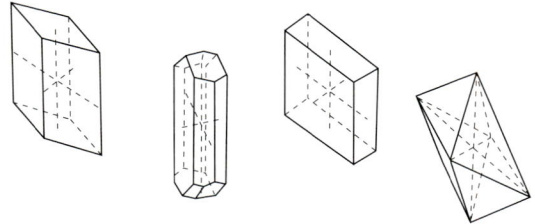

三斜晶系（Triclinic System）常见的晶体

◆ 七大晶系常见的晶体形状示例

面构成的板状，或板柱状。

同一种矿物，其内部质点的排列方式是相同的，因此其晶系也是相同的。也就是说，一种矿物只属一个晶系。晶系不同，即使物质组成相同也属于不同的矿物。如金刚石和石墨就是典型的例子。它们虽然都由碳元素组成，但前者属于等轴晶系，后者属六方晶系，所以是两种不同的矿物，具有完全不同的性质。要注意的是，同种矿物虽然同属同一晶系，但却可以具有不尽相同的晶形。如钻石是属于等轴晶系的矿物，它就常见有八面体、立方体、菱形十二面体等的不同晶形。

宝石矿物的晶系归属不同，就使其在物理化学性质上也有很大的差异。譬如对于有色矿物来说，如果它属等轴晶系，它的颜色就会在各方向上都是一样的；反之，它若是属于中级晶族，就会出现纵向和横向上的颜色差异（通常肉眼很难发现，但用一种被称为"二色镜"的仪器则能清晰地观察到），即具有所谓的"二色性"。若宝石属于低级晶族，它更会具有三个方向上的颜色差异，即所谓的三色性。因此，确定宝石的晶系归属，对于我们鉴别宝石的品种和真假具有十分重要的意义。

常见宝石的晶系归属

晶族	晶系	常见的宝石种类
高级晶族	等轴晶系	钻石、尖晶石、石榴石、萤石、钇铝榴石、青金石
中级晶族	六方晶系	祖母绿、海蓝宝石、绿柱石类宝石、磷灰石
	四方晶系	锆石、方柱石、金红石、白钨矿
	三方晶系	红宝石、蓝宝石、水晶、碧玺、蓝锥矿、菱锰矿、方解石
低级晶族	斜方晶系	托帕石、变石、金绿宝石、橄榄石、堇青石、坦桑石、文石
	单斜晶系	月光石、孔雀石、锂辉石、钠铝辉石、透闪石、阳起石
	三斜晶系	虹彩拉长石、日光石、绿松石、蔷薇辉石

（二）颜色与珠宝鉴别

颜色是珠宝的灵魂。一颗珠宝的价值，常常首先体现在它的颜色优劣上。例如同是钻石，彩色钻石就比无色钻石贵上许多，而彩色钻石中色彩最好的红色钻石更是身价百倍于它的同伴。同样，都是翡翠，色彩"浓正阳匀"的就比色彩一般的品种，身价高出千百倍。

珠宝的颜色不仅影响其价值高低，还可以帮助我们识别宝石的品种，鉴定其有否作假。

在宝石学中，这种由于物质组成的原因或晶体结构方面的原因所产生的颜色，称为"自色"。自色是大多数珠宝产生美丽颜色的主因。

珠宝的颜色还可能由一些光学现象而产生，称为"假色"。譬如珍珠，它本是银

◆ 红宝石虽然也有纯正的红色,但更大量的红宝石带有不同程度的紫色调,而被称为具有"玫瑰红"色

白色的,但优质的珍珠上可以看到,在那银白色的底色上,还有因光照而产生的像虹彩般的附加色彩,即具有晕色。这种晕色产生的机理与雨后水面上的油花有美丽的色彩是一样的。再如,钻石本是无色的,但在光照下会产生被称为"出火"的缤纷色彩。这种缤纷的色彩也是一种假色,它与钻石的高色散有关。它和光通过三棱镜后会产生七色光谱是一个道理。值得收藏者注意的是,拥有假色的珠宝多属珠宝中的佼佼者。同种宝石中能产生的假色越明显、越浓郁,则其价值一般也愈高。

珠宝的颜色还可能由外界其他物质的加入而产生,称为"他色"。譬如我国河南密县产的密玉,本也是一种白色的石英岩,但它呈现出的却是一种淡绿色的外貌,

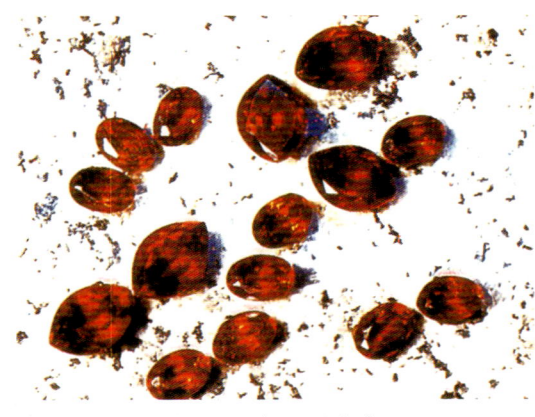

◆ 石榴石的红色常常带有不同的褐色调

◆ 具有玫瑰红晕色的珍珠

原因在于它内部包含有大量的浅绿色的绢云母细小鳞片。还有一些人工染色或表面涂层的珠宝的颜色也属于他色。如染色珠宝,当你用放大镜或显微镜对其进行详细观察时,你就会发现它的颜色是来自珠宝内部微小裂隙,或颗粒间隙沉淀的染料色素。因此,正确判断你选中的珠宝的颜色是何成因,对确认珠宝有无作假是十分重要的。

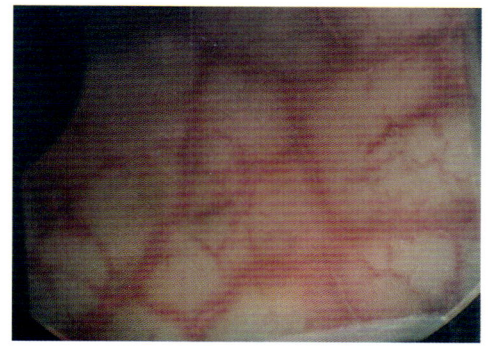

◆ 沿裂隙分布的染色剂是一种他色

(三) 光泽的鉴定价值

珠宝的瑰丽程度并不完全决定于其颜色,珠宝的光泽也是影响珠宝瑰丽程度的重要因素之一。俗话说"珠光宝气",就是指珠宝常具有令人目眩的光泽。

光泽,是物体表面对可见光的反射能力。它的强弱取决于物体的折射率、吸收系数和反射率的大小。光泽可分为两大类:金属光泽和非金属光泽。金银等金属的光泽属于金属光泽。

珠宝的光泽绝大多数都属于非金属光泽,但它们的表现不尽相同,因此,人们又对此类光泽进行了更详细的划分,并分别以常见物体的光泽予以命名。

金刚光泽,是非金属光泽中光泽强度最高的一级,并以拥有此类光泽的金刚石(即钻石)予以命名。

玻璃光泽,是非金属光泽中光泽强度相对较高的一级,如同玻璃表面所反射的光泽,故名。许多珠宝也具有此类光泽,如红宝石、蓝宝石、祖母绿、碧玺、水晶、石榴石、橄榄石等等均具此类光泽。

油脂光泽,也称脂肪光泽,以具有如同脂肪般的光泽而名。具此类光泽的珠宝有:软玉、水晶的破裂面等。

丝绢光泽,以具有丝绢般的光泽而名,主要见于一些具有纤维状结构构造的珠宝上。如许多具有猫眼效应的珠宝就具有这种光泽。

珍珠光泽,以具有珍珠般的光泽而名,除珍珠外,也见于贝壳制品及一些用塑料等仿制的"珠宝"上。

蜡状光泽,以具有蜡状的光泽而名。此类光泽可见于一些玉石类珠宝中,如某些岫玉、绿松石、印石等,还有一些经填蜡处理的珠宝也会具有此类光泽。

树脂光泽,或称松脂光泽。主要见于琥珀、煤精等有机宝石及其仿制品。

学会正确判别珠宝的光泽,对我们识别珠宝是十分有用的。如白玉是一种价值较高的玉石,尤其是所谓"羊脂白玉",更是动辄上万元。但市场上常见有用"京白玉"制成的白玉仿制品,不会辨识的爱好者常常因此而上当受骗。其实如果他能学会辨识珠宝的光泽,就可以大大减少受骗的机率,因为真正的羊脂白玉是具有油脂光泽的,而京白玉则具有玻璃光泽。

(四) 硬度与珠宝鉴别

不同的珠宝，具有不同的物质组成和晶体结构，这就决定了它们的硬度也不尽相同。所以，我们可以利用测量珠宝的硬度来鉴别不同的珠宝。

测量珠宝的硬度有许多不同的方法。在一些研究室内，人们可使用精密的仪器测出珠宝硬度的具体数值，称为"绝对硬度"。但在大多数场合中，人们使用的是用已知矿物来进行相互比较的"相对硬度"。其中应用最广的是19世纪初由德国矿物学教授摩氏创立的"摩氏硬度"。

摩氏硬度把所有的矿物分为十个等级，并以十种常见矿物作为各级硬度的代表。使用时，可把未知矿物与已知硬度等级的矿物互相刻划。凡是能刻动低硬度矿物，而不能刻动高一级硬度矿物的未知矿物，其硬度即介于该两级硬度之间。

在实际使用时，由于人们常不能方便地找到这些代表性矿物，因此又采用一些常见的物品来代替。如我们的指甲，摩氏硬度为2.5；铜币是3；小刀是5.5；玻璃是6；钢锉刀是6.5。硬度试验是一种破坏性的试验，常会在被试物体表面留下刻痕，因此，最好只用于鉴别未经琢磨的珠宝原石。如果一定要测试已琢磨好的珠宝的硬度，则可以选择背部或腰部等不易引起注意的地方，免得给珠宝带来明显的损害。

还要指出，在一些珠宝爱好者的圈子里流传着一种十分错误的观念：他们认为只要能划动玻璃的便是真宝石，否则便是假货。事实上，若真的以此作为准则，必定使你大上其当。在科学技术高度发展的今天，已有了许多与天然珠宝具有完全相同物质组成和晶体结构的合成珠宝。它们的物化性质与天然珠宝也完全相同，如合成钻石也会和天然钻石一样具有摩氏10级的硬度；合成红宝石、合成蓝宝石也具有摩氏9级的硬度，用能否划动玻璃来区别它们显然是不可能的。即使是那些仿制品、代用品，如合成碳硅石、合成立方氧化锆等也同样具有很高的大于玻璃的硬度。反之，我们也可看到，有些天然珠宝，如欧泊、绿松石、青金石等却具有比玻璃低的硬度。它们当然无法划动玻璃，但这并不能否定它们在珠宝殿堂中的地位。

◆ 摩氏硬度等级的十种矿物

自左至右：

1.滑石；2.石膏；3.方解石；4.萤石；5.磷灰石；6.长石；7.石英；8.托帕石；9.刚玉；10.金刚石

常见珠宝的硬度

摩氏硬度等级	常见珠宝
10	钻石
9.5	碳硅石（莫桑石）
9	红宝石、蓝宝石
8.5	金绿宝石、变石、立方氧化锆、合成钇铝榴石
8	托帕石、尖晶石
7.5~8	祖母绿、海蓝宝石、绿柱石
7.5	铁铝榴石
7~7.5	锆石、镁铝榴石、锰铝榴石、碧玺、堇青石
7	水晶、翡翠、京白玉、东陵石、密玉、木变石、碧石、钙铝榴石
6.5~7	锂辉石、橄榄石、钙铁榴石、玛瑙、玉髓
6.5	蓝锥矿、坦桑石、合成钆镓榴石
6	日光石、月光石、天河石、软玉、方柱石
5~6	欧泊、绿松石、青金石、方钠石、玻陨石、合成钛酸锶
5	磷灰石、水钻（铅玻璃）、白钨矿、透视石
4~5	红锌矿、岫玉
4	萤石、闪锌矿
3~4	珍珠、文石、珊瑚、孔雀石、煤精、蓝铜矿、菱锰矿、密蜡黄玉
3	方解石、大理岩
2.5	象牙、玳瑁、寿山石、鸡血石、青田石
2	石膏、琥珀
1	滑石

（五）解理与珠宝鉴别

曾有一位妇女诉说，有一次她在洗澡时，滑了一下，不慎把戴有钻戒的手撞在浴缸上，后来发现戒指上的钻石竟因此缺了一角。她疑惑地问：钻石不是最坚硬的吗，为什么这样易碎？这位女士的疑惑，起因于她对硬度的误解。前面我们已经指出，硬度是物体抵抗刻划和磨损能力的度量。这与物体是否易碎并无直接的关联。物体是否易碎与脆性有关。而脆性的大小，又决定于物体内部质点之间的结合力强弱。

一些矿物晶体会因为具有不同程度的隐性裂隙和解理，而使其脆性大大提高。

裂隙，大家都明白，那么什么是解理呢？解理是晶体受力打击后，沿一定结晶方向裂开成光滑平面的性质。它是晶体内部结构的固有缺陷造成的。这是因为在晶体的内部结构中，存在有一系列平行的质点面，当这些质点面之间，由于间距相对较大，或因电性原因而使其结合力较弱时，便会因受到外力的作用而沿这些质点面破裂，称为"解理"。不同矿物的晶体，由于晶体结构不同，质点面的分布状况也不同，质点面之间的结合力强弱也有大有小，所以，其能否形成解理的内在原因也就不尽相同。但同种矿物的晶体，由于晶体结构相同便会具有相同的解理。如金刚石，就具有四组方向平行八面体面的解理（这就是那位女士的钻戒因碰撞而缺掉一角的原因），托帕石则有一组平行底面的解理；水晶则无解理。

不同的矿物晶体，不仅会具有方向和组数不尽相同的解理，而且解理的发育完善程度也会不同。据此人们把它分为五个等级：

①极完全解理，具这种解理的晶体，极易沿解理裂成平整光滑的薄片，如云母和石墨等。

②完全解理，晶体受力后也易于沿解理裂成平整光滑的平面，但不易剥成薄片，如方解石、长石（包括日光石、月光石）、托帕石等。

③中等解理，晶体受力后不易沿解理裂成大的平整光滑的平面，多出现沿解理方向的平行阶梯状小面，如钻石、透辉石、透闪石等。

④不完全解理，晶体受力后，偶尔出现沿解理方向的平行小面，如祖母绿、海蓝宝石、金绿宝石等。

⑤极不完全解理，晶体受力后，仅偶尔在特殊情况下会出现解理面，如石榴石、尖晶石等。

显然，对于珠宝来说，解理越不完全，其耐碰撞耐打击的能力就越高、越好；反之则不利。所以那些具有极完全解理的矿物的独立晶体，就会因其耐久性不足而无法直接用作珠宝。

另外，通过对解理特征的观察，判别手中的珠宝属于什么矿物。譬如钻石和仿钻石，有的仅从外观看上去似乎很难辨别真伪。但当你用放大镜仔细观察时就会发现，钻石由于有解理，在打磨成型时常会在其腰围处产生被称为"胡须"的细小劈裂，而仿冒钻石的立方氧化锆则因没有解理不会产生"胡须"。

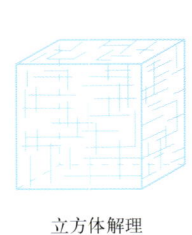
立方体解理

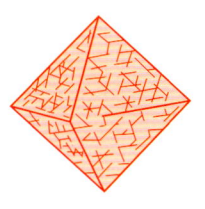
八面体解理

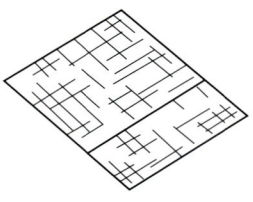
菱面体解理

平行双面解理和斜方柱解理

平行双面解理

各种解理示意

◆ 这颗琢型钻石的腰围存在大量被称为"胡须"的小白劈裂，它就是钻石的八面体解理造成的

◆ 这颗用来仿冒钻石的立方氧化锆，腰围虽然打磨得比较粗糙，留下了抛光痕，但因为它没有解理，所以看不到被称为"胡须"的小劈裂

玉石类珠宝由于是由众多的矿物晶体集合而成，虽然在每个单独的晶体上也常常有解理存在，但由于各个晶体是杂乱交错胶结在一起的，所以，我们用肉眼通常很难观察到这些解理的存在。

（六）折射、双折射与珠宝鉴别

在日常生活中，许多人都有这样的经验：当把筷子插入有水的杯子中时，就会看到筷子在水中竟折了一个角度。这是光的折射现象的表现。原来光在密度较低的介质中行进的速度，要比在密度较大的介质中快。这种速度差异就使光的行进方向发生偏折，从而产生折射现象。两介质之间的密度差愈大，偏折的角度也愈大。珠宝的密度比水大得多，所以光在珠宝中的偏折角度就比水大。折射率便是对光偏折程度的数学度量。

不同的珠宝，由于内部物质密度状况不同，所以折射率也各不相同。这就使我们有可能通过测量珠宝的折射率，来确认珠宝的种属。事实上，这种方法已成为许多珠宝鉴定检测单位鉴定珠宝时最常使用的手段之一。遗憾的是，测量珠宝的折射率，需要使用专门的仪器——折射仪，一般的收藏投资者恐怕很难配备。不过不要紧，没有折射仪虽然无法利用折射率来辨识珠宝的种类，但我们仍可以利用放大镜或直接用肉眼来观测有无所谓"双折射"现象，以达到初步辨识某些珠宝的目的。

什么是"双折射"？在解释这一名词前我们不妨

◆ 这个标价为3 680元的所谓"水晶球"，仔细观察就会发现它有明显的解理存在，所以不可能是水晶球，应是方解石球

先做一个有趣的实验：拿一张纸，在纸上画上一条线或写下一排字；然后取一块透明方解石（也称冰洲石）置于线上或字上。这时你便会看到方解石下面的线或字，已变成双影。这便是双折射的结果。

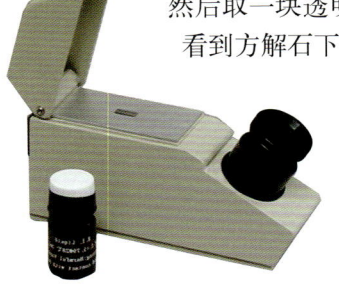

◆ 折射仪（边上的小瓶是测试时使用的折射率油）

双折射的产生，与晶体的非均质性有关。我们已经知道，组成晶体的物质质点（原子、离子或分子），会作有规律的整齐排列。如果质点的排列呈立方体状态，即每个质点各占一个立方体的角顶，则此时相邻质点之间的距离是相等的，也即具有相同的密度。这样，当光从空气中射入晶体时，无论哪个方向所产生的折射都是一样的，即具有相同的折射率。我们称这种性质为"均质性"。如果晶体中质点排列成长方体状，则相邻质点之间的距离就会有差异，长方向的间距大，宽方向的间距小，也即质点的排列密度有了方向差异。这时光进入晶体后沿不同方向行进就会产生不同的折射。这种性质被称为"非均质性"。

已知在各种晶体中，属于等轴晶系的晶体具有均质性。此外，其他六个晶系的晶体都具有非均质性，也即它们都会产生双折射。每个晶体的最大折射率与最小折射率之差，称为"重折率"。重折率愈大，我们能观察到的双折射现象就越明显。如前面我们在介绍双折射时，所以使用方解石就是由于它的重折率较大，可以达到0.172（最大折射率1.658，最小折射率1.486）。

观察珠宝有无双折射现象，常有助于我们辨识某些珠宝。如钻石是属于等轴晶系，它不会有双折射现象；但钻石的某些仿制品，如合成金红石、合成碳硅石却会具有明显的双折射。再譬如，在市场上常见有用玻璃仿制的水晶球，同样可用双折射来鉴别它们。只要拿一根头发压在水晶球下，然后透过水晶球看头发，若是真水晶球就会看到头发变为两根（水晶的重折率较小，只有0.009，

◆ 双折射现象

左：透过压在纸上的冰洲石，可以看到石下的字呈现出双影；

右：这颗宝石从台面往下看，可以看到其底面的边棱呈现为双棱，这也是双折射引起的

但只要球的直径较大就可观察到），而玻璃仿制的因无非均质性，所以看到头发仍是一根。应该补充指出的是，由众多晶体集合而成的玉石类珠宝，虽然每个单独晶体也可能会有双折射，但通常我们只能看到它们的平均结果，所以也只能测到一个平均的折射率，而看不到它们的双折射。

（七）偏光仪、二色镜和滤色镜的使用

大家知道，光是波长介于 400～770nm 的电磁波，是横波，也即它的振动方向与传递方向是互相垂直的，从而构成一个振动平面。我们日常看到的光是从光源向四面八方发射、传递的，也就是说，它有着无数个任意方向的振动平面。现在如果让这种光透过一种叫做起偏器（偏光片）的装置，光就会被约束在某一个固定方向上，这时所有的光都具有同一方向、互相平行的振动平面。这种光称为"偏光"。

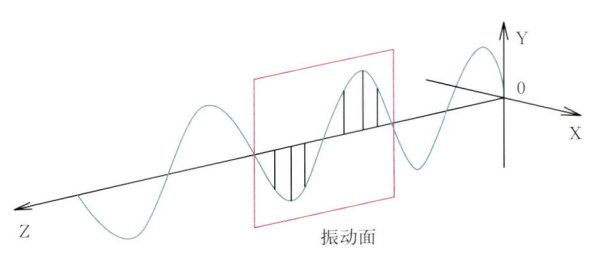

◆ 光波的传递方向与振动方向示意

偏光仪就是一种可以用来产生偏光和用来检验珠宝偏光性质的仪器。它由上下两个振动平面互相垂直的偏光片构成。也就是说，来自下部透过下偏光片的光，会被约束在相应平面上；当它继续向上传递时，将受到与之相垂直的上偏光片的限制，而无法透过。于是当我们从上偏光片上方向下观察时，将会看到一种全黑的景象（因下面来的光已被上偏光片全部挡死）。但是，如果我们在上下两个偏光片之间置入一块珠宝，就会随着该珠宝性质的不同而出现三种不同的现象：

① 若置入的是等轴晶系的珠宝，如石榴石、尖晶石等，或者是非晶质的玻璃、塑料，则看到的仍然是全黑的景象。

② 若置入的是除等轴晶系之外的其他晶系的珠宝，则当旋转该珠宝 360 度时，便会看到它出现 4 次明亮、4 次变暗的现象。

③ 若置入的是一块玉石，而且它是由中级晶族或低级晶族的矿物集合体构成的，那么将会看到的是全明亮的现象。

为什么偏光仪会对不同的珠宝作出如此不同的表现？由于这涉及一些理论问题，我们不予赘述。我们的读者只要知道利用它的这三种不同表现，可以帮助我们简易并有效地区分这三类珠宝。譬如一串无色透明的项链，是水晶，还是玻璃？只要用偏光仪进行检查，就立刻可以作出准确的判断。

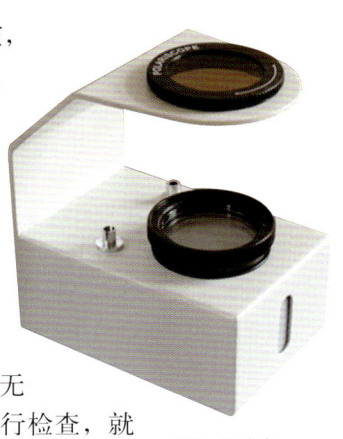

◆ 偏光仪

◆ 二色镜，及在其物镜的两个方格中看到的一种被叫做堇青石的宝石所显现出来的两种不同颜色

◆ 滤色镜

与偏光仪相比，二色镜是一种更便于携带的小型仪器。它呈管状，一般只有小拇指那样大小，一头是目镜，另一头是物镜。物镜会显示出两个方格，若被观察宝石是属于具有双折射性质的中级晶族和低级晶族的有色宝石（不包括玉石），则就可以在这两个方格中看到反映该宝石特征的两种颜色。譬如祖母绿和绿碧玺肉眼看都是绿色，但在二色镜中则会看到，祖母绿在物镜的两个方格中显现出一格为蓝绿色，另一格为黄绿色；而绿碧玺则显现为绿和浅绿色。如果被观察的宝石是绿色石榴石，由于石榴石是等轴晶系宝石，没有双折射，所以物镜中显示出的两个方格的颜色是相同的。

滤色镜是查氏滤色镜的简称，它由一个滤色片构成，所以也是一种非常便于携带的小仪器。这个滤色片只允许红光和部分黄绿光透过。也就是说透过该滤色镜观察物体，物体只会显现红色或黄绿色。譬如许多含铬和含钴的珠宝，不论它看上去原本是什么颜色，当透过滤色镜进行观察时都会发现它们呈现出不同程度的红色。如祖母绿是绿色的，但在滤色镜下大多数都会显现为红色（少数因含铁高，受铁的抑制仍显现为绿色）。还比如早期的染色翡翠，在滤色镜下也会显示为红色，因此滤色镜曾是鉴别翡翠有无染色的有力武器。遗憾的是从20世纪80年代以后，人们改进了翡翠的染色方法，致使滤色镜失去了这一重要功效。不过，尽管这样，滤色镜仍然在其他的珠宝鉴定领域发挥着重要作用。譬如常被用于冒充翡翠的绿色东陵石，和具有"南阳翡翠"之称的绿色独山玉，在滤色镜下都会显现出红色，而天然的翡翠则不会出现红色。据此我们就可以很容易地把它们区别开来。在譬如合成蓝色尖晶石和用钴致色的蓝玻璃，常被用来冒充蓝宝石、蓝色托帕石和蓝色锆石。这时若用滤色镜进行检查，就会发现仿冒品会显现出红色，而真品则不会。

（八）密度的鉴别意义

"密度"是指物体的质量与其体积的比值，也即单位体积的质量，故通常用每立方厘米的克值（g/cm^3）来表示。不同的珠宝，由于组成分的差异，和内部质点排列的紧密程度不同，就使其具有不同的密度。这就使我们有可能通过密度的测定来辨别珠宝的种属。事实上，这也是当今各珠宝检测机构，鉴别各种珠宝的最主要的手段之一。

密度的直接测定，涉及对物体体积的测量，在技术上有一定的难度,因此人们一般采用比重（相对密度）测定来代替密度的测定。所谓"比重"，即物体的密度与水的密度之比。由于水的密度在4℃时为$1g/cm^3$，所以这时候物体的比重与它的密度在数值上是完全一样的。这就使我们有可能用比重测定来替代密度测定。鉴于比重是物体的密度与水的密度之比，因此人们也把比重称为"相对密度"。因为它是比值，所以是没有单位的。

目前，在实验室里，比重的测定是在比重天平的帮助下完成的。方法是先测得物体在空气中的重量W_1，然后再测得物体浸没在水中时的重量W_2,计算公式W_1/W_1-W_2即可获得该物体的比重。若是我们需要的是精确的比重，那么我们还应该考虑到在平时的室温条件下，水的密度值不是$1g/cm^3$，而是要稍稍小一些，因此就必须对获得的比重值进行一个系数的校正。但由于这个校正值通常非常微小，所以在珠宝检测中，尤其在玉石比重的测定时，一般可以忽略。

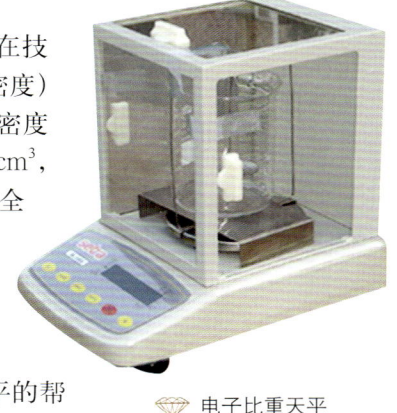
电子比重天平

遗憾的是，这一比重测定法，需要使用精密的天平，这对我们普通消费者来说，显然无法做到。不过不要紧，我们还有一种易于采用的较简单的方法，虽然它只能告诉我们一个大致的范围，但对于有些珠宝的鉴别还是十分管用的。这就是所谓的"比重液比较法"。

其实，这一方法早被一些珠宝业者所使用。为了避免购入假货，他们常随身携带一瓶液体，当他们想要辨别手中珠宝的真伪时，只要把它投入液体中，就能根据珠宝在液体中的沉浮状况，作出必要的判断。这就是比重液比较法的应用。原来瓶中的液体就是人们所述的"比重液"。它们实际上是一些具有较大密度的液体，如在玉石鉴定中用的最多的"二碘甲烷"，是一种密度为$3.32g/cm^3$的液体。投入二碘甲烷中的珠宝，若是密度比它小，就会浮于液体的表面；若是密度大于液体，则将

常用比重液

比重液	相对密度(g/cm^3)
饱和盐水	1.13
一溴甲烷	1.47
二溴乙烯	2.18
三溴甲烷	2.89
二碘甲烷	3.32

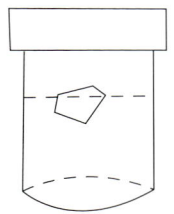 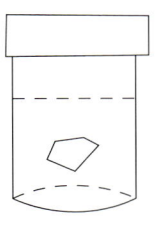 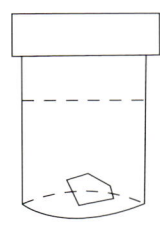

比重液比较法示意（左：珠宝比重小于比重液；中：珠宝比重与比重液相当；右：珠宝比重大于比重液）

33

沉入瓶底；若密度与之相当，则将悬浮于液体之中。翡翠的密度一般在 $3.33g/cm^3$ 左右，因此若把翡翠投入二碘甲烷中，它大多会沉底或处于悬浮状态，但许多用于冒充翡翠的仿冒品——如所谓的"料翠"、"马来西亚玉"等，都具有比 $3.32g/cm^3$ 低得多的密度，所以它们都将浮于二碘甲烷的表面。这就使人们能有效地把它们从翡翠中剔除出去。同样，另一种叫做"三溴甲烷"的液体，因具有 $2.89g/cm^3$ 的密度值，所以它可以用于软玉（密度一般为 $2.95g/cm^3$）的鉴别。

比重液比较法虽然比较简单易行，但仍然不完全适合于普通的珠宝爱好者。更简便易行的方法是直接用手来掂重。只要你有心经常尝试，你就会感觉到密度大的珠宝较沉；密度小的则感到相对轻飘。有经验的人也可根据这种手感，发现手中珠宝的真伪，避免上当。

（九）荧光及荧光测试

大家知道物质会因温度升高而发出可见光，如物质燃烧所发出的光，灯泡的发光。但也有一些物质的发光与温度的升高无关，而是由于受到外界高能射线（包括可见光）的照射、刺激而发光，这种光称为"冷光"。冷光又分为两种，一种是外界的刺激一停止，发光也即停止，或者有小于 10～8 秒的余辉，称为"荧光"；另一种是外界的刺激虽然已经停止，但发光仍能持续一段时间，是为"磷光"。夜明珠的发光就是拥有磷光的表现。自然界拥有磷光的珠宝数量十分有限，因此很少用其来鉴别珠宝。与其相反，大多数珠宝却有发出荧光的本领，而且由于不同的珠宝具有不同的物质组成，其发出的荧光的强弱和颜色也就不尽相同，因此这就为我们利用对荧光的观察来鉴别珠宝提供了客观可能。譬如红宝石和红碧玺同是红色宝石，但在紫外光的刺激下，红宝石会具有很强的红色荧光，而红碧玺则仅有弱的粉红色荧光。再比如大多数天然钻石会发出蓝紫色的荧光，而用于冒充钻石的合成立方氧化锆和合成碳硅石都不会发出荧光。因此，利用这些荧光特性，我们就可以很容易地区分这些不同珠宝。

珠宝鉴定中所观察的荧光是指在紫外光的刺激下所发出的荧光。常用的紫外光还分为波长 365nm 的长波，和波长为 254nm 的短波两种。同一块珠宝在长波紫外下和短波紫外下的荧光表现也会有所区别。另外来自不同产地的同一种珠宝，也会由于所含杂质元素的不同，而有不尽相同的荧光特征，因此在使用荧光鉴别珠宝时，应警惕由此而产生的误判。

再者，珠宝的荧光强度一般都低于日光和灯光，因此它的观察一般要在暗室中进行。珠宝检测用的紫外荧光灯就配备有置放珠宝的暗箱，所以体积相对较大，不便携带。当没有这种相应仪器时，也可以用便携式验钞机来代

◆ 紫外荧光灯

替，它相当于长波紫外灯，当然用它来观察珠宝时，也应尽量在黑暗的环境里进行。

还要注意的是，紫外光对人的眼睛会造成一定伤害，所以在使用荧光检验珠宝时，切勿用眼睛直视发光的灯管。

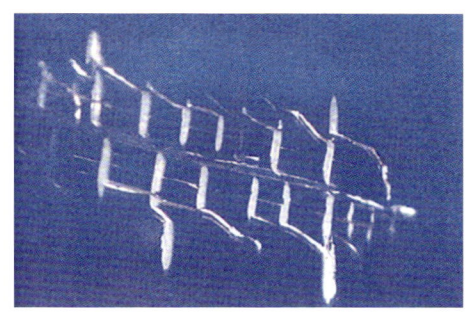
月光石的蜈蚣状包体

翠榴石的马尾状包体

（十）包裹体的鉴定价值

许多珠宝的内部常包含有一些可独立存在的杂质，以及如生长纹、色带等现象，它们被统称为"内含物"，或"包裹体"（简称"包体"）。对于大多数珠宝来说，内含物的存在是导致其净度等级降低的主要因素，被视为是珠宝的一种瑕疵。不过对于宝石鉴定而言，内含物的观察和研究，却具有十分重要的无可替代的意义。具体说来主要有以下4方面的作用：

① 有助于判别珠宝的种类。不同的珠宝具有不同的物质组成，并形成在不同的环境里，因此，它们常常会拥有可反应它们这些特征的包裹体。如月光石常含有被描述为"蜈蚣"状的包裹体，而翠榴石则时见有所谓的"马尾"状包体。诸如此类，不一而足。

② 有助于判别珠宝的产地。形成于不同产地的同一种珠宝，也往往会由于产出地区的地质环境差异，而拥有不同特征的包体。如来自南美哥伦比亚的祖母绿常可见有一种被称为尖头状的三相包体（指该包裹体内同时存在固相、液相和气相三种物相状态的物质）；而产自俄罗斯的祖母绿则常见有一种竹节状的包体。

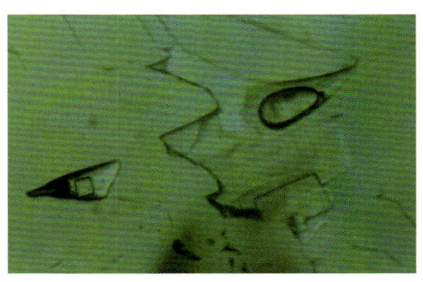
哥伦比亚祖母绿的尖头状三相包体

③ 有助于鉴别珠宝是否经过处理，甚至确定处理的方法。如经过染色处理的珠宝，一般均可观察到染色剂沿珠宝内部裂隙或晶

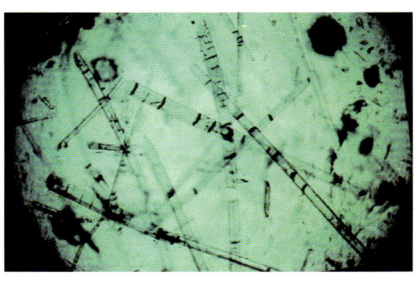
俄罗斯祖母绿的竹节状包体

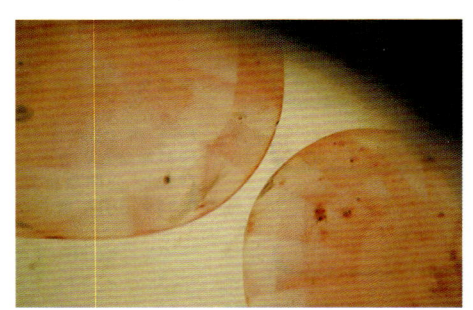
◆ 在二碘甲烷的浸油中扩散处理的红宝石显示出边棱的颜色较深的特征

◆ 经热处理的蓝宝石可见早先的金红石针状包体因受熔蚀而呈断续的点线状

粒间隙沉淀分布的现象；经热处理的珠宝，则时见有内部的早期包裹体因受高温作用而出现熔蚀的现象；经过所谓扩散处理的珠宝，则可见其边棱的颜色明显加深。诸如此类，不一而足。

④有助于判别是否是合成珠宝。合成珠宝与天然珠宝存在物质组成、晶体结构和物理化学性质三相同的特征，因此，常规的物性测定检测方法很难把它们鉴别出来，但由于它们形成在人工环境下，因此会含有一些与天然珠宝迥然不同的包体，所以对包体的观察研究就成为识别合成珠宝的最重要手段。如在一些合成宝石中可

◆ 合成宝石中的白色籽晶片

以看到，包含有制造该宝石时所用的盛器——白金坩埚因高温熔蚀下来的残渣包体，而这在天然珠宝中是绝对无可能出现的。再譬如，一些合成珠宝在制作过程中，为了给合成晶体提供一个生长的中心，会人为地置入一个小晶片（称"籽晶"或"种晶"），从而给合成后的珠宝留下了一个可以识别的籽晶包体。这也是天然珠宝不会有的现象。

包裹体的观察研究还可以帮助人们了解宝石的形成过程，了解宝石的生成温度和生长在什么样的地质环境里，以及它们形成后发生过什么样的变化等地质理论问题。只是这与珠宝鉴定关系不大，我们就不再一一赘述。

包裹体通常十分细小，肉眼很难看到，因此，一般要在显微镜的帮助下进行观察研究。然而显微镜对于普通的珠宝爱好者来说很难置备。不过我们可以用放大镜加上笔灯来代替。

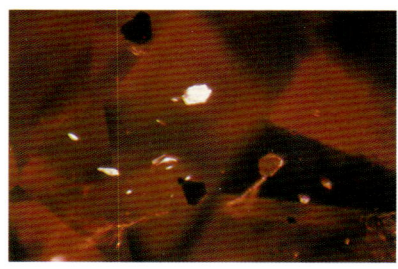
◆ 一种合成红宝石中的呈六边形和不规则形的铂金片包体

放大镜可以说它是珠宝工作者和珠宝爱好者必备的工具。因为人眼的分辨能力是十分有

限的，最多只能看清0.1mm～0.2mm左右的小物体，而宝石的许多细微的特征，如包体、微裂隙等常远小于这个限度，致使我们无法看到，有了放大镜就可以弥补肉眼的不足。当然，由于它的放大倍率较小，一些更细小的包体等现象，它仍然无能为力。但对于普通爱好者来说，它还是可以提供十分有益的参考。

珠宝用放大镜多为10倍放大镜，因为在许多情况下，评定珠宝的净度等级都是以10倍放大镜下能否看到为准绳的。一个好的放大镜应能满足以下四点要求：

①视域较大，能看到较大的范围。一般镜片直径在18mm左右。

②放大倍率准确。

③不会产生像差。可用方格线进行检查。在放大镜下视域范围的所有线条应互相平行、宽窄一致。

④不会产生色差。视域下的线条应清晰"干净"，不能带有色边。

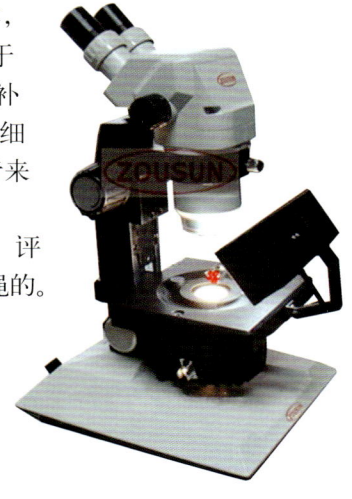
宝石显微镜

笔灯也是珠宝工作者常用的工具。它实际上就是一支小型的手电筒。不同的是，它的灯头部分设计成如笔一般的圆珠尖头形，以便需要时可伸入戒托下来透射宝石；为了提高亮度，它的灯头还有聚光能力。有了笔灯，我们就可以在透射光的帮助下，看清宝石内部可能隐藏的绺裂、瑕点、包体，以及颜色分布是否均匀、有无生长带等等现象。

最好还能配备镊子或宝石爪子。这是因为有些珠宝尺寸很小，若用手指直接拿捏，会因手指过于粗大阻碍了观察的视线，使用镊子或宝石爪子则可克服这一缺陷，更便于对珠宝进行全面的观察。使用镊子，用力要恰当，不要太紧张；当心没夹好，把宝石夹飞，那时找起来就会很麻烦。宝石爪子有4～6只爪，可保证宝石不致掉落，但缺点是爪多也有可能遮盖了珠宝的瑕疵。不管是用镊子还是爪子，你都应该转换数次宝石的夹位，防止遗漏某些部位没有观测到。

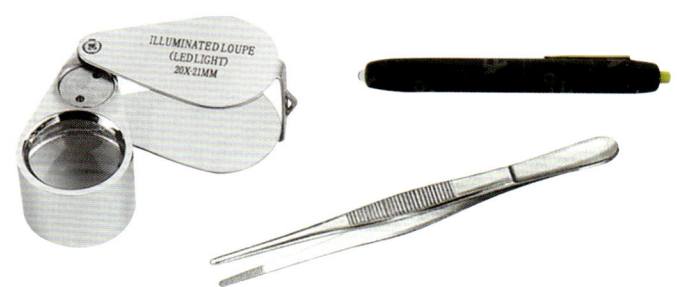
珠宝检测常用的放大镜、笔灯和镊子

（十一）珠宝鉴别的其他方法

上面我们介绍了识别珠宝真伪的一些相对易于掌握的方法。掌握这些方法无疑有助于你不致轻易上当受骗。

不过，应该指出，珠宝的鉴定是一件十分困难的任务，不仅对于一般的珠宝爱好者如此，对于许多珠宝行家来说也是如此。只不过，对于专业的珠宝鉴定工作者来说，他们除了上述的那些常规的检测方法之外，还可以使用更专业、更精密的测试技术。这就好比医生看病，当望问闻切不能确诊时，医生会要求抽血化验，或X光透视检查；如果还不行，就要做CT或核磁共振，再不行，那就只好开刀探查了。珠宝检测也是这样，当简单的检测不能解决问题时，人们就会动用一些分析精度非常精密的大型仪器，如电子探针、红外光谱仪、拉曼光谱仪、X荧光光谱仪等（这些大型仪器每台的价格都要几万～几十万美元），对其进行十分细密的研究，从而捕捉到有助于鉴别的蛛丝马迹。例如电子探针可以对珠宝的极微小区域（在1微米的范围内）进行分析研究，从而确认该样品中有无天然珠宝所不该有的组分，判别究竟是天然珠宝还是合成珠宝。再譬如，红外光谱仪可用于检测珠宝样品对红外光的吸收状况。这对判断被测样品中是否有水的存在，或是否含有有机成分格外灵敏，因此，常能有效地帮助人们鉴别那些经过镀膜、有机物充填等人工处理的珠宝。总之，这些精密的大型仪器各有不同的用途，对解决珠宝鉴定中的疑难问题，能起到关键性的作用。遗憾的是，由于它们体积庞大、价格昂贵，显然不是一般珠宝收藏者可以置备的，所以当无法判断手中珠宝的真伪优劣时，还是应该请专业的珠宝检测机构来帮忙。

宝石 第一篇

　　我们已经指出,宝石一词有广义和狭义之分。广义是珠宝的同义词,狭义则仅指由矿物单晶构成的珠宝,其中最重要的便是享有五大名贵宝石之称的钻石、红蓝宝石、祖母绿和金绿宝石。

一、钻石

晶莹璀璨的钻石，在琳琅满目的珠宝世界中，一向具有无可比拟的地位，享有"宝石之王"的称誉。它那令人眼花缭乱的光芒，曾使多少人为之倾倒，多少人梦寐以求。还有它那坚硬的无可匹敌的硬度，更使人产生了它是永恒的、不可摧毁的观念，以致相信它也能保佑它的所有者权力永恒，无往不胜；相信它能祛邪避凶，给人带来幸福，甚至能解毒、治病；在婚姻中则用作表征爱情的信物，表示爱情的永恒和纯洁无瑕。它还被选作4月的诞生石。

（一）价值昂贵的钻石

瑰丽的钻石，价值昂贵。一颗重1克拉（1克拉=0.2克）的钻石，动辄要几万元，甚至有的更高达十多万元。

钻石为什么这样珍贵？首先是在于它的稀少。19世纪以前，印度几乎是它的唯一产地。即使在今天，当世界已在巴西、非洲中南部、俄罗斯、澳大利亚和加拿大等地发现了钻石的若干重要产地之后，钻石的产量仍然十分有限。目前在全球已探明的钻石储量还不到20亿克拉（400吨），其中大约60%~70%属于非宝石级的工业用钻石，剩下的30%左右的宝石级在加工成饰用钻石时，又将有1/3~1/2被磨削掉，因此，实际上整个地球能够供我们使用的饰用钻石仅为2亿~3亿克拉（40吨~60吨）。若以全世界有50亿人口来计算，则每人仅能分到0.04克拉。即使这一微不足道的数值，在目前它还绝大部分尚未被开采出来。物以稀为贵，这就难怪钻石为什么会如此昂贵了。

钻石之所以昂贵，还在于它有许多优秀的能傲视群雄的品质。钻石的折射率高达2.42，这使它具有强的反光能力，与许多也是无色透明的宝石如无色的蓝宝石、无色的水晶等相比，钻石都显得更晶莹璀璨，更光彩照人，并具有非金属宝石的最强光泽——金刚光泽。钻石还具有高达0.044的色散率。这就使本来无色的钻石，却会呈现出被称为"出

一颗浅绿色八面体晶形的金刚石

火"的五彩缤纷的色彩。而其他无色宝石则大多不具备这种能力。再者,钻石的无可匹敌的硬度,还使它能经久不变,红颜永存。

(二)钻石的质重与价格

人们认为决定钻石价格的因素共有 4 个,即质重(即重量)、颜色、净度和切工。由于这 4 个因素的英文的头 1 个字母都是 C〔质重以克拉(Carat)表示,颜色(Color),净度(Clarity),切工(Cut)〕,故又称"4C"因素。

从库利南切割下来的最大一颗琢型钻石,呈水滴形,重 530.2 克拉,有 74 个翻面,被命名为"非洲之星",也称"库利南 1 号",现镶嵌在英国国王的权杖上

先说质重。钻石稀少,大颗粒的钻石更是罕见。据统计,全世界已发现的超过 500 克拉的大钻石,总共不到 25 颗。大于 100 克拉的钻石总共不到 2 000 颗。如果按加工后的琢型钻石来统计,则大钻石更是少得可怜!鉴于大颗粒钻石是如此之稀少,其价格自然是高得令人咋舌,难以估量。1998 年在瑞士苏富比秋季拍卖会上有两颗梨形钻石,一颗重 58.61 克拉,拍卖价为 232.424 万美元;另一颗重 40.72 克拉,品质优于前者,拍卖价高达 240.429 万美元。

世界已发现的十大钻石

排名	命名	克拉重	发现年代	产地
1	库利南	3 106.0	1905	南非普雷米尔
2	布拉岗扎	1 680.0	1798	巴西米纳斯吉拉斯
3	未名	1 500.0	1919	南非普雷米尔
4	高贵无比	995.2	1893	南非贾格斯丰坦
5	塞拉利昂之星	968.9	1972	塞拉利昂
6	科尔德曼·德迪奥斯	922.5	1991	巴西米纳斯吉拉斯
7	光明之山	800.0	1304前	印度戈尔康达
8	大莫卧儿	787.5	1650前	印度可拉
9	沃耶河	770.0	1945	塞拉利昂
10	金色纪念节	755.5	1986	南非普雷米尔

目前世界上已发现的最大一颗钻石"库利南",原石重达 3 106 克拉。但加工后

获得的最大一颗重仅530.2克拉。若包括其他大大小小也来自库利南的其他琢型钻石，全部成品的重量是1 065.66克拉，是原石重量的34.31%。

我国已发现的十大钻石

排名	命名	克拉重	发现年代	产地
1	白毫	395.11	?	?（可能来自印度）
2	金鸡	281.25	1937	山东郯城
3	常林	158.786	1977	山东临沭
4	陈埠1号	124.27	1981	山东临沭
5	蒙山1号	119.01	1983	山东蒙阴
6	蒙山5号	101.47	2006	山东蒙阴
7	陈埠2号	95.94	1982	山东临沭
8	陈埠3号	92.86	1983	山东临沭
9	蒙山3号	67.03	1991	山东蒙阴
10	蒙山2号	65.57	1991	山东蒙阴

不仅大颗粒钻石价格昂贵，就是颗粒较小的钻石，其价格也会随其大小而有成倍的增长。在钻石市场上，小钻石的价格，一般按质重划分为几个台阶（即质重区间）。在每个台阶里，钻石有一个以1克拉为基数的基准价。也就是说处于这个台阶里的钻石，尽管质重有所差异，但它们用于计价的基准价是一样的。小颗粒钻石价格的质重台阶的分界，通常处于几个关键的整数位，如0.50ct.，1.0ct.，1.50ct.（ct.为克拉的英文缩写）等。在这几个关键整数位上下，用于计算钻石价格的基准价均会有一定幅度的变化。

钻石行情的基准价，目前全球惯用的是由美国Rapaport钻石报告公司每周提供的报价表（习称"国际钻石报价表"）。该表列出了从0.01ct～10ct，各个不同色级和净度等级（采用美国GIA的分级标准）的各个质重台阶钻石的基准价。不过应该指出，该基准价并无法定意义，它只是对当前市场售价的一个汇总和提炼，所以它只给钻石交易提供了一个参考，在实际交易时商家仍会根据自己的具体情况作出上下浮动。

还要指出，在钻石交易中，比克拉更小的计量单位是"分"，100分等于1克拉。不足1分的称量，国际上通行的

◆ 常林钻石。这是新中国成立后（1977年）我国发现的最大一颗钻石，重158.786克拉

	IF	VVS1	VVS2	VS1	VS2	SI1	SI2	I1	I2
D	141	101	87	73	64	57	48	38	34
E	92	90	77	68	62	53	45	34	30
F	87	77	69	64	59	50	42	33	28
G	74	68	65	60	55	68	40	30	29
H	62	57	52	51	48	44	38	28	27
I	51	48	45	43	40	38	33	27	25
J	40	39	40	37	35	32	31	25	39
K	36	35	34	32	31	30	25	35	23
L	35	34	31	30	27	25	25	22	22
M	30	31	29	27	26	25	23	21	20

国际钻石报价表示例〔表示该表适用于标准圆钻型切割，适用的质重区间，以及该表发布的年月日。表的上方横坐标是净度等级，左方的纵坐标是色级。在该表列出的质重区间里净度为 VVS2，色级 M 的钻石，其基准价为 29×100 美元。（注意：该报价表未考虑钻石切工等级对价格的影响）〕

法则是 8 以下舍去，只有 9 才能进位。如 43.8 分应按 43 分计价，若为 43.9 分则可以按 44 分计价。但在国内市场上许多生意人不忍舍去分以下的尾数，仍按实际称量来计价。因此一颗重 43.7 分的钻石，若根据其色级和净度，其克拉基准价是人民币 14 000 元，则该钻石的参考价应是 14 000×0.437 = 6 118 元左右。

既然钻石的价格与重量有着如此密切的关系，因此钻石重量的测量就应该十分精确，通常可使用精密天平。但在实际场合下，有时由于没有可用的称量天平，有的则因钻石已镶嵌在饰品上无法拆下，都会使称量无法进行。这时我们可以采用测量钻石直径大小的方法来进行估算。从理论上说，当钻石的加工琢型非常标准时，钻石的直径与重量之间有着良好的对应关系。因此，可以按下列公式进行计算。

圆钻型（或称圆光辉型）：克拉重 =（平均直径）^{2}× 高 ×0.006 1

不仅圆钻型可以根据其直径大小计算出它的克拉重，其他花式琢型钻石也同样可以按照一定的公式计算它们的克拉重。如椭圆光辉型的计算公式是：克拉重 = [(长 + 宽) /2]^2× 高 ×0.006 2；橄榄形光辉型是：克拉重 = 长 × 宽 × 高 × 修

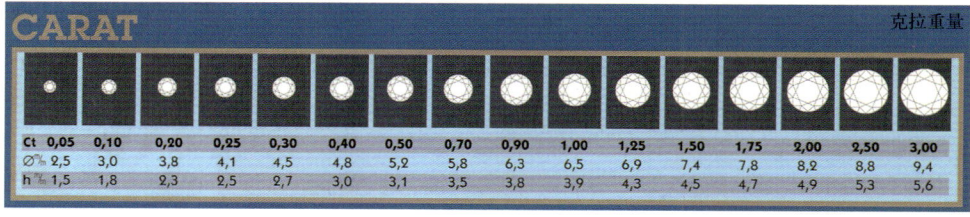

圆钻型钻石的直径大小与质重的对应关系

正值（修正值因长／宽比而异：1.50/1.00＝0.005 65；2.00/1.00＝0.005 80；2.50/1.00＝0.005 85）。诸如此类，不一赘述。

为了省略人们公式计算的麻烦，一些专业钻石图书上也会附有根据琢型钻石的大小计算好的钻石质重表，可供查阅。当然，无论是查表还是用公式计算，只有在钻石的加工琢型非常标准时才能准确。若加工不很标准，如台面过大，或高度不符比例、腰厚不一等等，就会使计算结果或查表结果与实际质重存在一定的误差。尽管这样，熟悉这一估算法，还是可以使我们在收藏投资钻石时，不致因质重不对而吃太大的亏。

（三）颜色与钻石价格

影响钻石价格的第二个因素是色级，即颜色等级。

钻石的颜色，一般可将其划分为两个系列——开普钻石系列和彩色钻石系列。开普系列是属于基本无色,或带有淡淡的黄色调或褐色调或灰色调的钻石。绝大多数（98%以上）钻石均属于这一系列。所以，通用的对钻石颜色的评比，即针对这一系列钻石而设。根据所带色调的深浅，钻石可按其颜色分为若干等级。目前国际上通用的色级是美国宝石学院（GIA）制定的。它把完全无色的钻石称为 D 级，然后随着所带色调的渐深而分出 E、F、G、H、I……直到 Z 级。我国旧时则把钻石的颜色等级称为"百色级"，颜色最好的是 100 色，以下类推。一般未经特殊训练的人，常很难区分 100～98 色；97～94 色可带极浅的不易察觉的黄色调；93～90 色所带的黄色调常人大多可以分辨；90 色以下的钻石，因黄色调过于明显就很少用做宝石级钻石。1996 年颁布的我国的国家标准，已明确了我国的百色级与美国 GIA 色级的对应关系，即 100 色对应 D 色，99 色对应 E 色，以此类推。除此之外，世界上还存在一些其他的钻石颜色分级体系。

钻石颜色的分级，按理应在严格规定的条件下进行。这些条件包括光源——在无阳光直射的室内采用专用的比色灯（我国国标规定比色灯采用色温为 5 500K ～ 7 200K 的荧光灯）；环境背景色调为白色或灰色，并采用经权威部门认定的比色石，由经过专门训练的人员来进行比对、判定。所以大多数钻石在出售时，往往附有由相关钻石分级部门出具的相关证书,指出该钻石的色级。如果你还不放心，则不妨取一张白纸，把它对折呈 V 字形，然后把钻石放在折缝上进行观察。这时你应注意下述几点：

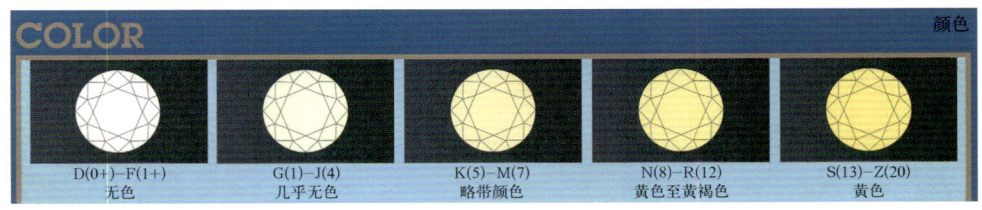

开普系列钻石的颜色等级

自左至右：无色 D～F；基本无色 G～J；浅黄至浅黄褐色 K～M；黄至黄褐色 N～R；明显黄褐色 S～Z

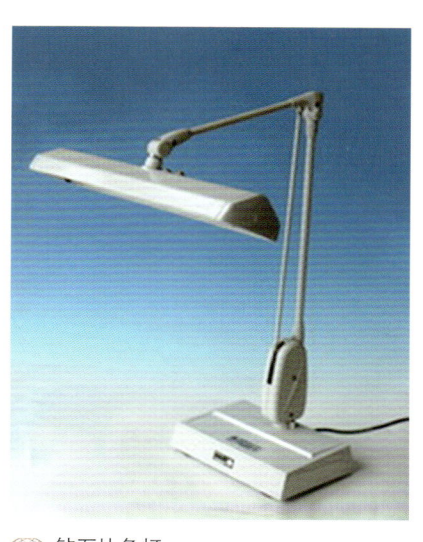

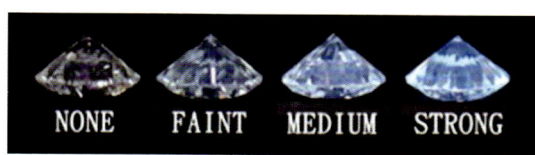

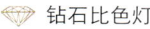 钻石比色灯

💎 钻石的荧光等级（自左至右：无、弱、中、强）

①应该从不同的角度去观察钻石的颜色，尤其是钻石的底尖部分最易显示颜色（为此可把钻石的台面向下来进行观察）。

②如果没有比色灯，可以利用上午10时到下午2时的阳光来代替，但要避免阳光直射。切勿使用普通的灯光或在黄昏的光线下看钻石，这样会对钻石的颜色产生误判。

③色级相同时，钻石愈大，其黄色调会愈明显一些。

④镶好的钻石较难辨别它的颜色。尤其用黄金镶嵌，会使本来较黄的钻石显得不那么黄，本来色较好的钻石却也会受黄金颜色的影响而显得黄一些。

⑤在观察钻石颜色时，可以先向它呵口气。这有助于遮盖钻石的色散和光彩，看清它的本色。

⑥要注意荧光对钻石颜色的影响。已知钻石大多会有强弱不等的蓝紫色荧光。而色度学原理表明，蓝色与黄色是互补色，也即该两色混合会产生白色的感觉。所以当钻石的荧光较强时，就会使钻石的黄色调明显降低，以致对色级产生误判。

颜色对钻石价格的影响是十分显著的。当钻石的质重和净度相同时，钻石的价格会因色级的提高而以大致相似的斜率，向上迅速升高。一般说来，钻石的颗粒愈大，受色级影响的价格攀升斜率也愈大。如同为1克拉的钻石，净度为VVS_1，色级为E色时，2012年1月的报价是18 100美元；还是1克拉钻石，净度不变，但色级是M色，其报价仅为4 300美元。两者价格相差4.21倍。如果是5克拉钻石，净度仍是VVS_1，E色级的报价是101 700美元，而M色级的报价是18 500美元，两者价差达5.50倍。

应该指出，上面我们关于钻石颜色的叙述是对开普系列钻石而言的，没有涉及彩色钻石系列。关于彩色钻石我们将在下面再作介绍。

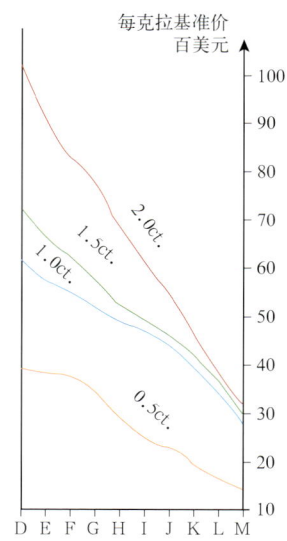

💎 当钻石的质重和净度（VS_2）相同时钻石的价格与色级的关系

（四）钻石的净度等级与价格

净度，顾名思义就是指钻石的干净程度，也即瑕疵的数量。影响钻石净度的瑕疵一般分为两部分，即内部瑕疵和表面瑕疵（也常称为内部特征和外部特征）。钻石常见的内部瑕疵和表面瑕疵请参见下表。

钻石内部瑕疵一览表

编号	名称	符号	说明
1	点状包体		钻石内部极小的包裹物
2	云状物		钻石中朦胧状、乳状无清晰边界的包裹物
3	羽状纹		钻石内部或延伸至内部的裂隙，形成羽毛状
4	浅色包裹体		钻石内部的浅色或无色包裹物
5	深色包裹体		钻石内部的深色或黑色包裹物
6	内凹原始晶面		凹入钻石内部的天然结晶面
7	内部纹理		钻石内部的天然生长痕迹
8	激光痕		用激光束或化学品去除钻石内部深色包裹物时留下的痕迹。管状或漏斗状痕迹称为激光孔。可被高折射率玻璃充填
9	须状腰		腰上细小裂纹深入内部的部分
10	空洞		大而深的不规则破口
11	破口		腰部边缘破损的小口
12	击痕		受到外力撞击留下的痕迹
13	双晶中心		结晶结构发生错动的中心点，常和小点伴随
14	双晶丝状物		由于双晶发生错动而引起的丝网状特殊包裹物

钻石表面瑕疵一览表

编号	名称	符号	说明
1	原始晶面		为保持最大质量而在腰部或近腰部保留的原始结晶面
2	刮伤		表面很细小的划伤痕迹
3	棱线磨损		棱线或底尖细小的损伤，呈磨毛状
4	点		表面极细小的缺口
5	抛光纹		抛光不当所导致的细密线状痕迹，在同一刻痕面内相互平行
6	烧痕		抛光不当所致的糊状疤痕
7	表面纹理		表面的生长痕迹，呈直线、折线或其他几何形状
8	额外刻面		规定之外的所有多余刻面
9	缺口		腰或棱线上的撞伤

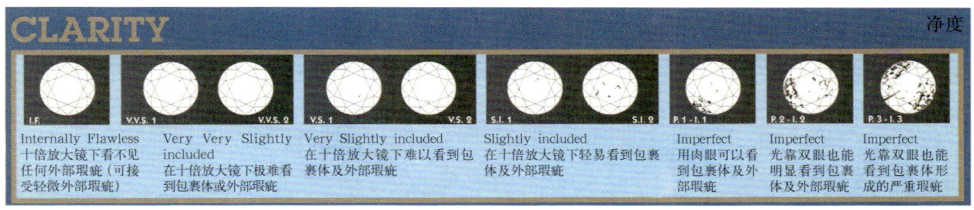

💎 钻石的净度等级

根据钻石瑕疵的可见程度、类型、数量及分布特征，可把钻石的净度划分为以下等级：

①镜下无瑕级，即 LC 级。可再细分为无瑕（FL）和内部无瑕（IF）两个亚级。

FL 级：指在 10 倍放大镜下，未见钻石具内部或表面瑕疵。但允许出现以下两种情况——额外刻面位于亭部，冠部不可见；原始晶面位于腰围，不影响腰部对称，冠部不可见。

IF 级：指在 10 倍放大镜下，未见钻石具内部瑕疵。但允许出现以下两种情况——内部生长纹理无反光，无色透明，不影响透明度；可见极轻微的表面瑕疵，经轻微抛光后可去除。

②极微瑕级，即 VVS 级。也再细分为 VVS_1 和 VVS_2 两个亚级。

VVS_1 是指在 10 倍放大镜下也极难观察到的极微小的瑕疵；

VVS_2 则是在 10 倍放大镜下很难观察到极微小的瑕疵。

③微瑕级，即 VS 级，也区分为 VS_1 和 VS_2 两个亚级。

VS_1 是指在 10 倍放大镜下难以观察到的细小瑕疵；

VS_2 则是在 10 倍放大镜下比较容易观察到的细小瑕疵。

④瑕疵级，即 SI 级，也区分为 SI_1 和 SI_2 两个亚级。

SI_1 是指在 10 倍放大镜下容易观察到的瑕疵；

SI_2 是指用 10 倍放大镜很容易看到的瑕疵，但肉眼仍不可见其瑕疵。

⑤重瑕级，或称花级，即 P 级，并细分为 P_1、P_2、P_3 三个亚级（有的书刊以 I_1、I_2、I_3 表示）。

P_1 指从冠部观察，肉眼即可见有瑕疵；

P_2 指肉眼易以观察到的很明显的瑕疵；

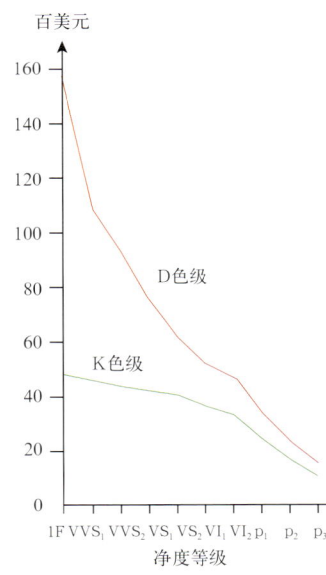

💎 钻石净度与价格的关系。当钻石质重相同(均为 1 克拉)、色级相同（实线为 D 色级，虚线为 K 色级）时，钻石价格随净度变化的曲线

P_3 指钻石具有肉眼极易观察并可能影响钻石坚固度的瑕疵。

钻石净度对钻石价格的影响也是十分显著。当钻石的质重相同时，色级愈好的钻石，因净度等级的差异而产生的价格差也愈大。譬如同为 1 克拉钻石，色级为 M 色，净度是 LC 级，在 2012 年 1 月的报价是 6 500 美元，但净度是 P_1 级时，其报价为 1900 美元，两者的价格差是 3.42 倍。但当色级是 E 色，净度仍为 LC 级时，报价是 20 300 美元，而 P_1 级的报价则是 5 000 美元，两者的价格差增至 4.06 倍。

（五）钻石的琢型与切工评判

影响钻石价格的第四个因素是做工，习称切工。俗话说："玉不琢不成器"。钻石也不例外，若钻石不经过精心的设计、加工和琢磨，也就不可能最充分地展现其优良的品质。事实上，有些历史名钻，由于限于当时的加工技术条件而不尽如人意，致使其灿烂的光泽大大减弱，后来人们又对它进行加工琢磨，使它重新焕发了"青春"，变得更加晶莹璀璨、光彩夺目了。

钻石本身不会发光，它的耀眼的闪烁光亮是来自它对周围入射光的反射。因此，钻石加工的目的就是为了让它能最大限度地把入射光线反射出来。为此，它应满足以下四个基本要求：

① 表面一定要磨得十分平整光滑，这样才能有效地反射入射的光线。

② 钻石是一种装饰品，当它戴

◆ 钻石如何反射光线

1. 正确的亭部角度可使光全部反射回去；2. 亭部太深，使光在经过一次反射以后，却在另一边漏失；
3. 亭部太浅，入射角偏小导致光全部漏失

在人身上，由于人体的运动就使其有可能以不同的方位对着入射光线。为了保证它能恰到好处地，在任何方位都能把光反射出去，这就要求我们必须把钻石磨出多个不同角度的小面——翻面，以适应这一动态的需要，使钻石不论在任何方位都能熠熠闪烁、光芒四射。

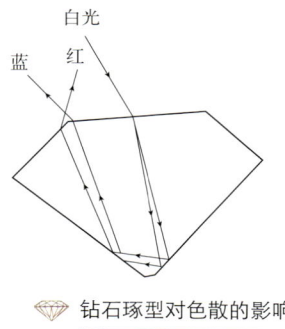

◆ 钻石琢型对色散的影响

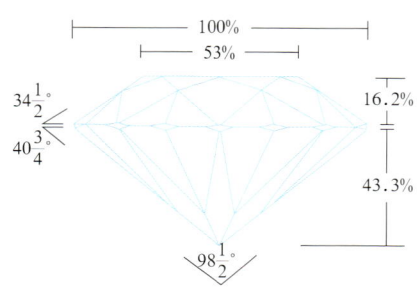

◆ 理想型钻石各部的比率

③根据光学研究，物体对光的反射能力会因本身材质的不同而不同。钻石虽具有较高的反射率，但在一般情况下也只能反射入线光的20%左右，余下的入射光将透入钻石内部。为了能把这部分透入光也反射出去，就要求把钻石的亭部打磨成适当的角度。若角度把握打磨不好，就可能使部分透入光漏失，从而使钻石的亮度减弱，甚至暗淡无光。

④钻石加工的另一要求是要增强钻石的色散，即所谓的"出火"，以使其能显现出缤纷的色彩。钻石具有高达 0.044 的色散率，但物体产生色散能力的大小，不仅与色散率有关，还决定于光透过该物体的厚度。由于琢型钻石大多厚度很小，这就大大影响它的色散能力，然而通过一些翻面的巧妙布置，可以达到增强色散的目的。通过长期的实践，人们认识到一种被叫做"光辉型"的琢型最能满足钻石加工的上述四项要求。其中外形呈圆形的光辉型（简称"圆钻型"或"圆多面型"），其各个部分的合理比率和一些主要部分的夹角关系，是 1919 年由一个叫托尔可夫斯基的人根据理论分析和计算提出来的。因此，按他的要求加工琢磨而成的钻石琢型，被人称为"理想型"。但事实上，加工师们在加工时往往很难精确把握这些比率和角度，难免会出现误差。这就使钻石不能达到十分理想的亮度和出火。不过，只要误差不是很大，还是可以基本满足人们的要求。根据琢型钻石各部比率的合理优良程度，我国国标将其分为 5 个等级：极好、很好、好、一般、差。

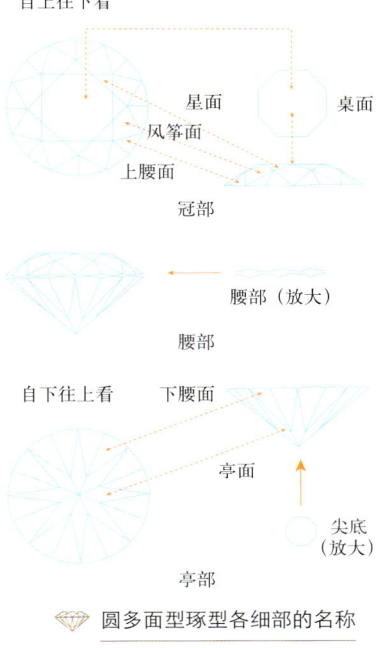

圆多面型琢型各细部的名称

琢型钻石各部比率的大小，还不是评价钻石切工好坏的全部。一颗切工好的琢型钻石，还应该有良好的对称性；即相对应的翻面应该大小、形状一致；各个小面的接角、接点准确，各个翻面的表面抛光良好，看不到抛光留下的磨痕等等。这些问题被称为"修饰度"。我国国标规定修饰度的好坏也分为 5 个等级：极好、很好、好、一般和差。

我国国标还规定，根据琢型钻石各部的比率等级和修饰度等级，可以给钻石的切工作出一个总体的评价。

钻石切工的好坏，对钻石价格的高低也具有重要的影响。虽然大家都同意，好的切工应比较差的切工卖出更高的价钱，但究竟可以高多少，却没有一致的意见，而且不同的地区或国家也常有明显的差别。一般说来，越是成熟的钻石市场，对切工的敏感程度也越高，切工对价格的影响也愈明显。

钻石除了被琢磨成圆钻型（圆光辉型）之外，也被琢磨成其他形状，其中一些

琢型钻石的切工等级

切工级别		修饰度级别				
		极好EX	很好VG	好G	一般F	差P
比率级别	极好EX	极好	极好	很好	好	差
	很好VG	很好	很好	很好	好	差
	好G	好	好	好	一般	差
	一般F	一般	一般	一般	一般	差
	差P	差	差	差	差	差

　　重量小于10分的小钻常被磨成具有长方或梯形外形的阶梯型，用于围镶配衬其他彩色宝石，而一些颗粒较大的钻石（通常在几克拉以上），为了不致浪费钻石原坯的边角部分，常因材施艺，根据钻石原坯的形状，加工成各种不同形状的琢型，其中较常见的是外形为榄尖形、梨形、心形、椭圆形、星形等等。这些琢型虽然外形不一，但它们各个翻面的布置基本上仍维持圆光辉型的布局，只是它的变形而已。另外，还有翻面呈阶梯状分布的阶梯型，因常用于祖母绿宝石的加工，故又称祖母绿型。

　　要注意的是，这些非圆钻形的光辉型切工，由于对钻石原坯的利用率较高，所以对钻石价格的影响常常是负面的。也就是说，当钻石的其他3C因素相同时，切磨成圆光辉型的钻石具有最高的价格。如果以圆光辉型钻石的价格为100来计算，则榄尖形大约是95±，梨形90±5，椭圆形80±5，祖母绿型也是80±5。人们还发现，这些花式琢型钻石的价格还较明显地受市场需求、潮流变化及市场推广等因素的影响，而且其各部比率是否恰当、修饰度的好坏，对价格的高低也会有较明显的影响。

　　不过，人们对如何评价这些花式切工的好坏，有着不完全相同的看法，缺乏一套完善的评价方法。

　　在今天的钻石市场上还可见有另一些更复杂的琢型。如我国台湾宝石学家苑执中先生创造的所谓"索斯达型"，把翻面的总数，从圆光辉型的57~58个，增加到66个、128个和168个三种。翻面的增加，有利于钻石对来自不同方向的光的反射，从而更加闪烁明亮。此外，还有那些被用于大颗粒钻石加工的复杂琢型，如拥有162个翻面的"葡萄牙型"，有108个翻面的"螺旋型"等。毫无疑问，这些复杂琢型钻石的加工费时费力，自然其价格也比普通圆光辉型要高出一些。

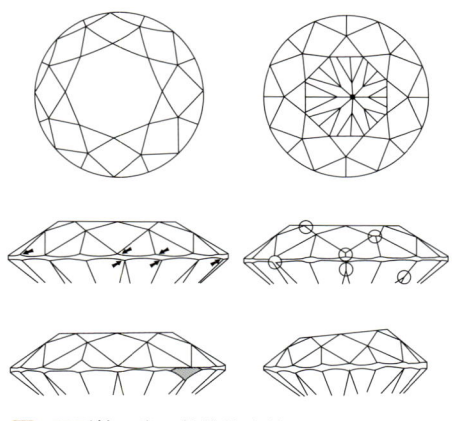

◆ 琢型钻石常见的修饰度弊病

（左上：圆度不足；右上：底尖偏离中心；中左：亭冠错位；中右：刻面接点不准确；下左：有多余刻面；下右：台面与腰不平行）

◆ 几种常见的花式切工的琢型钻石

从左到右：圆钻型、橄尖型、水滴型、心型、椭圆型、祖母绿型、公主方型

还要补充提到的是，在当今市场上一种被叫做"八箭八心"的圆钻型切工深受人们的喜爱。这种切工的钻石在专门的切工镜下，可以从正面和背面看见完美对称的八颗心和八支箭，因此被人们比喻为爱神丘比特之箭，仿佛爱神之箭刚刚穿入恋人之心，故又有"丘比特切工"之称。博得许许多多年轻爱侣的喜爱，成为他们选择订婚或结婚戒指的首选。

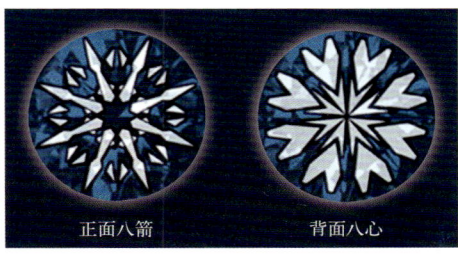

◆ 八箭八心琢型钻石

（六）钻石分级报告

钻石价值昂贵，而且它的价值又与 4C 等级密切相关。为了表明出售的钻石物有所值，在当今的钻石市场上广泛流行为每颗钻石提供 4C 分级报告（或证书）。

一张正规的钻石分级报告一般包含有如下内容：

①证书编号（它具有不可重复性，便以复核查对）。

②钻石琢型。

③尺寸大小和克拉质重（它不仅告诉你该钻石的基本情况，也便于与实物核对）。

④色级（我国国标规定已镶钻石的色级分为：D-E、F-G、H、I-J、K-L、M-N 和＜N）。

⑤紫外光下的荧光等级。

⑥净度等级及内外瑕疵的图示（内部瑕疵用红笔画出、外表瑕疵用绿笔画出。我国国标规定质重小于 0.47 克拉的钻石，其净度仅表示出大等级，即 LC、VVS、VS、SI、P）。

⑦切工比率（包括台宽比、冠高比、腰厚比、亭深比、底尖比、全深比、冠角、底角等）和比率评述。

⑧切工完美程度（即修饰度）的评述。

⑨分级师和检查者的签名。

⑩出证的日期。

应该指出，上述钻石分级报告主要是为未镶嵌的所谓"裸钻"而出具的。但当

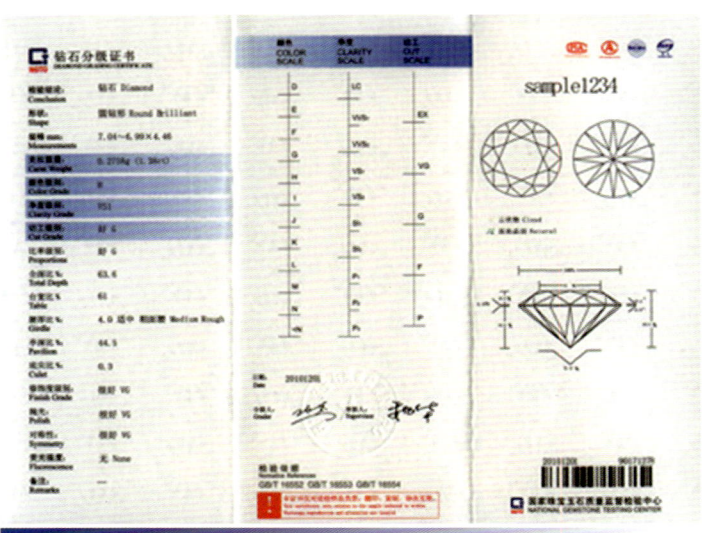

◆ 我国国家珠宝玉石质量监督检验中心出具的钻石分级证书示例

今在我们国内市场上,却流行为已镶嵌的钻饰出具分级报告。严格说来,这种做法是不恰当的。因为其一,它可能使净度出现明显的差错,尤其是高净度的钻石,本来极微小的瑕疵完全有可能被镶嵌的金属爪子所掩盖,而使分级师无法看到,造成错判。其次,它也会造成色级的误判,尤其是用黄金镶嵌的钻石,常常很难分辨其颜色有无受到周围镶嵌金属的映照影响。第三,由于已经镶嵌,它的重量和切工比率是无法直接测量的,只能用目估的方法,毫无疑问,目估就可能出现不同程度的误差。因此,对于收藏投资者来说,如果你拿到的是这样一张分级报告(我国目前流行的分级报告,大多没有切工比率),就应该考虑到其中可能蕴含的误差。

还要注意的是,有些钻石分级机构,可能受到商业利益的诱惑,或由于工作中的疏忽,而有意无意地提高了钻石的 4C 等级,所以对于价值较高的大钻石,你最好能请另一家钻石分级机构,对早先的分级结果进行复核,以免吃亏。

(七)身价非凡的彩钻

1989 年初,在巴黎举行的珠宝展销会上,有一颗钻石引起了人们的极大轰动。它那艳丽的色泽,使观者无不为之动容,而它那几乎是天文数字的价格,更使参观者瞠目结舌,不敢相信自己的眼睛。这颗重仅 2.23 克拉,被命名为"拉其"的钻石,标价竟高达 4 200 万美元。若按当时人民币与美元汇率的平均比率 8.3∶1 来计算,折合人民币为 3.486 亿元。若按当时黄金市价每克 90 元计,竟可折合黄金 3.87 吨。

为什么这颗重量不到半克的钻石,竟会有如此高的价格?原来这是一颗非常罕见具有艳丽血红色的红钻。

前面我们已经谈到,钻石按其颜色可分为两个系列,除了最常见的也是我们前

彩钻系列的钻石珍品

面重点介绍的开普系列外,还有极少一部分钻石属于彩色系列,包括一系列具有不同深浅的红色、粉红色、蓝色、紫色、绿色、黄色、茶色(香槟色),甚至黑色的钻石。

1. 红钻

应该说,红钻是彩色系列(或称艳钻)钻石中最罕见、最珍贵的品种。据说全世界有史记录以来总共才发现5颗。除"拉其"外,1987年4月另一颗被命名"汉考克"的圆钻,重0.95克拉,在纽约克里斯蒂拍卖行,以88万美元成交。还有一颗,据说现存于美国华盛顿史密森博物馆。另外2颗虽见于史载,现在却不知去向。"拉其"是现存红钻中最大的一颗,估计已有500多年的历史,它很可能来自古印度的著名钻石矿区——戈尔康达。

粉红色钻石比红钻在数量上要多得多,澳大利亚著名的阿盖尔钻石矿还不时有新的粉红色钻石产出。这使它的价格远比不上红钻,但比开普系列钻石还是要高很多。

重 0.95ct. 的汉考克红钻

粉红钻

1980年，在瑞士日内瓦曾售出一颗重7.27克拉的粉红钻，价格为92万美元。1990年6月，在伦敦克里斯蒂拍卖行经过激烈竞争以后，另一颗粉红钻被售出。据说这颗粉红钻曾是16世纪时统治印度北方的莫卧儿大帝头巾上的饰物，重为32.24克拉，售价高达407万英镑。

2. 蓝钻

在彩钻中，除红钻外，最负盛名的是蓝钻。世界最著名的蓝钻是"霍普"钻石（也意译为"希望"钻石），重为44.4克拉。现存于美国华盛顿的史密森博物馆。它至少在500年前发现于印度。500多年来它几经转手，并留下了许多令人哀叹的故事。这颗蓝钻还有一个奇特的性质——会发出磷光，即在黑暗中它会像一颗烧红的煤球一般发出红光。据估计，这颗蓝钻的时价当不低于2 000万美元。另一颗著名的蓝钻叫"威梯利斯伯茨"，重25.50克拉。1962年，该钻石在瑞典被人以18万英镑的价格所收购。此外，近年在世界市场上也有几颗蓝钻被拍卖，如一颗重13.49克拉的祖母绿型蓝钻，成交价为748.25万美元；1996年11月在瑞士日内瓦克里斯蒂拍卖会上有一颗重13.78克拉的心型蓝钻被拍卖，成交价为779.070 8万美元；同时还有一颗重仅4.37克拉的深蓝钻；以更高的单价每克拉56.9万，合计248.5万美元售出。在蓝钻中，具有浓艳蓝色的钻石是十分罕见的，大多数蓝钻色调偏浅且带灰，以冷峻的"铁蓝"色为特征。这样的蓝钻，价格就会低一些。

蓝钻　　　　　　　三颗不同色泽的绿钻

3. 绿钻

绿钻在天然的彩色钻石中也是比较少见的，而且通常色调也较浅，并常带有不同程度的褐、黄色。真正纯绿色的钻石在自然界是非常非常少的。绿钻中最著名的是被称为"德累斯登"的绿钻，它呈美丽的苹果绿色，重41.0克拉。1743年曾以约0.9万英镑的价格售出。20世纪初有人估计其价格约3万英镑。时下其价格当不低于1 500万美元。又据报道，我国山东也产有极少量的绿钻。1998年，在一次上海举行的拍卖会上，曾有一颗重3.02克拉的绿钻参与拍卖，当时估价为60万元人民币。

4. 褐钻

在彩钻系列中，还有一些具有很浓的咖啡色、香槟色、金褐色、橘褐色的钻石。其中最著名的是"金色纪念节"钻石。它呈金褐色，原石重755.5克拉，加工后重545.67克拉，火玫瑰型（共有148个翻面），是当今世界上最大的琢型钻石（比早

金色纪念节钻石

粉褐色钻石和香槟色钻石

先最大琢型钻石库利南1号530.2克拉大)。1995年在泰国展出时,恰逢泰国国王50周年登基庆典,泰国的议员们购下此钻(买价未被透露)献给泰王。另一颗著名的此种钻石,是发现于南非的"地球之星"。它呈咖啡色,原重248.9克拉,加工后重为111.59克拉。

5. 黄钻

开普系列钻石常带有不同程度的黄色,尤其是N色以下的钻石,黄色就会十分明显,但这种黄色不能列入彩钻范畴,因为在它的颜色中总是杂有不令人喜爱的褐色调。只有具浓艳的纯黄色或金黄色、黄绿色的钻石,才被称为黄钻。世界上最美的黄钻是蒂凡尼钻石,呈坐垫型,重128.51克拉。它是1878年发现的。另一颗比它晚一些(1888年)发现于南非戴比尔斯矿山的"戴比尔斯"美丽黄钻,重达234.5克拉。1988年11月,在瑞士苏富比拍卖会上,一颗梨形的黄橘色钻石,重8.93克拉,以188.5万美元售出,平均每克拉的单价为21.12万美元。不过,这是个别特殊的例子。在整个彩色钻石系列中,黄钻具有相对较低的价格。

6. 紫钻

开普系列中的高色级钻石,有的可见泛出淡淡的蓝紫色。这是强荧光造成,不是钻石真正的本色。不过,已知在自然界确实有些钻石会呈现出紫色,虽然通常色调偏浅,并有的紫中泛红,有的紫中泛蓝,称为紫钻。2000年6月6日,有一颗来自几内亚的紫钻原石,重16.91克拉,标价高达77.8万美元,每克拉单价4.6万美元。

7. 黑钻

黑色的钻石,一般是最不值钱的,通常被用作磨削材料。但是也有极少数黑钻,

两颗黄色钻石　　紫钻

这两颗黄钻左边的净度很好,为VVS级,右边是SI级;但从颜色看,右边的颜色艳丽得多,所以其售价也比左边高

乌黑锃亮，光泽璀璨，具有特殊的魅力，也被人们请入宝石的殿堂，成为彩钻家族的成员。1986年，荷兰阿姆斯特丹就曾展出一颗命名为"林勃兰"的黑钻，重42克拉。据说是当今世界上最大的一颗宝石级黑钻。原石重125克拉，经荷兰名匠伯兰特整整3年的精心加工，才琢磨成型。有意思的是，2006年来自美国佛罗里达州立大学天体物理学家报告说，他们发现黑钻石与普通钻石有着不同的成因。它们来自地球之外的宇宙空间，是超新星爆炸的产物。如果这一研究得到证实，那么黑钻石就不仅具有宝石学的价值，还是一种具有重要科研价值的宇宙物质。

关于彩钻的价格，一般说来还可以用相应等级和大小的开普系列D色级钻石的价格来估算。大致说来，若为黄钻，可在D色级价格的基础上加价30%～50%；香槟钻加价40%～60%；灰蓝钻加价80%～100%；蓝钻加价150%；绿钻加价180%以上。不过同一种彩钻的售价也会因色彩的纯净度（有无杂色掺杂）、色彩的深浅，尤其是鲜艳度的差异而有很大的不同。美国宝石研究所（GIA）把彩钻颜色的深浅度划分为5个等级：很浅（verylight），浅（light），中等（light medium），深（dark），很深（very dark）。把鲜艳度分为4个等级：微艳（Light），艳（Fancy），鲜艳（Intense），很鲜艳（Vivid）。

要注意的是，在彩钻的评价中，颜色的好坏应是最主要的考量因素，净度（只要没有严重的瑕疵）则在某种程度上可以适当给予忽视。

应该指出，上述彩钻的估价是对天然的彩钻而言的。但今天的钻石市场上还出现有多种使用不同方法处理获得的彩钻，其中尤以绿色和黄色居多；此外，也有人工合成的彩钻，显然它们的市场价会远低于天然彩钻。

（八）钻石的人工处理

从上述介绍中可以知道，钻石的售价与其4C等级密切相关，因此为了获得高额利润，一些人就想尽各种办法使低等级钻石升高成为高等级钻石，从而出现了各种各样的钻石处理技术。

钻石的人工处理可大致地划分为质重处理、净度处理和颜色处理三方面（切工本就是人为的，所以不存在处理问题）。

◆ 保留有原始晶面的钻石腰部，可以看到原始晶面上常有的三角形蚀像。这种三角形蚀像是钻石的鉴定特征之一，它可以证明这是一颗天然钻石

钻石的质重处理相对比较简单。大家知道，来自矿场的钻石原石大小不一、形状各异，因此在加工成琢型钻石时，为了获得较大的质重，避免损失，人们会尽可能地按照原石的原始形状选择适当的琢型。圆钻型虽然能最好地表现钻石的璀璨光泽，但加工时的质重损失也相对较大，所以颗粒较大的钻石

大多会根据其原石形状选择椭圆形、水滴形等花式切工。另外，为了尽可能地减少对钻石的磨损，有的会在琢型钻石的腰部或其他相对隐蔽的部位，保留钻石原石的原始晶面。

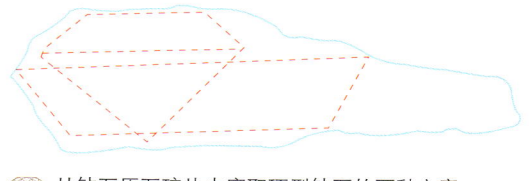
从钻石原石碎片中磨取琢型钻石的两种方案

钻石质重处理的另一种方法是拼接、粘合。一些原始的钻石碎片，由于本身厚度较小，若将其直接加工成圆钻型或其他琢型，则受厚度的限制，只能加工成价值不高的小颗粒钻石。因此为了提高它的价值，人们会按可能使用的直径将它磨制成琢型钻石的一个部分，譬如冠部或亭部，然后再选择与其直径相当的另一部分拼接粘合在一起，制成一个大颗粒的钻石。

上述的这种由来自不同原石的冠部和亭部拼接粘合而成的钻石，曾被人们戏称为"猪背钻石"。它是一种真二层石。在当今的钻石市场上还见有一种半真的钻石二层石。即冠部仍为真钻石，而亭部则由玻璃或合成立方氧化锆等仿钻材料构成。

鉴别这种二层石，一般说来相对容易，只要仔细观察它的腰部，通常就可发现它的破绽——拼接缝。另外在放大镜下或显微镜下，一般也会发现由于拼接处不是那么严密而留下的一些细小的气泡。

钻石质重处理的第三种方法是覆膜技术。近代科技的发展使人们获得了用化学气相沉淀法制造钻石薄膜的技术。覆膜对钻石的质重提高虽然数量有限，但在应用于那些处于钻石价格台阶边缘的钻石来说则十分有用。譬如原重0.98～0.99克拉的钻石，其价格台阶原本处于0.90～0.99克拉范围内，通过覆膜使其质重超过1克拉后，价格台阶便变为1.0～1.49克拉，这就大大提高了它的价格估值。覆膜不仅可以提高钻石的质重，还能起到掩盖表面瑕疵、改善钻石色级的作用。

覆膜钻石的鉴别相对困难。虽然有报道说，由于这层钻石膜是由众多的微细的钻石微晶集合构成，因此在放大观察时可见它具有粒状结构，但若不能观察到，就得动用大型的拉曼光谱仪。而无论是前者还是后者，都是普通的爱好者们所无法做到的。因此如果你对拟购的钻石存有怀疑，就应该请专业鉴定机构来帮忙。

（九）钻石净度的"三级跳"

当今技术科学的发展，不仅可以使钻石的色级得到改善、提高，同样，也可以使钻石的净度得到改善和提高，甚至出现所谓的"三级跳"。

我们知道，影响钻石净度的瑕疵虽然多种多样，但影响最大的是羽裂。一条大的羽裂或多个羽裂的存在，可使钻石的净度一下子降到P级。人们还发现，羽裂在钻石中之所以易于被观察到，是由于羽裂中存在有空气。空气对光的折射率远比钻石低得多，这就使入射光极易在羽裂处产生反射，从而被我们看到。因此，当人们把折射率与钻石近似的物质注入裂隙中以后，就会使羽裂对光的反射减弱，致使我们肉眼无法观察到。于是，钻石的净度便提高了。这种钻石被称为"填充钻石"。

识别填充钻石，一般要在显微镜下进行。钻石填充料虽然具有较高的折射率，

◆ 填充钻石

左：填充前充满羽裂；右：填充后羽裂已几乎不可见

但毕竟不能完全等同于钻石的折射率，因此只要仔细观察，还是可以发现羽裂的存在；有的还能看到因填充物造成光的干涉而产生的彩色闪光；再有的则可以看到填充物注入裂缝时的流动痕迹，以及未被填充物完全赶跑的空气所形成的小气泡等。

要注意的是，由于填充料与钻石的热膨胀系数不同，所以填充钻石若受到热的烘烤，就会使原已隐匿不见的裂纹重新显现了出来。笔者就曾看到某女士要求首饰修理师给她的钻戒放大手寸，结果在喷灯的热作用下，原本并无明显瑕疵的钻石，顷刻之间就出现了众多裂隙。

在改善钻石净度的人工处理方法方面，还有一种与填充处理似乎背道而驰的方法，那就是所谓的激光处理。我们知道，除羽裂外，影响钻石净度等级的因素还有包体，尤其是黑色的包体影响最为显著。激光处理的目的就是要去除这些包体。方法是在显微镜下对包体进行准确定位，并找好距离包体最近又不易引起注意的部位，然后开启激光器，让激光准确射向包体。由于激光是一种点光源，它可以聚焦成一根很细的光线，并产生高温，足以在钻石上烧出一条直抵包体的小管。这时，如果黑色包体是由石墨组成的，则激光产生的热量足以把它完全烧去，使包体消失；若黑色包体是由铁质矿物构成，那么还得把打过激光孔的钻石泡在酸液中，让酸通过激光管把铁质包体逐渐溶解掉。经过激光处理的钻石常常还要进行填充处理，让填充物灌满因包体消失而留下的空洞，并把激光孔封死。不过，也有的不作充填处理。

经过激光处理的钻石，净度一般可以提高 1～2 级。但由于激光孔本身也是一种瑕疵，不管它是经过填充还是未经填充，一般用 10 倍放大镜仔细寻找，总是能找到它的蛛丝马迹。所以，它的净度等级最高也不会超过 SI 级。因此，激光处理只用于低净度的（一般为 P_1～P_3）钻石的处理，使其净度从本来的重瑕级提高到瑕疵级。

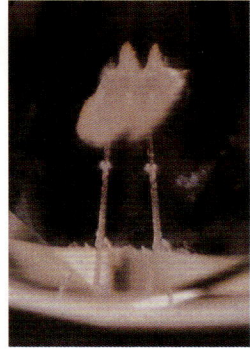

◆ 左：出露在表面的激光孔，在反射光下，可见口的周围略有凸起；右：钻石内部的两条激光管及被溶蚀的包体痕迹

鉴于激光孔易于被发现的缺点，2000 年以来，出现了一种新的激光处理技术，称为"KM"处理。这种处理不给钻石打孔，而是让激光直接聚焦于包体上，使包体因受热膨胀，挤压周边的钻石，从而使钻石产生一些微细的抵达钻石表面的裂隙。然后再用酸蚀法，通过这些微细裂隙来去除

包体。这种处理虽然没有了较易识别的激光孔，但却会产生一些小的羽裂，所以对净度的提高仍然十分有限，故同样也只用于低净度等级钻石的处理。

（十）钻石改色的几种方法

开普系列钻石大多具有不同程度的黄褐色调，致使色级降低。为了提高钻石的色级，早期就有一些非常原始的简单的方法。色彩学的研究告诉我们，一些颜色具有互补性，即把两种颜色调和在一起时，会获得白色。黄色与蓝色就是这种具有互补性的互补色。既然低色级的开普系列钻石都具有不同程度淡淡的黄色调，因此，从补色原理出发，只要给它配上一些蓝色调，就可以使它的色级获得提高。据此，为了提高开普系列钻石的色级，人们有的用蓝色的纸包装钻石（未镶的裸钻），使你一眼看去色级较好；有的在钻石的亭部（腰以下的部分）涂上一层薄薄的蓝色薄膜，甚至也有用蓝墨水涂在腰围处，让钻石在这些蓝色的映衬下显得白一些。不过，这些方法虽可达到在一定程度上提高色级的效果，却是经不起认真的检查，只要用放大镜仔细观测，不难找到它们的破绽。

随着技术科学的不断发展，人们又找到了一种用高技术手段来提高开普系列钻石色级的方法。这种方法最先由美国通用电气公司（英文缩写为 GE 公司，也译为奇异公司）的科学家们所发现。他们发现，有些钻石之所以带有褐色调，与这些钻石从地下深处随岩浆上冲时，因外界温度压力的改变而发生的晶格扭曲变形有关。把这种钻石置于高温高压环境下，让晶格变形重新修复（研究人员戏称"纠正大自然的错误"），就可以使其颜色得到改善。

1999 年 3 月初，美国著名的跨国珠宝公司拉查里·卡普伦（Lazare Kaplan）宣布与通用电气公司达成一项协议，独家经营 GE 公司用这种高温高压方法处理获得的钻石；并宣称他们曾把数百粒这种钻石送到包括 GIA（即美国宝石学院）在内的世界主要宝石鉴定机构进行检测，竟然没有一颗被检测发现，全部通过。消息一公布，立即在国际钻石界掀起了轩然大波。为了不致扰乱天然钻石市场，经有关方面协调，生产厂家承诺在此类钻石的腰围处，用激光刻上"GE POL"的标识（POL 是拉查里·卡普伦公司在安特卫普的分支机构 Pegasus Overseas Limited 的缩写）。

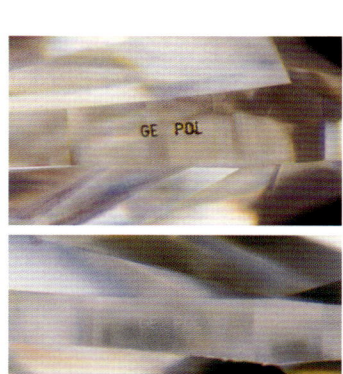

然而，尽管 POL 公司承诺给这种钻石刻上标识，但却不能挡住别人把这种钻石买去以后，把标识磨去再拿来上市，以赚取差价。一个典型的例子，1999 年 4 月 GIA 曾检测了一颗带有"GE POL"标识的钻石 A，并作了详细记录。6 星期以后，有

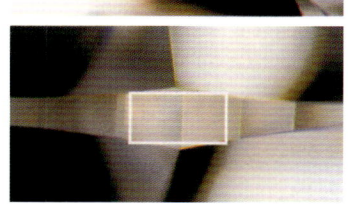

一颗曾三进宫的 GE 处理钻石

人送来一颗钻石要求鉴定。根据其各方面的特征，检测人员发现它就是原来检测过的那颗钻石A，但其"GE POL"标识已被磨去。于是GIA又重新给它做上标识。4个月后，又有人送来一颗钻石要求检测，GIA人员发现它还是那颗钻石A，但标识又被磨去了。这清楚表明，想依赖标识来识别这种钻石是不现实的。

幸亏，自GE POL钻石问世以来，有关的检测人员经过反复的攻关研究，已发现了一些可用于识别此类钻石的鉴别特征。如一些原本包含有其他矿物的晶质包体的钻石，在受到GE的高温高压处理时，会因与钻石的压缩系数与热膨胀系数的不同，而出现围绕该包体的一圈晕圈，或应力裂隙；有的这种钻石见有似指纹状包体的愈合裂隙；还有的见有显微的棕褐色的平行纹等等。此外，人们还发现它在红外线、紫外线下的光谱特征，阴极射线图谱等方面均有可用于鉴别的特征。当然，所有这些鉴别特征都必须依赖精密仪器才能观测到，不是普通爱好者能够做到的。

还要注意的是，今天这种高温高压处理的钻石，已不限于来自GE POL公司。据有关方面透露，它还来自德、俄、日等国。通过这种方法处理以后，有大于15%的钻石色级竟可提高到D级。因此，对于高色级钻石我们要特别小心。

也是1999年，美国诺瓦公司又发现一种含有氮的褐色钻石，经过类似的高温高压处理后，可以获得像彩钻系列的黄绿色钻石。为了便于识别，公司也承诺在钻石上刻上"Nova"的标识。不过，这也和GE POL钻石一样，不能阻止别人把标识磨去。幸亏这种钻石相对易于鉴别。它在紫外灯下会显示出与正常钻石不同的强的黄绿色荧光。

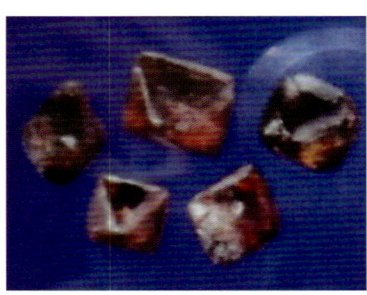

◆ 诺瓦钻石

左：处理前；右：处理后

前面我们已经谈到，早期一些人曾采取给钻石腰部或亭部涂上蓝色，以提高钻石的色级。但这种做法很难瞒过人们的眼睛，所以近代已很少有人再采用这种原始的笨办法。新的处理技术是给钻石涂覆一层由纳米金属或其化合物构成的薄膜，以获得彩色钻石。根据使用的纳米金属不同，可获得不同的彩色，而且颜色十分均匀，稳定性也很好，常规的检测技术很难鉴别。不过，毕竟这层薄膜的硬度相对较低，因此，在显微镜下常可以发现其与其他钻石碰擦而留下的划痕、白点或污点，个别还可见膜层脱落留下的斑点。如果找不到这些现象，就得采用电子探针等精密测试技术，可检测出有金、银、铝、钛、铁等金属元素及硅等与钻石无关的元素存在。

当今的钻石市场上还盛行用辐射改色技术获得彩色钻石。

辐射改色最初发现于1904年。这一年英国科

◆ 辐射改色获得的彩色钻石

学家克鲁克斯无意中把一颗钻石和他正在研究的放射性元素镭的化合物收藏在一起。几个月后，当他把这颗钻石从收藏处找出来时，发现这颗本来基本无色的钻石变成了绿色。这是人们第一次发现，钻石在接受放射性辐射以后可以改变颜色。但是人们很快又发现，这种被称为"镭辐射处理"的改色钻石，具有永久的放射性。保存在大英自然历史博物馆的克普克斯的那颗钻石，至今仍具有放射性。因此，镭辐射处理显然不宜用于饰品钻石的改色。

不过，循着这一发现，人们不久便发现采用其他辐射方法也可以使钻石改变颜色，而且有的还不会产生长久的放射性。这些辐射改色钻石，由于是来自人工的实验室，其数量可不受自然规律的控制，所以，它们的身价当然不能与天然的彩色钻石相比。但是，如何识别这种辐照改色钻石，不仅对于我们的普通的投资收藏者来说是几乎不可能的事，就是对于许多专家来说，也是一件十分困难的任务。

一般说来，天然绿钻多为浅的苹果绿色，几乎没有深绿色，因此，如你看到的是深绿钻石就应该怀疑它是辐照改色的产物。还有天然的蓝色钻石是一种含硼的所谓Ⅱb型钻石，它具有导电性，而改色的蓝钻则不会有导电性。再有，辐照钻石常可见有所谓"阳伞效应"，即从底部辐照的钻石，从台面往下看，底尖周围会看到一个伞形展开的深色带，这是钻石各部分接受辐照剂量不尽相同的结果。底尖因直接对着辐射线，自然接受的剂量也较大。当辐照是从冠部进行时，就不会有阳伞效应，但若把钻石台面向下放在白纸上观察，则会看到一个色深的圆环。要注意的是，这种现象并不是每颗辐照钻石都可以观察到的。

识别辐照改色彩钻的更可靠的证据，是它的可见光谱和红外光谱的特征，但这些都要依赖大型的精密仪器，而这显然不是我们普通投资收藏者所能做到的。所以，如果你想收购某颗彩色钻石，最好还是请权威的鉴测机构进行鉴定，而且可能的话最好是能让两家机构同时出具报告，互相引证，免得失误。

值得注意的是，近年钻石市场上又出现一种被称为"多过程处理"的粉红色、橙红色～红色钻石（处理后的颜色会因钻石类型与处理条件的不同而异）。它的处理过程主要分三步进行，先是高温高压处理，然后进行辐照处理，最

◆ 一颗经多过程处理获得的粉红色钻石

后进行相对低温的所谓退火处理。由此获得的粉红色或橙红色钻石，与天然的粉红色或橙红色钻石具有十分相似的特征，以致有人惊呼它是不可鉴别的。不过也有人指出，由于它经过高温高压处理，可见其矿物包体有盘状裂隙；此外，其可见光谱和红外光谱与天然的相比也有不尽相同的特征；在紫外灯下，则可具橙色、橙红色、橙黄色荧光。

最后，还要告诫我们读者的是，千万不要以为这种辐射改色钻石都是来自境外，其实我国自己的四川金燕钻石改色中心也在向市场提供这种辐射改色彩钻。

（十一）初露真貌的合成钻石

在当今的钻石市场上，不仅有上述的种种经过这样那样处理的钻石，而且也还有了人工的合成钻石。

合成钻石最早出现于 1953 年，但当时只能生产微小颗粒的工业用钻石。大颗粒宝石级钻石的合成，可能最先由苏联的科学家完成。由于严格的保密措施，外界对此知之甚少。传说早在 20 世纪 60 年代中期，苏联就在院士列昂尼德·韦列夏金的领导下合成大颗粒宝石级钻石，并在 70 年代开始出口。可惜这则消息既未被证实，也未被否定。在西方，第一个合成大颗粒宝石级钻石的仍是美国通用电气公司。它于 1970 年培育出了第一颗 1 克拉以上的合成钻石的晶体。此后，大约到 20 世纪 80 年代中期，日本住友电子工业公司和英国戴比尔斯公司也先后掌握了合成宝石级钻石的技术。不过，这些人工合成钻石的生产方也都宣布，由于采用的都是高温高压的合成技术，制造成本太高，其克拉单价的成本甚至高于天然钻石，以致无法批量生产投入市场，故对天然钻石市场也不会带来威胁。

1991 年，苏联解体后，原本严格的保密措施有了松动，市场上也正式出现了来自俄罗斯的宝石级合成钻石。1993 年，美国查塔姆公司正式宣布，向市场投放 100 颗来自俄罗斯的宝石级合成钻石。稍后，泰国也宣布与俄罗斯方面联合成立泰罗斯公司，从事宝石级合成钻石的生产。他们计划除了生产黄色的钻石以外，还生产加锆的无色钻石和加硼的蓝色钻石。其中，黄色钻石经辐射后，再经过热处理可获得粉红~紫红色的彩钻。该公司并宣称，他们的目标是每月向市场供应 1 000 颗 1~2 克拉的钻石。1999 年元旦，又有另一批来自俄罗斯其他部门的合成钻石也投入了美国市场。这样，人们担心已久的"狼"——宝石级合成钻石终于正式登场了。

合成钻石除了上述的采用高温高压法合成者外，近些年来还有了用化学气相沉淀法（简称 CVD 法）制造的合成钻石。CVD 法合成钻石最早出现于 1952 年，但早期其生长速度非常缓慢，其生产的钻石薄膜平均每小时不超过 0.001mm，而且形成的是微晶

◇ 早期获得的合成钻石大多带有较明显的黄色调

质的多晶集合体。因此当初只能用这种方法生产可被覆于某些基底表面的钻石薄膜，包括用于某些天然宝石和钻石的覆膜处理。以后随着技术的不断改进，生长速度有了显著提高，1993年合成出了厚度超过1mm的单晶体。进入21世纪以后，CVD法合成技术又有了突飞猛进的发展，据报道其生长速度已可达每小时100微米（这个速度是高温高压法生产钻石的5倍），并能生长出5到10克拉的单晶体。值得我们警惕的是，目前此类合成钻石已进入我国市场，自2012年以来国家首饰质量监督检验中心已检测到10个批次共64粒此类钻石，并以20～30分为主，少量50～60分；色级以I～J为主，也有G和H级；净度为VS～VVS级。

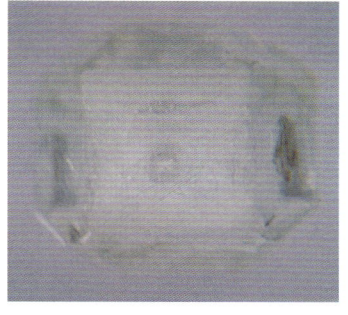
合成钻石晶体内部所见的籽晶

　　合成钻石，不论是用什么方法合成的，与天然钻石相比，在化学组成与晶体结构上可以说几乎没有什么差别，就是在物理化学性质上，如晶形、折射率、色散、硬度、相对密度、装饰效果……也都没有什么明显的不同。因此要鉴别它们确是一件难度很大的课题。幸亏由于它们具有与天然钻石不同的形成环境和形成过程，这就为识别它们提供了一些可能的途径。譬如由于合成钻石在人工制造时，需要为新晶体的生长提供一个结晶中心——籽晶（意思是它就像植物的种子一样，晶体将在它的基础上逐渐长大），因此，如果发现有籽晶的存在，就可以十分肯定地确认它是合成品。有的琢型合成钻石在加工琢磨过程中也许会有意或无意地把籽晶磨去，使你找不到它的存在，但即使这样，有时候在检查它们在紫外灯下的荧光特征时，仍会发现曾有籽晶存在过的迹象——籽晶的幻影。还有，人们为了提高合成钻石的生产率，降低合成时所需的温度和压力，常使用一些铁、镍等金属物质作为触媒。这又使合成钻石内部常会出现由铁、镍等金属物质构成的细小包体。有时候由于合成钻石含有较多的这种金属包体，不仅在显微镜下易于发现，而且有的还使钻石带有磁性，可

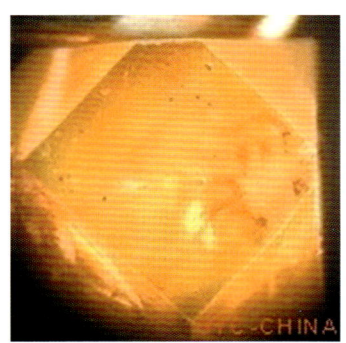
合成黄色钻石表面特征（可见特征的厥叶状生长纹和金属包体）

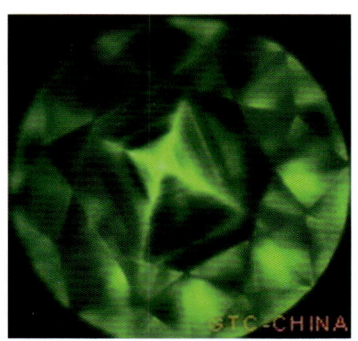
高温高压法合成钻石的荧光图案

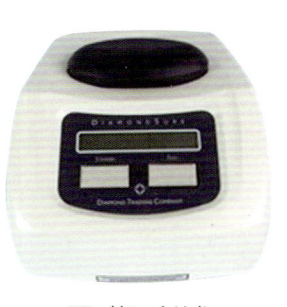
◆ 钻石确认仪

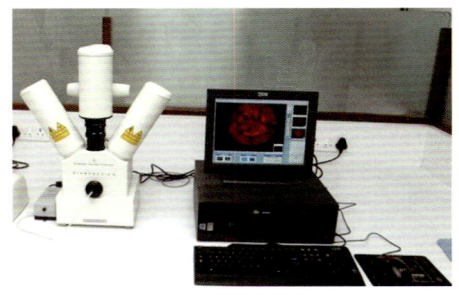
◆ 钻石观测仪

被强磁铁所吸引；还有的甚至会有导电性（天然钻石只有一种被叫做Ⅱb型的才有导电性）等等。诸如此类的现象，可使人们有效地识别它们。当然要做到这点，我们还是需要依赖专业人士和专门的精密仪器。

另外，在人们的多方努力下，美国宝石研究所（GIA）宣布它们研制成功两种可用来协助鉴别合成钻石的仪器——钻石确认仪和钻石观测仪。之所以说是协助，是因为该仪器并不能提供准确的肯定判断，但能提供有益的启示。比如，一颗待测样品，首先用钻石确认仪进行检查，若仪器显示"通过"，说明样品为天然钻石；若仪器显示"通过，请作热导检查"，则表明样品可能是天然钻石，也可能是合成立方氧化锆，需用热导仪来作进一步的鉴别；若仪器显示"建议作进一步检查"，则表明样品既可能是天然钻石，也可能是合成钻石，甚至还可能是其他钻石仿冒品。这时候就需要用钻石观测仪进行检查。一般说来，经过钻石观测仪的检测，样品大多都可以分辨出是天然钻石还是合成钻石。例如，不久前我国国家首饰质量监督检验中心检测到的10批次64粒CVD合成钻石，在用钻石确认仪进行检测时，仪器都显示为"建议作进一步检查"；当再用钻石观测仪作进一步检查时，仪器便显示出与天然钻石不同的荧光特征，并出现磷光现象，表明它确为合成钻石。

（十二）各种各样的仿钻

应该说，在当今的钻石市场上，对投资收藏者来说，威胁最大的还不是合成钻石，而是众多的形形色色的钻石仿冒品。人们不时可以听到一些人错把仿钻当作真钻购入的消息。

所谓仿钻，就是那些貌似钻石但实际上不是钻石的赝品。它们既有完全人造的，也有天然的，其中尤以人造的更具欺骗性。1993年，恰逢毛泽东诞生100周年，上海某手表厂推出了毛泽东纪念手表，并声称手表上缀满了珍贵的"奥地利钻石"，引起了许多消费者的兴趣，纷纷花费近万元购买这种手表。但经有关部门检测，表上镶缀的所谓"奥地利钻石"，竟是每粒只售几分钱的玻璃仿钻。现代的玻璃仿钻，又称"水钻"，多用含铅的玻璃制成，它比普通玻璃具有更高的折射率，而且有的背面还镀有一层金属薄膜，使其像镜子一般把入射的光线全部反射回去，所以也能像钻石一般明亮闪烁。

除水钻外,也曾使许多人上当受骗的是被称作"苏联钻石",后来又叫"俄罗斯钻石"的人工合成的立方氧化锆(ZrO_2)。它最早由瑞士的德杰瓦斯公司研制而成,后由苏联大量生产,并率先推向香港市场,故有"苏联钻石"之称。由于它的许多性质十分接近钻石,故此欺蒙了许多消费者。例如我们就曾看到某小姐花费上万元买来的"钻戒",实际上就是镶上此类立方氧化锆的仿钻戒,包括戒托在内,其真实价格不会超过千元(今天这种立方氧化锆我国也能大量生产,相当1克拉钻石那么大的立方氧化锆每粒的价格不会超过10元)。还有人去印度,听说印度产钻石,便花了600美元购得两粒,结果拿回来一看也是立方氧化锆。诸如此类的例子不胜枚举。

钻石及仿钻材料的物性比较

分类	名称	硬度	相对密度	折射率	重折率	色散	商品名称
	钻石	10	3.47~3.55	2.420	0	0.044	
常见的人造仿钻	铅玻璃	5	3.74	1.62~1.68	0	0.031	水钻
	合成刚玉	9	3.99~4.00	1.760~1.768	0.008	0.018	白宝石
	合成立方氧化锆	8.5	5.6~6.0	2.15~2.18	0	0.060	CZ
	合成碳硅石	9.25	3.22	2.65~2.69	0.040	0.104	
不常见的人造仿钻	钛酸锶	5~6	5.13	2.409	0	0.200	
	铌酸锂	5.5	4.64	2.21~2.30	0.090	0.130	
	钇铝榴石	8.5	4.55	1.833	0	0.028	YAG
	钆镓榴石	6.5	7.05	2.030	0	0.038	GGG
	合成金红石	6	4.25	2.616~2.903	0.287	0.330	
天然仿钻	无色闪锌矿	3~4	4.08~4.10	2.37	0	0.156	
	无色锆石	7~8	3.90~4.71	1.92~1.98	0.059	0.039	
	无色白钨矿	5	5.1~6.1	1.92~1.934	0.016	0.026	
	无色托帕石	8	3.53~3.56	1.629~1.637	0.010	0.014	
	水晶	7	2.65	1.544~1.553	0.009	0.013	

在钻石市场上,类似的几可乱真的仿钻材料还有多种。如我国改革开放初期,也曾有一颗重约4克拉的人造钛酸锶($SrTiO_3$)被当作钻石,从苏联境内流入,并经过多人被当作钻石倒手转卖,直到最后才在深圳被认出不是钻石。在立方氧化锆问世以前,也曾

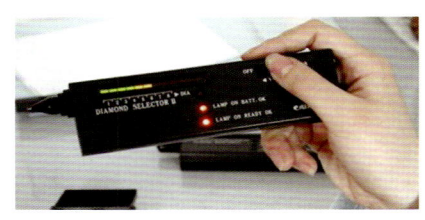

热导仪

◇ 这些内透明纹可见于钻石，不存在于人造模拟品中

◇ 略带灰绿色，具强色散的合成碳硅石

◇ 合成碳硅石内部常见的长针状包裹体

流行一时享有"美国钻石"之称的钇铝榴石（$Y_3Al_5O_{12}$）等等。

其实要识别这些貌似钻石的仿钻并不困难。人们已设计出一种专用于鉴别它们的仪器——热导仪。在已知物质中，钻石具有最高的导热能力。当用热导仪测试时，若是钻石，指示灯就会迅速升至最高点，并发出"嘀、嘀"的叫声；若是其他仿钻材料，指示灯有的就完全不动，有的顶多动一两格。即使没有热导仪，我们也不难从其他一些特征上来识别它们。如钻石是已知物质上硬度最大的矿物，在琢型钻石上，你可以看到它的各个翻面的棱边都是非常笔直、锐利；而各种仿钻由于硬度较低，它们的翻面棱边就相对钝化，且时见有受其他硬物碰撞而产生的缺口。再如，钻石还可见有一些晶体结构方面的特征，如在琢型钻石的腰部，有的可见有被保留下来的三角形的蚀像（参见第56页图）；有的可见有由解理引起的所谓"胡须"（参见第29页上左图）；另外，有的在其内部可见有透明的纹理等等，而同样的现象，在各种仿钻材料中是找不到的。反之，那些仿钻材料也会有一些在钻石中没有的特殊现象，如在立方氧化锆中有时可看到由一连串微小的粉状物质填充的空穴。诸如此类，均可用作识别钻石与仿钻的依据。

值得注意的是，20世纪末，钻石市场上又出现了一种被人称为"世界顶级仿冒品"的新仿钻——合成碳硅石（SiC，也称合成莫桑石）。它首次突破了用热导仪即可有效地识别钻石和仿钻的理念。由于它也具有很高的导热能力，虽然比起钻石来还略逊一筹，但却已达到热导仪设计的最高限度，所以当用热导仪对它进行测试时，就会发现它会像钻石一样发出"嘀、嘀"的叫声。这时你切勿作出这是钻石的判断。其实，要识别这种顶级仿冒品也不是很困难。其一，它具有非均质性，从冠部风筝面看亭部翻面的棱边会发现有双影。其二，它的折射率和色散率都比钻石高，因此会具有比钻石更好的"出火"。第三，迄今为止，这种人工合成材料还无法做到完全无色，它总是带有极轻微的不易察觉的黄绿色调，这与开普系列钻石的黄色调是有所不同的。还有它的相对密度比钻石小，所以在克拉重量相同时，其琢型宝石要比钻石大一些，故也可以用钻石标准大小与重量的对应关系来识别之。

在钻石市场上，除了经人工优化处理的钻石、合成钻石和仿钻之外，还有一种被戏称为半真半假的钻石。它们便是粘合钻石和镀膜钻石，关于它们本书在第56页"钻石的人工处理"一节中已有叙述，这里就不再重复。

(十三) 钻石的收藏投资要点

综上所述，当你决定收藏投资钻石时，你应该注意以下几个问题：

1. 如果你购买钻石是为了收藏和投资，期望它能升值，而不是单纯为了装饰，那么你购买的一定要是真正的天然钻石。然而，事实上从前面各节的叙述中，你已经知道，在当今的钻石市场上存在三个层次的真伪问题。也即首先你要辨别你买的究竟是钻石还是仿钻？如果是钻石，则还要区分它是天然的，还是人工合成的。如是天然的，则又应鉴别它是未经处理的真正天然钻石，还是经过这样那样人工美化处理的天然钻石。

2. 即使是真正的天然钻石，其价值和升值潜力也不尽相同。一般说来，4C 等级愈高，不仅价值愈高，升值潜力也相对愈大。

3. 既然钻石的 4C 等级，直接影响钻石的价格和未来的升值潜力，因此，它的正确判定显然是十分必要的。然而遗憾的是，迄今 4C 等级的判定还依赖定性的方法，尚无法采用准确的定量的方法（克拉重量例外）。这就难免会出现这样那样的误差。因此，对于大颗粒高等级钻石来说，为了保险起见，最好能取得两家以上的分级报告来互相引证。

4. 钻石有着相对规范的国际市场，它不仅有一个比较成熟的并被广泛接受的估价体系，而且 10 克拉以下的钻石还有即时的行情报价表。因此，如果你对拟购的钻石价格有所疑虑，就可以通过查询报价来判断其价格是否合理，避免被斩。

钻石蓝宝石白金手链（钻石总重 1.5 克拉，2013 年在美国拍卖会上估价 5 000～7 000 美元）

5. 在购得钻石以后，在收藏保管时仍要注意。钻石虽然坚硬，但长时间让它与硬物接触摩擦，仍会使它受到磨损，留下擦痕。另外，钻石由于有中等的解理，具有一定的脆性，所以更加忌讳猛烈的碰撞。碰撞有可能使它破裂，甚至缺损。收藏钻石最好将其单独放在用绒布做成的首饰盒里。

6. 经常佩戴的钻饰，除了防止碰撞和与硬物摩擦外，还应随时清洗。这是因为钻石具有亲油性，易于吸附人体分泌的油脂，沾染尘埃，结果会影响钻石的光彩，使它不再明亮耀眼。洗去油污可以使它继续保持璀璨的光泽。清洗可用超声波清洗机（但填充钻石不能用），或用软毛刷沾些普通的洗洁精轻轻刷洗。

(十四) 世界钻石资源概况

对于钻石的投资收藏者来说，还有必要了解一下世界钻石资源的分布情况。它无疑可以帮助你更好地选择收购钻石的方向。

据报道，目前全世界已发现的钻石资源（不包括新近发现的加拿大的钻石资源），共计约 35 亿克拉，其中已正式探明的为 20 亿克拉，另约 15 亿克拉只是对潜在资源的估计。这些钻石资源主要集中分布在非洲中南部、澳大利亚和俄罗斯西伯利亚等地。

此三个地区已发现的钻石资源占全球钻石资源的98%。

印度是世界上最早发现钻石的国家，并且至少已有2 000多年的开采历史。历史上许多著名的大钻石，如"光明之山"（重800克拉）、"大莫卧儿"（重787.5克拉）、"摄政王"（重约410克拉）等均来自这里。印度不仅产有这些著名的大钻，它也是许多著名彩钻的产地，如"霍普"（蓝色，44.4克拉）、"莫卧儿"（粉红色，32.24克拉）、"拉其"（红色，2.23克拉）等。然而，由于千百年来的开采，其资源已濒临枯竭，现有的产量已微不足道。不过，印度仍是当今世界四大钻石主要加工地之一，据说有从业人员800多万。但它们主要加工的是一些小颗粒（<0.25克拉）的钻石，而且加工较粗糙，被人称为"印度工"（人们一般把钻石加工的做工水平分为四个等级，分别称为"俄罗斯工"、"比利时工"、"以色列工"和"印度工"，并以俄罗斯工为最佳、印度工最差），因此，其出售的钻石通常具有相对较低的价格。

南非是世界最早发现钻石原生矿的地区（较早发现钻石的印度和巴西都是砂矿），拥有若干个闻名世界的钻石矿山，如产有世界第一大钻石——库利南（3 106.0克拉）和排名第三（1 500.0克拉）、第十（755.5克拉）大钻石的普雷米尔矿山，产有世界第四大钻石——"高贵无比"（995.2克拉）的贾格斯丰坦矿山，还有戴比尔斯矿山、金伯利矿山等。这些矿山大多以产有大颗粒优质钻石而享誉世界。南非还产有各种不同颜色的彩钻，如著名的"金色纪念节"（金褐色，755.5克拉）、"戴比尔斯"（黄色，428.5克拉）、"金伯利"（香槟色，490.0克拉）等。平均而言，南非产的钻石中，宝石级占42.7%，加上准宝石级23.0%，可用于宝石的钻石占一半以上，所以，尽管南非在钻石产量上仅位居世界第5位，但产值却居世界第一位。

澳大利亚享有"钻石盒子"之称，是世界钻石资源最丰富的国家，也是当今世界上产钻石最多的国家。不过遗憾的是，澳大利亚的钻石大多颗粒较小，品质较差，宝石级钻石的比例仅为5%左右，即是加上准宝石级40.0%，可用于磨制宝石的钻石也不超过一半。但是，澳大利亚的阿盖尔矿山却产有十分稀少的粉红色钻石，是当今世上粉红色钻石的重要来源。另外，它所产的那些褐色的低色级钻石，又是今天所谓"GE POL"钻石的主要来源（即经高温高压处理后可改为高色级的钻石，详见前述）。

刚果（金）（即原扎伊尔）也是世界主要的产钻大国，拥有号称世界最富的钻石矿山——基布阿岩筒，其钻石含量高达平均每立方米10克拉（大多数钻石矿山的钻石含量平均不超过1克拉）。可惜它所产的钻石多为碎粒级，仅具工业价值，宝石级钻石的比例仅占6.5%。

博茨瓦纳是当今世界在钻石储量和产量方面仅次于澳大利亚的国家。它还盛产许多名贵的高档钻石，所产的钻石中宝石级比例在30%以上，并多为具高净度的高色级钻石。它也产有一些浅绿色的钻石。

纳米比亚从钻石资源蕴藏量和产量上来说都算不上大国，但它却是世界上宝石级钻石占有比例最高的国家，高达93%以上，而且品质极佳。所以这里的钻石原石也具有全球最高的售价，平均每克拉高达309美元。

在非洲中南部，钻石还产于安哥拉、塞拉里昂、加纳、几内亚、坦桑尼亚、中非、赞比亚、利比里亚和象牙海岸等地。

俄罗斯的钻石资源主要集中在西伯利亚的雅库特地区。其钻石资源蕴藏量及年产量均位居世界第四位，所产钻石中，宝石级比例为21.2%，其中不乏净度好的高色级钻石。另外，有报道说，俄罗斯还在其北欧的可拉半岛上发现有新的钻石资源。再者，俄罗斯还是当今市场上合成钻石的主要供应国，甚至有人指称在俄罗斯出口的钻石中混入有不少合成钻石。虽然这一指责并没有得到最后的证实或否定，但仍应引起收藏者们的警惕。还有，俄罗斯还具有良好的钻石加工业，其加工的钻石称为"俄罗斯工"，被视为是最佳的做工。

加拿大是20世纪末发现的极具潜力的钻石矿区。已发现金伯利岩筒51个，大多都含有钻石，其中5个已证实具有开采价值，平均每立方米矿石含钻石0.8～3克拉，其中宝石级占25%～40%。人们认为它有望成为未来钻石的重要产区。

除此之外，钻石也产于南美的巴西、委内瑞拉和圭亚那，但总的说来，数量相对有限。

（十五）我国的钻石资源

截止到目前的调查结果，我国是一个钻石资源相对贫乏的国家。目前已探明的储量约3 000万克拉，主要分布在山东沂蒙山区、辽宁瓦房店地区和湖南沅水流域。

湖南沅水流域是我国最早发现产有钻石的地方，早在前清时期民间就已有开采。这里的钻石资源均为砂矿，虽然新中国成立以来，人们曾花了很大力气企图寻找它的原生矿，惜至今仍无结果。沅水的钻石砂矿主要分布在沅水中下游地区的河床两岸阶地中。矿床中钻石含量普遍较低，一般仅为每立方米0.02克拉，但钻石品质大多较好，宝石级的比例在60%左右。钻石多为无色或浅色，少数呈深色，也有一些呈水红、灰黄、浅橙、天蓝、浅蓝、黑绿、黑等色。净度也较好，很少有显著的包体与裂纹，多数净度等级在VS以上。沅水钻石的缺点是颗粒较小，用其加工的琢型钻石很少能超过0.5克拉。目前已发现的最大的钻石原石重为52克拉。

山东也是我国较早发现有钻石的地方。早在民国初年就有当地民众捡拾到钻石的报道。我国境内已发现的排名第二的大钻石——金鸡钻石（重约281.25克拉），便是1937年被人在山东郯城偶然捡拾到的。在这之后，这里仍不时发现一些大颗粒钻石，目前我国已发现的十大钻石中，除了现存于西藏某寺庙大佛额上的"白毫"钻石（重395.11克拉）可能来自印度外，其余排名第二到排名第十的九大钻石，均来自山东。这里已发现有若干个金刚石的原生矿床，著名的几颗大钻石如"蒙山1号"（重119.01克拉）、"蒙山5号"（重101.47克拉）、"蒙山3号"（67.03克拉）和"蒙山2号"（重65.67克拉）等均来自这里。据统计，这里平均每年可采得大于10克拉的钻石十多粒。除原生矿外，山东也有砂矿，而且在砂矿中也发现有多颗大钻石，如前述的"金鸡"钻石、著名的"常林"钻石（重158.786克拉），还有在我国大钻石中排名第四的"陈埠1号"（重124.27克拉），以及"陈埠2号"（重95.94克拉）、

◆ 山东钻石矿山远眺，该矿已探明钻石 457 万克拉，现已产出 180 多万克拉

"陈埠 3 号"（重 92.86 克拉）等均来自这里的砂矿。山东还时产有少量的彩钻。如在 2001～2002 年的两年间就曾陆续发现有：重 6 克拉的黑钻、4.21 克拉的桃红色钻、1.002 克拉的紫钻、0.31 克拉的粉红钻，以及颗粒更小的金黄色、棕紫色、橙红色、香槟色、橄榄绿色及浅蓝色钻石等多颗。山东钻石的另一优点是含有较高比例的 II 型钻石（这是一种含氮低并具有很多优良性质而被视为是一种战略物资的钻石）。不过，山东钻石也有它的缺点，那就是品质较差，宝石级的比例仅为 15%～20%，且大多色级较低，净度也较差。

辽宁是我国目前最重要的钻石产区。原生矿主要分布在瓦房店一带，分布面积达 500 多平方千米。此处钻石品质普遍较好，宝石级钻石的比例高达 70%，且色级普遍较高，约 50% 的色级在 G～I 之间，更有少量可达 D、E、F 的高色级。净度也大多很好，普遍在 VS 级以上，甚至有完美无瑕的 IF 级。不过，辽宁钻石的颗粒也相对偏小，很少有 10 克拉以上的大颗粒。目前已发现的最大一颗，重为 60.15 克拉（命名为"岚崮 1 号"）。辽宁除原生矿外，也有砂矿，分布于复县炮台镇一带。另外，在铁岭地区也发现有钻石，但详细情况尚未探明。这说明辽宁钻石还具有较好的潜在远景。

我国的钻石资源，除了上述的三地区以外，人们还在江苏、贵州、湖北、西藏、新疆塔里木等地发现有潜在的钻石资源。只是其详细情况，由于种种主客观原因尚未能查明。

（十六）钻石销售与价格走势

虽然非洲中南部、澳大利亚是世界钻石原石的主要生产国，但它们都不是宝石级琢型钻石的主要生产国。这是因为这些国家生产的钻石原石，多受控于为数不多的跨国集团。其中最重要的便是著名的德比尔斯矿业公司（De Beers Mining Company），以及由其和其他几家公司联合组成的"中央销售组织"（Central Selling Organization，简称CSO）。据统计，全世界产出的钻石原石的70%是由它们控制的。20世纪50年代开始，它们还形成了单一渠道销售系统，使钻石原石成为具有高度垄断性的商品。这一系统对钻石原石从勘探、开采、分选评价、加工，钻石首饰设计制造以及销售，实行统一的指导经营和管理。也就是说，世界各主要产钻国通过协议将钻石原石销售给CSO，然后由CSO统一混配、分级，卖给有权参加拍卖会的170位钻石看货商或钻石经纪人（他们被称为第一竞买主）。然后，由第一竞买主在二级市场上卖给其他规模更小的钻石二手商，或自己进行加工。二手商再转卖给三手、四手商。

正由于CSO对钻石原石的控制，使钻石加工主要不在产钻国进行，而是分散到世界其他地方。就全球而言，有四个主要加工区：美国的纽约、比利时的安特卫普、以色列的特拉维夫和印度的孟买。纽约由于地租昂贵，人员工资高，故以加工大颗粒钻石为主，也擅长为消费者进行旧式琢型钻石的翻新改造。印度的加工工本费最低，所以，他们主要加工利润率很低的碎钻，即所谓的米粒钻（重量在 0.01~0.20 克拉之间）。比利时和以色列则是各粒级钻石的主要加工区。除上述四中心外，俄罗斯、泰国、巴西也有较发达的钻石加工业。由于钻石加工是一种低污染、占地少、劳动密集型和加工附加值高的产业，因此也受到我国有关部门的重视，将其列入重点发

钻石加工车间一瞥

展的城市工业。大约从20世纪90年代开始就有了较大规模的发展。目前全国已有加工从业人员约有1.5万人，主要分布在广东、山东、上海地区，少部分分散在广西、浙江、北京等地。据说从加工人数上讲，中国已居世界第二位。在加工水平上也得到世界同行广泛的认可和好评。"中国工"在中小规格的钻石中意味着是"好工"和"优工"。人们已形成了如下共识：中大钻"好工"以比利时为代表，"商业工"以以色列为代表，中小钻"好工"以中国为代表，"较差做工"和"商业工"以印度为代表。总之，我国的钻石加工业已在世界上占有一席之地。

这些经各方加工的琢型钻石的销售也同样受到国际垄断集团的控制。它们是世界钻石联合会（简称WFDB）和国际钻石厂商协会（简称IDMA）。其中WFDB有23个国家交易所会员，主要控制琢型钻石的交易。IDMA则通过各大钻石加工厂的协调控制钻石的加工和贸易。全世界加工好的琢型钻石大多通过这些销售组织分配给世界各大钻石交易中心，然后通过各大交易中心销向世界各地的消费市场。

目前世界有4个大型的钻石交易中心，它们是比利时安特卫普、以色列特拉维夫、印度孟买和中国上海。2012年上半年这四大钻石交易所的钻石进出口总额分别为277亿美元、68亿美元、181亿美元和19.4亿美元。

在这些机构组织的垄断控制下，钻石市场获得了良好的平稳发展，钻石价格平稳增长。若一旦市场出现动荡，如需求旺盛、价格上扬，它们就会抛出更多的钻石来抑制价格；若需求疲软、价格下浮，它们又会减少钻石供应量，促使价格回升。所以，许多年来钻石价格的上升，一直维持在合理的水平里。

从全球来说，钻石消费的最大市场是在美国。1996年，美国钻石首饰销售额以件数计，占世界总额的44%；以钻石首饰的价值计，占总额的35%；以钻石价值计，占总额的34%。日本曾是钻石的第二大消费国，1996年其钻石首饰销售总值占世界的28%，钻石总值占世界的24%。但自2009年开始，我国的钻石首饰销售额已超过日本，成为世界第二大钻石消费国，日本则屈居第三。据统计2010年美国的钻石进口总额是40亿美元，我国是11.3亿美元，日本是6.4亿美元。除了上述三国外，亚太地区也是一个日新月异发展着的钻石市场，它们在世界钻石消费市场上所占的份额正逐年增长。

需要指出，我国大陆的钻石消费，虽然有了十分迅猛的发展，但总的说来钻石的消费水平还是很低的，不仅人均占有量微不足道，而且消费的钻石也大多限于0.2~0.4克拉，甚至更小的钻石。但相信随着我国经济能力的不断增长，人们生活水平的不断提高，对钻石的需求将会有一个更加令人瞩目的飞跃发展。据1992年的统计，日本女性55%拥有一件以上的钻饰，26%以上拥有2~4件钻饰。我国人口众多，一旦发展到日本这样的水平，对钻石的需求将会是一个多么大的数字。这就是世界钻石商为什么纷纷希望挤入我国市场的原因。这也告诉我们，收藏投资钻石将有望获得良好的增值回报。

二、红宝石

在五光十色、姹紫嫣红的宝石世界中，除了璀璨夺目的宝石之王钻石之外，最为人们所熟悉和喜爱的是那美丽的如鲜血一般艳红的红宝石。古印度人曾经相信，红宝石之所以有灿灿的红光，是由于石中包含有一团永不熄灭的熊熊燃烧之火，认为它是"珍贵的宝石之主"，是"贵宝石之尊"；谁拥有颗粒巨大的红宝石，谁就会成为拥有无上权力的帝王。著名意大利旅行家马可波罗曾在他的游记中讲道：古僧伽罗国（现为斯里兰卡）的君主拥有一颗直径约10厘米、一手指那么厚的红宝石，元世祖忽必烈知道以后，想拿一座城市换取这颗红宝石，但却被僧伽罗王拒绝了。由此可见红宝石在当时人们心目中的价值。

今天，红宝石被选作7月诞生石，象征事业如熊熊烈火，兴旺发达；也象征热烈的友情，高尚的情操。

（一）红宝石的主要特性

古时候，在印度和缅甸，人们曾经认为，红宝石本是一种特殊的白色石子，随着时间的推移，它们会吸收日月之精华，最终点燃了蕴藏在石子内部的烈火，从而变成了红彤彤的宝石。如果时间不够被人们提前开采出来，它们就不会具有鲜红的颜色，而是呈暗淡的或微红的颜色。

文艺复兴以后，随着化学知识的积累，人们了解到，红宝石原来是一种氧化铝矿物。它的矿物名称是刚玉，基本化学成分是三氧化二铝（Al_2O_3）。成分较纯的刚玉是无色或白色的，但自然界产出的刚玉总是或多或少含有这样那样的杂质，其中比较常见的有铬、铁、钛、锰、镍和钒等。正是这些杂质元素的存在，使刚玉具有不同的颜色。红宝石就是一种含铬的刚玉变种，其三氧化二铬的含量一般介于0.2%～3%，个别也有达到4%的。由于铬含量的差异，也由于同时还可能有一些其他的杂质元素的存在，就使红宝石的红色会有深浅，或有偏紫、偏褐等色调上的变化，如鲜红、血红、紫红、暗红、玫瑰红、橙红、粉红、浅玫瑰红等。其中以像鲜血一般艳红的"鸽血红"为最佳品种。

美丽的红宝石镶钻戒指

红宝石不仅色彩艳丽，而且还具有许多优良的品质。首先是它具有较高的折射率，达1.76～1.77，因此，它呈现出强的玻璃光泽；透明度可以是透明到不透明。它还有高达摩氏9级的硬度，虽然比不上钻石，但在天然矿物中也可以说是难以找到其他对手。红宝石还具有十分稳定的化学性质，强酸强碱都无损其毫发。它也能耐受高温，熔点高达1 800℃以上。

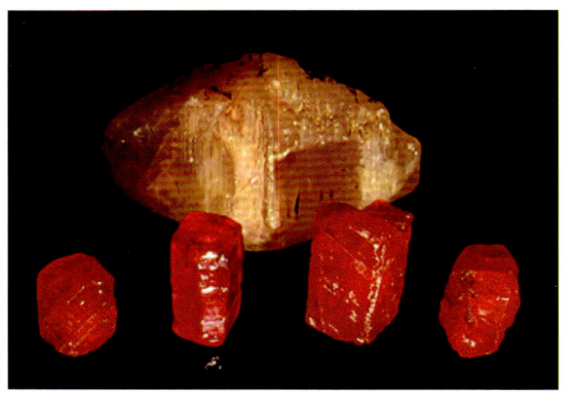

红宝石的晶体及它的一个大晶体的截面

在自然界，红宝石的产量十分稀少，尤其是品质优良的红宝石更加稀少。已知色彩最好的鸽血红红宝石，几乎只见于缅甸的抹谷矿区，而且由于历年的采掘，现在已经很难再觅其踪影。虽然从来自各方的报道，在已发现的红宝石原石中，最大的重达21 450克拉（体积约为18cm×12cm×10cm），但这些大块红宝石大多品质较差，红色偏淡；而真正优质的高档红宝石却大多颗粒较小，原石质重常在1克拉左右，超过2克拉的很少，大于5克拉的更是极其罕见。

红宝石在晶系归属上属于三方晶系。但它的晶体常呈似六方的柱状或腰鼓状。由于常发育有平行底面和斜切柱面的所谓裂理，故也常破碎成似六方的板状。红宝石由于隶属三方晶系，所以具有二色性。其中由于晶体结构上的原因，在垂直柱体的长轴方向（晶体光学中称为光轴方向）观察时，则看不到二色性。所以为了保证磨制的宝石色泽纯正，不受二色性的影响产生偏色，要求被切磨的红宝石其台面应垂直于光轴方向。

红宝石具有较高的密度，通常相对密度介于3.95～4.10。它没有解理，但有的晶体可以有斜切晶体的三个方向的裂理和底面裂理。在紫外荧光灯下，一般有强弱不等的荧光。

红宝石还常见有所谓的"聚片双晶"。聚片双晶就是众多的同种矿物的片状晶体，有规律地连生在一起。因此，具有聚片双晶的红宝石可以观察到像百叶窗般的构造。

有些红宝石有星光效应。这是由于这种红宝石内部包含有三组密集平行排

左图：红宝石晶体。可见有许多互相平行的斜切晶体的裂纹，这是红宝石裂理的表现。红宝石的聚片双晶就是沿着这些裂理形成。
右图：是显微镜下看到的聚片双晶所呈现出来的百叶窗般构造

列、互相交角成60度的金红石包体；当人们将其磨制成弧面型宝石时，便会在宝石本身和金红石包体对入射光的折射和反射的共同作用下，呈现出六条垂直于包体排列方向的亮线，即星光。这种星光由于是一种光学现象，所以会随着入射光角度的变化而发生一定程度的游动。

红宝石内部三组密集排列的金红石包体

红宝石中还有一种非常特别的品种。它具有类似星光宝石那样的六条射线，只不过它的六条射线不是来自光学现象，而是来自宝石内部所包含的杂质矿物。这种红宝石被称为"达碧兹红宝石"。其名称源自最早发现这一现象的达碧兹祖母绿。达碧兹红宝石的六条射线由于是来自杂质矿物，所以它是死的不会动的，而且会因杂质矿物的不同而呈现出不同的颜色，已知有黄色、黑色、蓝色和白色，其主要组成矿物是方解石、白云石和铁、锰质。所以其硬度会比主体红宝石软，易于出现某种程度的凹下。

红宝石也可以具有猫眼效应，不过红宝石猫眼比星光红宝石更少见，而且它们的取向也完全不同。星光红宝石的取向是它的底面要垂直于晶体的长轴方向，而红宝石猫眼的取向则是平行于晶体的长轴方向。其产生的机理则与星光红宝石类似，只不过它是由于有一组沿晶体长轴方向密集平行排列的金红石包体，因此，当把它磨制成底面平行晶体长轴方向的弧面型宝石时，它便会在宝石本身和金红石包体对入射光的折射和反射的共同作用下，产生一条垂直包体排列方向的光带，也即所谓的猫眼。同样，由于这条猫眼线是反射光造成的，所以它也不是固定不变的，是可以游动的。

两颗达碧兹红宝石

红宝石猫眼

（二）红宝石的价值评估

红宝石尤其是优质的红宝石，产量是十分稀少的。这使它们常常具有很高的价格，有的每克拉的平均价甚至超过钻石。

人们认为影响红宝石品质的因素，不外乎也是颜色、净度、大小和切工，还有透明度。但是在如何据此划分红宝石的品质等级方面，人们却至今没能获得统一的意见。

例如缅甸，把红宝石划分为四级十二类，即：

A级（细分为A＋、A、A－三类），红宝石呈鸽血红色，透明，无裂纹，少包体。

B级（细分为B＋、B、B－三类），红宝石的颜色界于鸽血红与玫瑰红之间，透明，少包体，无或少裂纹。

C级（细分为C＋、C、C－三类），红宝石呈玫瑰红色，透明，少包体，无或少裂纹。

D级（细分为D＋、D、D－三类），红宝石呈浅玫瑰红色，透明，少包体，少裂纹。

事实上，缅甸的这一分级方案就是一种颜色分级，然后，在颜色的基础上，再考虑透明度、包体和裂纹的情况分为三类，但却没有就如何再细分作出必要的说明，显然是比较粗糙的。

泰国是世界红蓝宝石的主要加工地和供应地。据《珠宝市场估价》的作者丘志力介绍，泰国世界珠宝贸易（中心）有限公司（WJTC）下设的"世界珠宝首饰测试实验室"，也曾提出一个红宝石的分级方案。这个方案按颜色及其特征分为5类，然后又根据其净度分成5级，根据切工再作进一步分等。今简介如下。

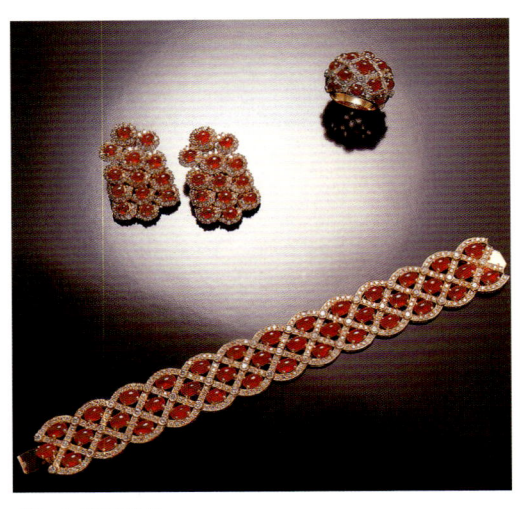

红宝石首饰

1. 颜色分类及其特征：

A类：a. 主要的颜色是带紫色或橙红色调的红色；b. 在刻面的交角处颜色常常发暗；c. 通常产于泰国。

B类：a. 最主要的颜色是带紫罗兰或橙色调的粉色；b. 色调通常不深；c. 在白炽灯下颜色改变很大；d. 长短波荧光比A类和D类强。

C类：a. 最主要的颜色是带较强橙色调的红色；b. 常有模糊不清的包裹体伴生；c. 荧光比A、D类强，但比B类弱；d. 由于包裹体导致光泽减弱；e. 带有特征的橙色调。

D类：a. 基本的颜色是带橙色调的红色；b. 色调趋向深色；c. 是所有种类中荧光最弱的一种；d. 通常产于泰国。

E类：a. 略带紫色的红色（不同于其他类型）；b. 比A类缺少紫罗兰色调、橙色色调；c. 通常产于缅甸、阿富汗、斯里兰卡；d. 是所有种类中荧光最强的一种。

2. 净度分级：

5级 FL：无瑕，肉眼看不到内部和外表的瑕疵。

NFL：可能有很少的刻痕、凹坑或很少的特征包体。

这颗玫瑰红色的红宝石具有一条很明显的裂纹，所以净度为HI级

4级　LI_1：反射光下肉眼通常不容易看到包裹体。
　　　LI_2：反射光下肉眼能看到的包体很少。
3级　MI_1：内部包体明显，但观感上对宝石没多大影响。
　　　MI_2：内部包体明显。
　　　MI_3：在台面下能见到包体，但包体对宝石外貌总体影响不大。
2级　VI_1：包裹体明显，有损宝石外观。
　　　VI_2：包体比 VI_1 更多更明显。
1级　HI：有很大的非常明显的包体、裂隙、空洞（负晶）。

部分红宝石的拍卖价

类型	品级	克拉	价格（美元）		时间[年]	交易地点
			总价	克拉单价		
裸石	鸽血红	15.1	100万	6.622 5万	1989	缅甸抹谷产地
刻面裸石	鸽血红	3.35	3398	1 014.3	1986	缅甸宝石展销会
刻面裸石	深红色	2.18	14 280	6 550.5	1986	缅甸宝石展销会
刻面裸石	缅甸抹谷红宝石	9.10	90万	9.890万	1992	29届缅甸珠宝交易会
刻面裸石	缅甸红宝石	15.97	363万	22.730 0万	1988	日内瓦
刻面裸石	缅甸红宝石	27.73	403.6万	14.554 8万	1995	苏富比
垫型红宝石	缅甸红宝石	15.18	25.97万	1.711万	1995	佳士德
垫型红宝戒	泰国红宝石	17.66	33.29万	1.885万	1995	佳士德
盘钻刻面戒	缅甸红宝石	15.28	114万	7.461万	1995	瑞士苏富比
刻面红宝戒	缅甸红宝石	10.69	15.9万	14.874万	1996	香港苏富比
垫型红宝石	鸽血红	8.62	360万	41.763万	2007	佳士德

　　上述两个红宝石的品质评价方案都没有涉及红宝石中的特殊品种，如星光红宝石和红宝石猫眼等。毫无疑问，拥有良好星光效应的红宝石，在价值评估上会比普通红宝石更高一等。对于星光红宝石的品质评价来说，除了颜色的优劣、净度的好坏之外，更关键的要看星光是否细而明亮、完整，有无歪曲、畸变；射线的交点是否正确，并正好汇聚于宝石的正中央。

　　红宝石猫眼的品质评价与星光红宝石类似，也是除了考察宝石本身的颜色、净度之外，着重评价猫眼的表现，看猫眼线是否直而正、狭而明亮，游动灵活，是否从弧面宝石的一端直贯另一端。遗憾的是，就这些评价因素来说，大多数红宝石猫眼的光带都显得比较粗宽，以致不够明亮。

　　达碧兹红宝石也是红宝石的一个特殊品种，虽然它也有非常特殊的六条射线，问题就在于它的射线是死的、不会动的，而且更由于它是由杂质矿物构成，给宝石带来脏色的感觉，所以大大影响了它的美观程度，以致很少有人用其制作首饰。不过，

💎 这两颗星光红宝石，左边的那颗不仅颜色较好，而且星线明亮、完整；右边的那颗不仅颜色偏浅，而且星线扭曲，粗细不一，六条线的交角不等，中心也略有偏移

迄今为止，这种达碧兹红宝石在全世界仅发现于缅甸的孟苏矿区，因而具有一定的收藏价值。

（三）人工优化处理红宝石的特征

市场上的红宝石，据估计有 80%～90% 是经过人工不同程度优化处理的产物。红宝石的人工优化处理有许多不同的方法。其中最常见的是热处理。人们发现，把红宝石加热到一定温度时，常可使红宝石的颜色获得改善，透明度有所提高，还可消除部分色带和某些内含物，愈合部分裂隙，使本来品质较低的红宝石变成较高档的红宝石。目前，红宝石的这一加热处理技术已相当成熟，尤其是在泰国，这一技术已十分普及，以致在那里已很难找到未经任何处理的真正天然红宝石。

由于热处理是一种纯物理学的方法，人们认为可以理解为是弥补了大自然的不足。因为事实上，天然矿物（包括红宝石）形成以后，在漫长的地质岁月里，它也会反复遭受到大自然热力作用的影响，如地球深部的地热，岩浆活动、构造运动带来的热等等。另外，也由于目前热处理已非常普遍，而它的鉴别又不是十分容易，所以，时下珠宝界已对这种处理普遍认同，认为是可以接受的、允许的，可以和真正的天然红宝石等同，无需特别声明，予以等价出售。即使被识别出来，也不认为这是欺诈。

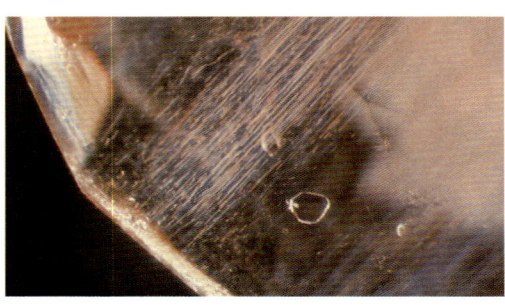

💎 缅甸红宝石中的长针状金红石包体，还有几个无色透明晶体包体

近年，在来自泰国的红宝石中，人们发现除了单纯热处理的红宝石外，还有一些除热处理外，又同时采用玻璃充填技术处理的红宝石。后者由于有人为的外来物质的加入，所以被认为是不能接受、必须声明的。自然，它们的价格不能与天然红宝石等同。已知所用的充填物有胶、普通玻璃和铅玻璃等。经充填后，红宝石中的裂隙或空洞常不易发现（尤其是铅

玻璃充填）。但在显微镜下，常可发现充填处的光泽与主体有异；有的还可见因其硬度稍低而呈现微微凹下；充填物内部有气泡存在；在荧光灯下有不同于红宝石的荧光等特征。如果用荧光光谱分析和红外光谱分析，则可发现它含有硅、铅或有机物这些红宝石中不应存在的物质。

红宝石的人工处理还有一种最简单的方法，就是人工染色。这是一种十分低级的处理方法，在10倍放大镜下通常就可以清晰地看到染色剂沿裂隙分布的特征。也有人采用镀膜法来改善红宝石的颜色，即在那些浅色的刚玉类宝石的表面镀覆一层红色的有机薄膜。用此法处理的红宝石，不会看到染色剂沿裂隙分布的现象，但却可以发现红宝石的红色仅是表面薄薄的一层，而且由于薄膜的硬度偏低，易于受到磨损，甚至脱落，漏出内部"败絮其中"的本质，所以现在也很少采用。

当今技术科学的发展，使人们有可能采用一种崭新的技术来替代镀膜法，这就是所谓的扩散处理技术。我们已经知道，红宝石的红色来自微量氧化铬的混入。扩散处理法就是人为地通过化学处理的手段，让外界的化学试剂中的氧化铬在高温高压的帮助下渗入到刚玉的晶格中去，从而使那些无色的刚玉获得产生红色的本领。扩散处理法所获得的红色，是人为外来物质添加的结果，虽然它的呈色机理与天然红宝石完全一样，而且也不会因时间而褪色，但人们还是把这种方法视为是一种处理，是需要声明的，不能等同于天然红宝石出售。

扩散处理红宝石常会具有这样一些特征：①它的色层不深，一般不会超过0.1mm。②若被用于扩散处理的样品有通达表面的裂纹，则氧化铬就会沿裂纹深入宝石内部，并呈现出裂纹色深的特征。③扩散处理宝石在处理时需在高温下进行，致使宝石表面常会形成一些烧结的熔疤，因此，通常要进行再打磨，其结果会磨掉一些刻面的红色，从而使刻面呈现出颜色不均匀和棱边色深的特征。这种现象，尤其是把宝石浸在二碘甲烷中

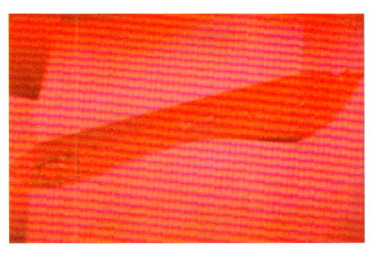
◇ 在显微镜下可看到填充处的光泽与主体有异

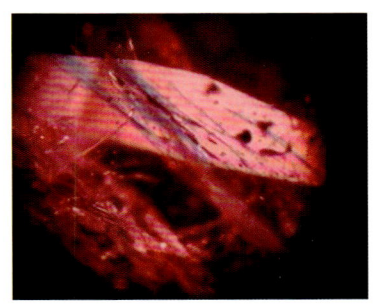
◇ 在显微镜下充填裂隙处常显示蓝或蓝绿色之闪光效应

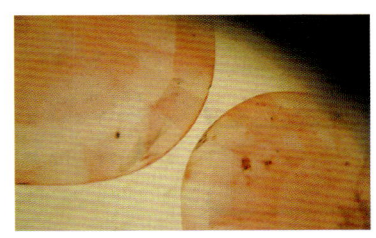
◇ 把扩散处理红宝浸于二碘甲烷中可观察到边棱色深

◇ 重新打磨扩散处理后的红宝石可观察到刻面的颜色不均匀

进行观察时，会格外清晰（没有二碘甲烷，可用甘油代替，但效果较差）。此外，扩散处理红宝还常具有比正常红宝石稍高一些的折射率，具有不均匀的带特殊棕褐色调的二色性等，足以与天然红宝石区别。

（四）合成红宝石揭秘

在当今的红宝石市场上，令收藏者们苦恼的不仅仅是上述的各种各样的优化处理宝石，还有更令人头痛的合成红宝石问题。

合成红宝石出现在19世纪末20世纪初，它最先由法国化学家威纽易研制产生。威纽易发明了一种今天称为威纽易炉的装置，利用炽热的氢氧火焰烧熔人工配制的氧化铝粉末，使其滴落在下设的保温箱（火泥室）内，让熔融的氧化铝熔体在保温箱内结晶生长，形成瓶状的石球。1891年，首批由这种方法生产的人工合成红宝石正式问世。但开始因其个体较小、质量欠佳，只被用作手表的表钻。以后，随着合成技术的提高，其产品才被用于首饰业。今天，这种被人们称为威纽易法，或焰熔法制成的合成红宝石已充斥市场。人们不仅用它来制造一些廉价的装饰性首饰，也有人用其冒充天然红宝石，欺蒙一些不知究竟的消费者。笔者就曾碰到有人拿了两颗分别重10多克拉和20多克拉的这种合成红宝石企图以天然红宝石的名义出售，开价高达20万～30万。幸亏买主在成交前请我们做了鉴定，戳穿了这个把戏，才避免了损失。

其实，要识别这种焰熔法合成红宝石并不困难。它有几个典型的鉴别特征，其中最重要的便是弧形的生长纹。这种弧形纹常常在10倍放大镜下也能发现。再者，焰熔法合成红宝石中还常可看到一些成群的微小气泡，这是炉中的氢氧火焰温度过高，使熔融的氧化铝粉末部分沸腾气化的产物。另外，它还以相对洁净、缺乏矿物包体为特征。还有，它的颜色一般都比较好，有的接近鸽血红，但价格却相对低廉。这也应该成为怀疑的依据。

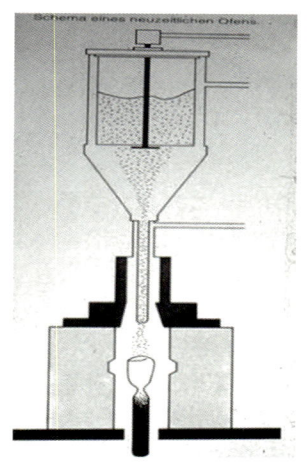

左图：威钮易炉示意；右图：用威钮易炉合成的各色刚玉晶棒

鉴于焰熔法合成红宝石易于鉴别的缺陷，它渐渐地失去了市场，特别是失去了冒充天然红宝石的潜在可能。这就促使一些研究者去努力寻找能更逼真地仿制天然红宝石的方法。1963年，美国查塔姆（Chatham）公司采用助熔剂法合成了一种新的合成红宝石，称为查塔姆红宝石。所谓助熔剂法，顾名思义就是通过一些类似触媒的添加剂，来帮助合成刚玉用的氧化铝粉末，在较低温下提前熔融成为熔浆，然后投入种晶（可以用天然红宝石或合成红宝石制成），并逐渐降低熔浆的温度，使种晶不断吸收熔浆中的组分，逐渐生长成为晶体。

◇ 焰熔法合成红宝石中典型的弧形生长纹和小气泡群

目前，采用助熔剂法生产合成红宝石的厂家已不限于查塔姆公司，而是有好几家公司。由于各个公司使用的助熔剂的配方并不相同，所以，人们一般以该公司的名号来命名它们所生产的合成红宝石，如卡赞（Kashan）合成红宝石，拉马拉（Ramaura）合成红宝石，独罗氏（Douros）合成红宝石等等。

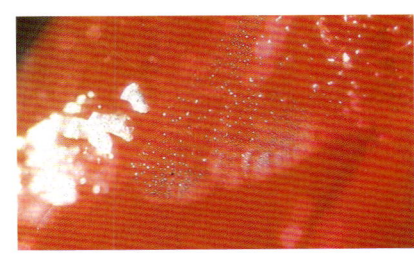

◇ 助熔剂法合成红宝石中可以看到被包裹在晶体中的不规则的白色助熔剂残余

这些来自不同厂家的助熔剂法合成红宝石，虽然各有可反映其生产工艺不同的特征，但它们的共同特点是，它们不具有焰熔法合成红宝石的弧形生长纹，且在外观特征上更近似于天然红宝石，因而也更具有欺骗性。不过，若能在显微镜下仔细研究，可以发现，它们有的会保留有种晶（如果在加工成琢型宝石时没有被磨去）；还有的常可见有合成宝石所用的盛器白金坩埚因高温被熔蚀下来的残片；也常见有被包裹在晶体中的助熔剂

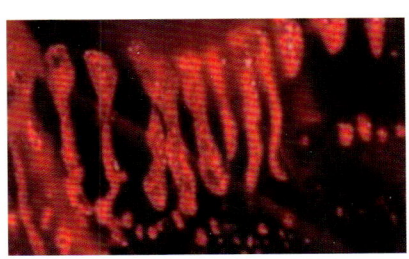

◇ 助熔剂法合成红宝石中呈栅栏状分布的助熔剂残余

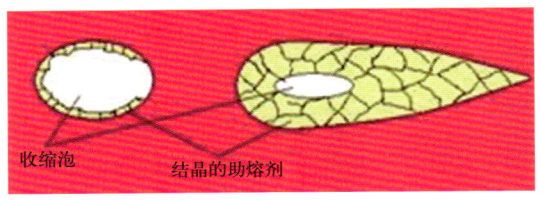

◇ 在倍数较大的显微镜下可以看到一些助熔剂残余所具有的马赛克结构和中心的收缩洞

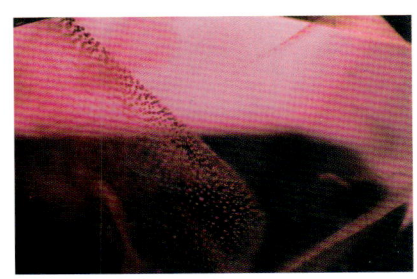

◇ 助熔剂法合成红宝石中愈合裂隙的面纱状构造

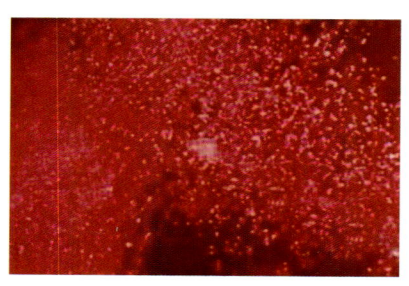
◆ 水热法合成红宝石中的面包渣状包体

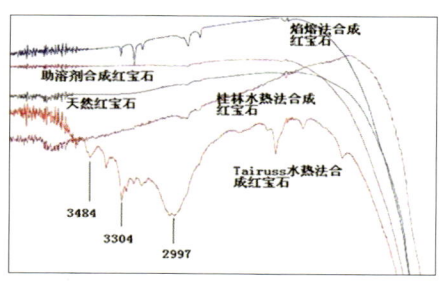
◆ 水热法合成红宝石的红外光谱曲线

的残余等。当然,要指认出这些显微特征,对于大多数普通的收藏者来说是十分困难的,因此,如果你对拟购的红宝石有怀疑,最好还是请有关的鉴定机构进行详细的鉴定。

继助熔剂合成红宝石之后,1992年又一种新的更逼真的合成红宝石被推向市场。这就是所谓的水热法合成红宝石。所谓水热法,打个简单的比喻就好比糖水。我们都知道,当水的温度较高时,就能溶解较多的糖;水温一下降,原本溶解在水中的糖便会因过饱和而结晶析出。这就是用水热法获得的糖晶体。对于制造红宝石来说,难度主要在于如何让三氧化二铝溶解在水中,又如何调剂它结晶析出的速度。这一难题虽然早在1950年就已获得解决,但早期由于成本太高而无法投入商业生产。一直到1992年才由俄罗斯人率先推向市场。1998年我国桂林宝石研究所也成功地获得水热法合成红宝石,并投入商业生产。

水热法合成红宝石比助熔剂法合成红宝石常更难于识别。其中最重要的鉴别特征,仍然是种晶的存在;另外,它们有时候可以看到一些"面包屑渣状"的包裹体;有的则有一些微波纹状的纹理。如果不能发现这些特征,那就只能依赖更精密的大型仪器,如红外光谱仪、电子探针仪等的详细测定。

此外,已知还有用晶体提拉发生产的合成红宝石,但因制造成本较高,目前还主要用于工业的激光发生器上。从其特征而言,有些类似焰熔法合成红宝石,即可见有弧形生长纹和微小的气泡群。

在合成红宝石中也见有合成的星光红宝石。它们主要也是用焰熔法生产的,所以也会有弧形生长纹和小气泡群。但由于在其制作过程中,曾进行回炉处理,所以其弧形生长纹带因受热、扩散而部分地模糊或消除,致使其不像普通的焰熔法合成红宝石那样清晰、易于找到。尽管这样,我们还是可以凭借下述现象,对你看到的星光红宝石究竟是否是合成品提出怀疑。

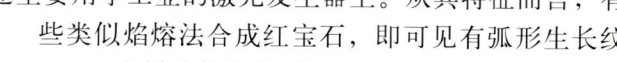
◆ 星光宝石,上面两颗是天然的粉红色星光红宝石和星光红宝石;下面两颗是合成的星光红宝石和合成星光蓝宝石,最右边一颗是具有四射星光的透辉石宝石

首先，合成星光红宝石由于是人工制造的，当然人们会力求其完美，所以，它的星线会比较规则而完整，细长而清晰，并贯穿整个弧面型宝石表面；只是它的星线大多主要限于表面不深的区域内。而天然星光红宝石的星线常常较粗，从中心向外逐渐变细，星光中部会显示一团光斑，俗称宝光，而且星线是来自内部，不限于表面。其次，合成星光宝石由于成本低廉，所以，用它磨制的宝石人们会不在乎它的重量大小，为了完美，就会让宝石的整个弧面都能看到星线；也即星线会从顶一直延到底边，而天然星光宝石常常星线不是很完整，没有延到边缘就已缺失。另外，为了追求重量，它还常常有一个不带星线的厚底。

（五）貌似红宝石的仿冒品

每逢英国王室举行的加冕典礼上，人们都可以看到，那镶有灿灿宝石的王冠的前方正中，有一颗巨大的直径约 5 厘米多的呈美丽艳红色的宝石。这便是著名的黑王子红宝石，重约 170 克拉。关于这颗宝石的发现年代已不可考。在有关史料中最早提到它的是 1367 年。当时它是西班牙格兰纳达国王的财宝。国王死后，宝石转到了卡斯蒂利亚国王杜姆皮德罗手中，后又被送给爱德华三世的儿子华尔斯王子。不久，华尔斯王子又将其转送给在西班牙北部战斗中，勇猛地支持杜姆皮德罗的英雄。1415 年，这颗宝石辗转落入英王手中，并被镶嵌在王冠上。1653 年，英国克伦威尔统治时期，曾下令出售王冠上的宝石。

◇ 英国王冠上的黑王子红宝石

这颗美丽的宝石竟只标价 4 英镑。不久，克伦威尔失败，英国恢复帝制。1660 年，这颗宝石又重新回到了王冠上，直至今日。

就是这颗赫赫有名的红色宝石，几百年来，尽管几经易手，人们都一直认为它是一颗真正的红宝石。一直到近代，科学检测方法的发展，才使人们发现，它原来并不是红宝石，而是一颗红色尖晶石。

尖晶石是一种镁铝的氧化物（$MgAl_2O_4$）。与红宝石相比，在它的晶体结构中，

◇ 红色尖晶石的晶体

一种产于坦桑尼亚的红色石榴石

红色碧玺

除了三氧化二铝外，还多了氧化镁的加入。它也常见有多种不同的颜色，其中红色者也是由于有微量铬的混入。鉴别尖晶石和红宝石其实并不困难。红宝石是三方晶系，具有二色性，而尖晶石属于等轴晶系，没有多色性。所以即使没有把宝石从王冠上取下，用一个二色镜就可以把它鉴别出来。此外，它在折射率、相对密度等物化性质上也都与红宝石有着明显的区别。

除了红色尖晶石外，在自然界常被人们误认为是红宝石的红色宝石，还有红色石榴石、红色碧玺等。如在我国江苏东海被人称为"苏陵红宝石"和"海莲红宝石"的，其实都是石榴石。同样的石榴石，在国外又有"亚利桑那红宝石"、"波希米亚红宝石"的称谓。而所谓的"巴西红宝石"则是红托帕石，"西伯利亚红宝石"则是红碧玺等。

同样，要鉴别这些貌似红宝石的其他红色宝石也不困难，因为它们在各种物化性质上与真正的红宝石都有着比较明显的差异（参见下表），不难凭借这些特征进行鉴别。如仅依赖二色性的观察，我们就可以排除其中的一半。

红宝石及其相似的红色宝石的物性区别

宝石名称	化学式	晶系	折射率	重折率	二色性	硬度	相对密度
红宝石	Al_2O_3	三方	1.76~1.78	0.008	明显	9	3.97~4.05
红尖晶石	$MgAl_2O_4$	等轴	1.72	——	无	8	3.60
贵榴石	$Fe_3Al_2[SiO4]_3$	等轴	1.76~1.81	——	无	7.5	3.90~4.20
镁铝榴石	$Mg_3Al_2[SiO4]_3$	等轴	1.74~1.76	——	无	7.5	3.70~3.90
红碧玺	Al, Mg, Fe的硼硅酸盐	三方	1.62~1.65	0.018	明显	7~7.5	3.01~3.11
红锆石	$ZrSiO_4$	四方	1.93~1.99	0.059	明显	7~7.5	4.6~4.8
红托帕石	$Al_2SiO_4(OH, F)_2$	斜方	1.63~1.64	0.008	弱	8	3.53~3.56
红玻璃	无特定成分		1.50~1.54		无	6±	2.60±
红立方氧化锆	ZrO_2	等轴	2.09~2.18		无	8~8.5	5.60~6.00

除了那些天然的貌似红宝石的红色宝石外，在市场上还可见有用红玻璃来充当红宝石的，以及用人造的红色立方氧化锆来充当红宝石的。同样，要识别它们也不

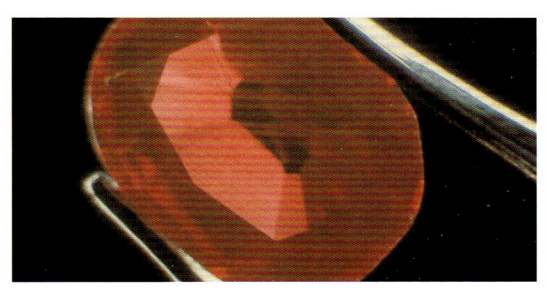

半真红宝石二层石，冠部是天然红宝石，显示直的生长带；亭部是焰熔法合成红宝石，有弧形生长纹

困难，因为它们也不具有红宝石那样的二色性。

在珠宝市场上，还可见有红宝石二层石。已知有半真二层石和假二层石两种。半真二层石的冠部由真的天然红宝石构成，亭部则常采用焰熔法合成红宝石，或也有用红玻璃来替代。假二层石的鉴别相对容易一些，毕竟红玻璃的物性与红宝石有着很明显的差别。而半真二层石的鉴别则要依赖较仔细的显微镜观测。通常在显微镜（有的也可以用放大镜）的帮助下，在一定的光照条件下，可以发现亭部的合成宝石具有弯曲的弧形生长纹，并与冠部天然红宝石的直的生长纹形成明显的反差。

在半真二层石中还见有一种被叫做"莱切雷特纳合成红宝石"的。这是一种用增生法制造出来的半真宝石。方法是用一颗已打磨好的天然的几乎无色或颜色很差的刚玉类宝石作为基础，然后用助熔剂法在其基础上生长一层（一般厚1～2mm）合成红宝石。这种半真石由于在制作前期通常要做淬火处理，使其产生一些裂隙，以便后期的生长层能像树根一般深入基础之内，达到紧密结合的目的。所以，在透射光下放大仔细观察，当能看到宝石内部隐藏有众多的这种淬火裂隙，可资鉴别。

红宝石也有假二层石，它用石榴石做顶，其下是红玻璃。不过，这种假二层石是在科学鉴定方法出现前的产物。因为现代只要用二色镜一检查，就会发现，不论是石榴石顶，还是下面的红玻璃，都不会具有红宝石那样的二色性。正由于如此，也由于当今红宝石合成技术日趋成熟，人们已没有必要再去制造这种既易于识别、又费工费时（指与普通的红玻璃仿制品相比）的仿冒品了。

（六）红宝石收藏投资要点

收藏投资红宝石应注意：

① 首先要了解三个层次的真伪问题。第一个层次是真红宝石与貌似红宝石的仿冒品之间的真伪问题，一般说来，它是比较容易识别的。第二个层次是天然红宝石与合成红宝石的识别问题。应该知道，合成红宝石的技术远较合成钻石成熟，而且已有了几种不同的方法。这不仅使合成红宝石流传很广，而且还使它极易鱼目混珠，

这套红宝石首饰在2012秋香港苏富比拍卖会上，以1 690万港元（218万美元）售出

难以识别。因此，对于任何价值较高的红宝石，在你决定付费购入之前，最好还是请有关的鉴定部门作详细的鉴定。第三个层次，则要看该宝石是真正的天然红宝石，还是经过人工优化处理的天然红宝石。若是后者，仅仅是热处理，那么是可以允许的，即可以把它当作真正的天然红宝石来对待；若是其他处理，则其价格就会大打折扣。

②在辨明是真的天然红宝石之后，若要判断其优劣，首先要注意的是颜色。颜色是影响红宝石价格高低的第一因素。为了评定颜色的好坏，你要注意相关的外界条件。在强光下，红宝石看上去较红、较艳丽，所以，你应避免在珠宝店的强灯光照射下观察评判红宝石的颜色。若你要买的是未镶的散石，则要注意外包装的纸应是纯白的；若是用橙黄色的纸包装，在纸的映衬下会使红宝石的颜色看上去好许多。

③红宝石是一种相对多瑕疵的宝石，所以，有瑕疵的红宝石也常被珠宝商用于较高档的首饰上。只要这些瑕疵不是位于冠部明显可见的部位，不影响其美观，就不会对其价值产生大的影响。

④优质的红宝石，透明度也都较好，至少半透明以上，所以都被磨制成刻面型的宝石（星光红宝石和红宝石猫眼没有刻面型）；而且大多颗粒较小。大于 2 克拉的红宝石一般都会有较高的价格；3 克拉以上更是稀罕；5 克拉以上极其珍贵。所以，一颗 3～5 克拉优质红宝石的价格，常可与同等大小的钻石媲美，甚至超过钻石。但是 1 克拉以下的红宝石，其价格则会迅速滑落。还要强调一点的是，这里指的是优质红宝石的大小与价格的关系。若是品质不高的红宝石，如色泽偏暗、偏紫、聚片双晶发育，被磨制成弧面型的红宝石，则时见有大个的晶体，有的甚至可达几百克乃至上千克。它们的价格与大小的关系，就不会遵从上述的增长率。

左：刻面型红宝石；右：弧面型红宝石

⑤红宝石虽然硬度达到摩氏 9 级，仅差最硬的钻石一级，但实际上它们两者的硬度差还是非常大的；红宝石与摩氏硬度较低各级的硬度差则小得多。这使红宝石与硬物相接触时，仍有可能受到碰伤，使边棱留下缺口或擦痕。所以，红宝石的收藏仍需妥善安放，最好用绒布包裹，不让其与其他物品直接接触。

⑥红宝石化学性质稳定，所以，如果红宝石首饰因佩戴时久有污垢，可用首饰光亮剂或稀释的洗洁精进行清洗。唯一要注意的是，不要让它接触硼酸。因为三氧化二铝对硼酸的特殊敏感，使它有可能受到腐蚀。

（七）世界红宝石资源的分布

和钻石不同，红宝石的开采、生产和销售没有一个世界性的垄断组织，所以各地的红宝石业均各自为政，开采或由不同规模的公司经营，或由许多个人以土法进行开采。因此，人们对红宝石资源的总体情况也缺乏统计了解。已知世界红宝石资源主要集中分布在两个区域，一个是东南亚及其周边的地区，另一个是非洲东部。

前者包括缅甸、泰国、柬埔寨、越南、斯里兰卡，还有印度、克什米尔地区、阿富汗和我国；后者主要是肯尼亚和坦桑尼亚。

缅甸是世界最著名的红宝石产区。早期主要来自抹谷，这里产有闻名遐迩的优质品种——鸽血红红宝石。但因历年的长期开采，其资源已趋枯竭，品质下降，优质的特别是颗粒较大的鸽血红红宝石已很少。据报道，1988年曾有一颗来自抹谷、被切割成长方形的鸽血红红宝石，重为15.97克拉，拍卖价高达363万美元。目前，抹谷每年仍产有红宝石3.5万~4万克拉左右，多为小颗粒的玫瑰红和桃红色的红宝石。缅甸红宝石的另一重要产区是孟苏。它是20世纪80年代末发现的大矿，红宝石储量丰富。由于它的发现，使世界红宝石市场的供应有了显著的增加。孟苏红宝石的缺点是其宝石中心大多蕴有一个蓝心或黑心，裂纹也较发育，但在采用适当的热处理工艺以后，可使其蓝心和黑心消失，使颜色得到显著改善。不过，由于加热时人们通常采用硼砂作触媒，硼砂在加热过程中会熔化形成玻璃状物，并渗入红宝石的裂隙中，呈现出类似填充红宝石的特征。据此，人们曾把这种红宝石分成3个等级：A类，在10倍放大镜下宝石内外未见处理残余；B类：10倍放大镜下宝石内可见热处理残余；C类：10倍放大镜下宝石内外可见热处理残余。显然，A类尚可作为天然红宝石，而B类和C类均应属于处理红宝石，两者只是程度有所不同而已。

泰国也曾是世界红宝石的产地。其红宝石资源主要分布在东南部的尖竹汶（占他武里）一带。20世纪60~70年代其产量曾占世界红宝石供应量的70%左右，但以后资源渐少，产量也渐趋衰微。目前，泰国虽然仍是世界红宝石的头号供应地，但所产红宝石已主要是来自其他国家，尤其是缅甸和柬埔寨。这些外来的红宝石原料，在经过泰国人的处理加工以后，才推向销售市场。

柬埔寨也是红宝石的重要产地。红宝石主要产于紧邻泰国尖竹汶（占他武里）的拜林地区。所产红宝石的颜色也与泰国十分相似，以含铁较高的紫红~棕红色为主。具体产量不详，但历年来它一直是柬埔寨的重要经济支柱之一。尤其是在红色高棉时期，更是当局经济的主要来源。

越南是20世纪80年代以来世界上新发现的红宝石产地，历年来每年均向世界提供几十万克拉的红宝石原石。矿区主要分布在越南中北部的安沛、义安一带。这里的红宝石多为粉红、浅玫瑰红~玫瑰红，少数可有较好的红色；大多还发育有明显的聚片双晶。这里还陆续发现过重几百克拉到上千克拉的红宝石巨晶。但这些巨晶品质一般较差，严格说来只能称为红刚玉。

斯里兰卡也曾是世界著名的红宝石产区，尤以产有优质的星光红宝石而著称。如现藏于美国国立博物馆的重138.7克拉的"罗瑟里夫"星光红宝石即来自这里。另外，历史上它还产出著名的"黑王子红宝石"（重170克拉）、"帖木儿红宝石"（重361克拉），但近代证实它们实际上都是红尖

用二色宝雕制而成的玉佩

晶石。

非洲的肯尼亚和坦桑尼亚是世界红宝石的另一重要产区。这里产的红宝石多为粉红、玫瑰红、褐红～暗红色。其中颜色和透明度较好的被磨制成刻面型宝石，并冒充缅甸红宝石出售。而大多数产品因裂纹、聚片双晶发育而磨制成蛋弧面型，并大多由印度进行加工。在坦桑尼亚还产有一种被称为"二色宝"的红宝黝帘石。有不同大小的块度，中心是红宝石单晶，单晶质重的可达几百克拉，周围则包裹有翠绿色的黝帘石和符山石的集合体。遗憾的是，红宝石的品质大多较差，透明度不足，裂理发育，故很少用作戒面石，而多和周围的绿色黝帘石一起用作玉雕材料。

除上述地区外，世界红宝石还有少量来自印度、克什米尔地区、阿富汗、美国、澳大利亚和俄罗斯等地。

我国也有少量的红宝石资源。如黑龙江、新疆、安徽和青海等地均有发现，但品质均较差。真正较好的红宝石来自靠近缅甸的云南，惜产量有限，难以满足国内市场的需求。

（八）红宝石的消费市场

红宝石自古以来一直是最珍贵的宝石品种之一，在《圣经》中红宝石是所有宝石中最珍贵的。红宝石炙热的红色使人们总把它和热情、爱情联系在一起，被誉为"爱情之石"，象征着热情似火，爱情的美好、永恒与坚贞，也深受世界各国皇室和达官贵人的喜爱。它还被选作七月的生辰石。在世界各国的宝石博物馆中，红宝石都是必不可少的藏品。如英国伦敦的大英自然历史博物馆藏有一颗缅甸产的红宝石晶体，重690克拉；美国华盛顿史密森博物馆则藏有一颗斯里兰卡产的星光红宝石，重137克拉。在世界各地的珠宝店中，红宝石更是不可或缺的主要商品。

不过，优质中高档红宝石的消费市场，还是主要集中在美国、日本和欧洲这些发达国家和地区。和钻石一样，亚太地区的新兴国家和地区，新加坡、韩国、马来西亚以及中国香港和中国台湾近些年也成为红宝石的重要消费市场。在我国，迄今红宝石在珠宝的消费市场上尚不占有重要地位。

红宝石的价格，由于缺少像戴比尔斯和中央销售组织这样垄断机构，致使其具有较大的波动性，也缺少可比性。但总的说来，其中优质的大颗粒红宝石具有较好的升幅，如1989年，在缅甸抹谷产的一颗重15.1克拉的鸽血红红宝石，以100万美元的价格出售，平均克拉单价为6.62万美元。6年后，一颗类似的重27.73克拉的缅甸红宝石，却以403.6万美元的价格成交，平均克拉单价增至14.55万美元。而中低档红宝石，则由于孟苏红宝石、越南红宝石和非洲红宝石的相继发现，致使其价格没有明显的增长，有的甚至还有些回落。如20世纪80年代初，我国市场上一些小颗粒（0.5克拉左右）、肉眼可见瑕疵的玫瑰红红宝石，每克拉的价格在200～500元人民币，但90年代后由于孟苏红宝石和越南红宝石的大量涌入，使其价格有的甚至跌到不足百元。

三、蓝宝石

在灿若群星的珠宝世界中,那湛蓝湛蓝、晶莹美丽的蓝宝石是世界公认的四大名贵宝石之一。

自古以来,蓝宝石在人们的心目中就具有十分崇高的地位。古波斯人曾经相信,巍峨的大地是由一颗巨大的蓝宝石支撑着的,正是蓝宝石的反光把整个天穹都映成了蔚蓝色。他们还相信,蓝宝石是大地之神最宠爱的宝石,是灵魂之石。有的巫术家们还宣扬,使用蓝宝石可以使他们听到并了解最暧昧的神谕。他们还相信,使

美丽的蓝宝石

用蓝宝石可以拥有影响精灵的能力,有抵抗邪恶的魔力与妖术的本事。因此,蓝宝石在古代被广泛用作各种护身符。基督教徒常常把基督教的十诫刻在蓝宝石上,成为镇教之宝。12世纪时,蓝宝石被定为牧师的戒面石。

今日,这秀丽、清新和宁静的蓝宝石被誉为"幸福之石"。人们认为佩戴蓝宝石是慈爱、诚谨和德高望重的象征,并把它选为九月的诞生石。世界上还有许多国家把夫妻美满结婚45周年称为"蓝宝石婚"。美国、希腊还把它选作"国石"。

(一)蓝宝石的基本概况

从矿物学的角度来说,蓝宝石和红宝石是同宗姊妹。它们都是三氧化二铝(Al_2O_3)的三方晶系的结晶体,矿物学名称是刚玉。为什么红宝石是红色的,而蓝宝石是蓝色的呢?原来这是它们的晶格中混入了一些不同的微量元素的结果。在红宝石中,有微量的铬代替铝参加刚玉晶格,致使它呈红色;而在蓝宝石中却是微量的铁和钛替代了铝,从而导致蓝色的出现。其实,混入蓝宝石晶格中的微量元素,不限于铁

不同蓝色调的蓝宝石(从左到右:浅蓝、纯蓝、深蓝、蓝黑)

以捕掳晶形式产在岩石中的蓝宝石

和钛，常会有其他更微量元素的混入。在它们的影响下，蓝宝石的蓝色也有不同的变化，如淡蓝、灰蓝、绿蓝、紫蓝、暗蓝、蓝黑等，其中以如矢车菊般的蓝色为最佳，其次是墨水蓝和中等深度的纯蓝色。

蓝宝石和红宝石既然在矿物学上同属一种矿物——刚玉，也即两者的主要化学组分是完全相同的，都可以用 Al_2O_3 来表示；而且内部晶体结构也是完全一样的。所以，它们的基本物理化学性质，如硬度、折射率、相对密度和裂理等也都一样（仅有极小的难以察觉的区别）。不过，在自然界，蓝宝石和红宝石却常常产在不同的地质环境里。通常，大多数蓝宝石与火成岩密切相关。它的晶体可能形成在地球深部、地壳之下的地幔层里。当地幔中部分岩石因压力环境的变化熔化成为岩浆往浅部运移时，恰好将其捕获，便带着它一起向上运动，最后以火山喷发的形式带到地面。于是它便以大小不等的所谓捕掳晶的形态，产在喷出的火山岩中。譬如澳大利亚、我国山东，还有东南亚地区的蓝宝石就是这样形成的。红宝石虽然也可以有这样的成因，但更多更主要的却是完全不同的成因，是早期形成的岩石，由于外界物理化学条件的改变，而发生脱胎换骨改变的结果。

正由于它们的产出环境有着明显差异，这也就决定了蓝宝石与红宝石相比也有着不尽相同的分布状态。首先从资源分布来说，蓝宝石比红宝石分布在全球更广阔的范围里，除了东南亚地区外，它还分布在澳大利亚、非洲马达加斯加、美国的蒙大拿州等地。它分布范围广，全球蕴藏量也比红宝石多得多。这也许就是蓝宝石的价格始终落后于红宝石的根本原因。其次，从晶体的大小来看，蓝宝石通常具有比红宝石大得多的晶体。前面我们已经谈到，红宝石尤其是优质的红宝石，其晶体很少有 5～6 克拉以上的，多为 1～2 克拉。蓝宝石则不同，其晶体重几十克拉，甚至上百克拉也时有所见。世界上已知最大的蓝宝石，发现于斯里兰卡，重达 19 千克（95 000 克拉）；在非洲的马达加斯加也曾发现一块重达 90 000 克拉的蓝宝石原石。

蓝宝石的六边形色带

更有趣的是，20 世纪 80 年代中，一个美国商人在亚利桑那州的民间集市上，用 10 美元购得一块土豆般大的石头，后经鉴定竟是一块重 1 905 克拉的蓝宝石，估价为 228 万美元。再者，比起红宝石来，蓝宝石也常具有相对好一些的净度，其琢型宝石的裂纹、包体均相对较少。不过，蓝宝石却常可见有深浅、宽窄不尽相同的色带。

（二）形形色色的蓝宝石

在许多人的印象中，大多以为蓝宝石是指具有不同程度蓝色的刚玉类宝石。其实，这是一种误解。在宝石学中，人们把刚玉类宝石总的只分成两类：即红宝石和蓝宝石。也就是说，除了红色的红宝石外，所有的其他各种不同颜色的刚玉类宝石都划归蓝宝石。不同的颜色是由于混入蓝宝石晶格的微量杂质元素有所不同的缘故。

黄色蓝宝石

五种不同颜色的蓝宝石

在各色蓝宝石中，除最常见的蓝色的宝石外，较常见的还有绿色的蓝宝石，它与蓝宝石中含有微量的二价铁有关。不过绿色蓝宝石的绿色通常不是很鲜艳，而是杂有蓝色调、黄色调或灰色调。这种颜色上的不足，使绿色蓝宝石常具有较低的价值（罕见的翠绿色者例外）。

与绿色蓝宝石不同，黄色蓝宝石则时可见有较好的黄色，如鲜黄色和金黄色。导致蓝宝石呈黄色的原因是它含有以三价铁为主的微量元素。

在蓝宝石家族中最受人们宠爱的，通常也是价值最高的，是一种被人们称为帕帕拉恰（padparadscha）的蓝宝石。这是一种具有美丽的水红～橙黄色的蓝宝石。由于其色彩艳丽惹人喜爱，且产出十分稀少，故具有很高的价格。当重量相同时，其价格不仅位列蓝宝石之首，甚至常常超过优质的红宝石（但自2002年以来，由于市场上出现了一些经人工处理而成的具有类似颜色的蓝宝石，致使其价位已有不同程度的回落）。目前已知，此种蓝宝石主要来自斯里兰卡。另外，坦桑尼亚的阿巴河谷据说也有少量产出。据研究，帕帕拉恰蓝宝石的颜色主要来自微量的铬和三价铁。

蓝宝石还有灰黑色、褐色、古铜色、淡紫色和无色的。它们大多价格较低。其中无色蓝宝石常被称为"白宝石"，并用作钻石的代用品。我们曾经发现，一些旅游者从泰国购回的首饰中，本来用于围镶其他彩色宝石的小钻，常常被这种所谓的白宝石所替代。

蓝宝石中还见有会变色的蓝宝石。这种蓝宝石常常在日光下呈蓝色或灰蓝色，在灯光下呈红紫色。其

帕帕拉恰蓝宝石

◆ 具蓝、绿两色的蓝宝石　　◆ 魔彩蓝宝石（同一颗宝石在不同光照条件下呈现出不同图像）

价格的高低，要视其变色效应是否显著、变色的强弱而定。遗憾的是，它们大多虽具有可观察的变色效应，但却不是十分醒目。已知此类蓝宝石主要来自缅甸和斯里兰卡。近年来，我国新疆帕米尔地区也有发现。

有些蓝宝石还可以同时具有两种颜色（无需二色镜，可直观地看到两色），其中比较常见的是蓝、绿两色，或黄、绿两色。1991年，在我国山东还发现一半为蓝宝石、一半为红宝石的红、蓝两色宝石，被称为"鸳鸯宝石"。该石原重13.5克拉，加工成椭圆形戒面后，重2.67克拉。

具有星光效应的星光蓝宝石也是蓝宝石的重要品种。应该说，星光蓝宝石比星光红宝石更为常见，而且还时见有颗粒巨大的，惜大多色彩偏深偏黑。1948年，在澳大利亚发现的"昆士兰黑星蓝宝石"，重达733克拉，号称世界最大星光宝石，系近黑色。美国华盛顿史密森博物馆也存有一颗被命名为"亚洲之星"的星光蓝宝石，重330克拉，系缅甸所产。我国山东也产有很多星光蓝宝石，其中不仅有常见的具六射星光的星光宝石，还见有具十二射星光的星光宝石。

在各色各样的蓝宝石中，最神奇的是那些具有"魔彩效应"的蓝宝石。所谓魔彩效应是目前仅发现于蓝宝石的一种特殊的光学效应。具有这种效应的蓝宝石会产生特殊的晕彩，并随入射光线的角度变化而变化，还可构成一定意境的图案。人们从不同角度看上去时，它的图案就像变魔术一般发生变幻，故曰魔彩。已知此类宝石来自我国山东，已发现的几颗根据其晕彩图案被命名为："星照琼楼"、"雄鹿腾跃"、"宝塔飞檐"、"灵龟探首"和"万里长城"等。其中最早发现的魔彩1号蓝宝石，重为25克拉，在黑色微透明的底色上可闪现橙、黄、绿等不同的晕彩，有的角度看去如"唐僧西天取经"，有时又如"柳林晨曦"，有时又如"碧海朝霞"。据说，这颗宝石曾报价1 000万美元（未成交）。

（三）蓝宝石的价值评估

蓝宝石虽然有着众多的品种，但其主流还是蓝色蓝宝石，因此，在讨论如何评估蓝宝石价格时，自然是以蓝色蓝宝石为主要对象。不过，迄今人们在如何评价蓝宝石的优劣方面，还没有一个各方公认的方案。虽然，人们在实践中已渐渐达成共识，认为对于像蓝宝石这样的有色宝石，颜色的好坏应该是首要的评判因素，但在怎样划分颜色等级方面,却还没有一致的意见。

传统上,人们根据蓝宝石的色系和产地,将蓝宝石划分为七个商业品级:

1. **克什米尔蓝宝石**,是带有紫色调颜色华丽的蓝色蓝宝石,是蓝色蓝宝石的最佳品种,其克拉单价一般在几千到上万美元。此类蓝宝石除了主要来自克什米尔地区外,也有少量来自缅甸、斯里兰卡和泰国。

2. **缅甸蓝宝石或称东方蓝宝石**,是一种呈"浓艳蓝色"或"品蓝色"微带紫色调的蓝宝石。它与克什米尔蓝宝石的区别,是在不同的灯光下,其颜色可能变浅,或显得比克什米尔蓝更蓝一些而呈现出墨蓝色。此类蓝宝石的价值一般比克什米尔蓝宝石低一些,克拉单价大多为几千美元。

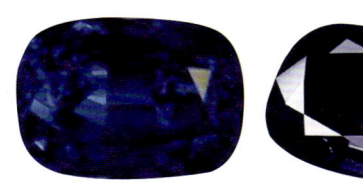

从左到右:缅甸蓝宝石、泰国蓝宝石、斯里兰卡蓝宝石

3. **泰国蓝宝石**,也称暹罗蓝宝石(泰国旧称暹罗),指一些颜色比缅甸蓝宝石稍深或蓝色中带灰色调的蓝宝石。此类蓝宝石大多经过热处理,属于中档蓝宝石,一般克拉单价在几百到上千美元。

4. **斯里兰卡蓝宝石**,也称锡兰(斯里兰卡旧称)蓝宝石,是一些颜色以灰蓝色至浅紫蓝色为主的蓝宝石。其最大特征是透明度高,加工好的宝石具有很好的火头(光亮度高),因此,它是一种很受市场欢迎的中档蓝宝石,克拉单价与泰国蓝宝石不相上下。近来,非洲马达加斯加产的蓝宝石也有相当一部分属于此品级。

5. **蒙大拿蓝宝石**,原指美国蒙大拿州产的蓝宝石。现指一些透明度高、具有强光泽、呈现"钢青色"或"铁青色"的蓝宝石。此类蓝宝石属于中偏低档,克拉单价一般为 100～300 美元。

6. **非洲蓝宝石**,泛指异色系的蓝宝石。这是因早期非洲发现的蓝宝石多为各种异色的,故名。此类蓝宝石的价值变化很大,因色系而异,如最高档的帕帕拉恰蓝宝石可超过克什米尔蓝宝石,其次的那些具有金黄色的蓝宝石,其克拉单价也可达几百到上千美元。除此二者以外的其他色系的蓝宝石大多价格不高,有的(如一些灰绿色)价格甚至低于澳大利亚蓝宝石。

7. **澳大利亚蓝宝石**,是指一些颜色明显偏深、呈墨蓝色或蓝黑色的蓝宝石。此类蓝宝石不仅色深,透明度较差,而且常具明显的色带,是蓝宝石中品质较差的一级,其克拉单价一般仅十几到几十美元。我国山东蓝宝石也大多属于此类。此类蓝宝石价格的提高将有赖于热处理改色的成功。

除颜色这一首要因素外,蓝宝石的价格当然也受净度、大小和切工的影响。一一般说来，蓝宝石的净度通常比红宝石好得多，除常可见有色带外，较少见有明显的包体。所以，通常不对其净度作详细的划分，只要肉眼看不清色带，又无其他有碍观感的瑕疵，对其价格就不会造成大的影响。

蓝宝石虽然颗粒一般较大，但优质蓝宝石仍以颗粒较小的为主，所以，颗粒的大小对优质蓝宝石的价格仍然比较显著。

切工对蓝宝石来说也十分重要，好的切工可使蓝宝石更为明亮。一些质量较一般的蓝宝石，可因精心打磨而使价格得到明显提高。

总之，蓝宝石由于产量相对较大，所以，在世界四大名贵宝石中，以价格相对较低而占有较大的市场，成为除钻石以外最受欢迎也最具影响的宝石。按销售量排名，它居有色宝石之首。

◇ 绿色蓝宝石

◇ 山东蓝宝石

（四）蓝宝石的优化处理与合成

和红宝石一样，蓝宝石也有多种人工优化处理的制品。事实上，世界上宝石优化处理技术的发展，从某种意义上讲就是从蓝宝石开始。在这之前的宝石处理都只是低级别的，如染色、注油、上蜡等，和小规模地进行的。20世纪70年代，一种产于斯里兰卡的被称为"究打石"（也称牛奶石）的改色成功，及它所带来的巨大经济效益，就使宝石的优化处理得到了人们的广泛重视，获得了迅速发展。

所谓究打石，本是人们开采红蓝宝石时的副产品。虽然从矿物成分说，它也和红蓝宝石一样，属于刚玉，但由于它的色泽不佳，灰蒙蒙的，呈奶白色（所以人们也称它为"牛奶石"或"奶油石"），有的还像是被柴油污染那样，带有黄褐色的斑点，故登不了大雅之堂，只能用于铺垫花坛或装饰花径。但20世纪70年代，人们发现，通过适当的热处理工艺，可使它从奶白色或浅色变成靓丽的蓝色，价格自然也迅速增长。目前，此类经过热处理改色的究打石，已成为市场上斯里兰卡蓝宝石的主要类型。

当然，蓝宝石的热处理并不仅限于究打石。许多品质较差的蓝宝石也可以通过热处理而使其品质得到明显的改善。譬如我们知道蓝宝石的蓝色，是其所含微量元素钛和二价铁共同作用的结果。因此，在富氧的环境中热处理蓝宝石，可使蓝宝石中的部分二价铁氧化成为三价铁，从而失去部分致色的因

◇ 改色前（右）后（左）的究打石

素,于是深色的蓝宝石就会变得颜色浅一些。反之,一些色浅的蓝宝石在还原环境下进行加热,就会使晶体中原本含有的一些三价铁还原为二价铁,增加了致色的因素,颜色就会变深。热处理的结果,还可使蓝宝石晶体中常见的色带因热而扩散,变得模糊不清。同样还会使晶体内包含的一些包裹体因热而扩散分解,变成离子参加到蓝宝石的晶格中去,致使包裹体减少,透明度提高。不管是增色还是减色,由这种单纯热处理技术获得的蓝宝石,已被珠宝界广泛接受,视为正常,可无须声明。

蓝宝石和红宝石一样也有进行裂隙充填处理的(其辨识方法同红宝石),只不过蓝宝石不像红宝石那样富含裂隙,所以此类处理品相对少见。有意思的是,人们发现蓝宝石中有用CVD法合成钻石薄膜进行覆膜处理的。由此获得的蓝宝石可具有十分靓丽的晕彩,表面硬度也显著提高。当然这是一种需要声明的处理。

扩散处理是蓝宝石更常采用的处理方法,而且已知有多种不同的扩散处理技术。最早出现的是用铁、钛化合物作为扩散剂,大多能取得很好的改色效果,有的甚至具有近似克什米尔蓝的效果。不过,它们的色层也均很薄。从剖开的切面上可以看到其中心仍然无色。一般色层只有0.004~0.1mm厚,为了获得更好的致色效果,人们在改进技术后,已可使色层的厚度达到0.4mm。据此,人们把这种扩散处理蓝宝石分为Ⅰ型和Ⅱ型两种。Ⅰ型的色层<0.1mm,Ⅱ型的色层为0.1~0.4mm。鉴别这种扩散处理宝石,最好是将其浸于二碘甲烷中来观察。天然蓝宝石在二碘甲烷中会显得模糊不清,只显示一个蓝色的影子。而扩散蓝宝石(尤其是Ⅱ型)在二碘甲烷中则仍然轮廓分明,刻面间的边棱更会因色较深而格外清晰。另外,还可看到各刻面的颜色深浅不一,如果有凹坑或通达表面的裂纹,则可以看到颜色在这些部位浓集的现象。

已知星光蓝宝石也可以通过扩散处理来获得。这种宝石整体为具黑灰色调的深蓝色,星光完美,星线均匀,但仅限于表面。放大检查,可见表面下有一层极薄的絮状物,系由细小的白点聚集而成。在浸油中,可见表面呈现红色,并具一轮廓清晰的红色圈。部分样品可见底面或裂隙内存在红色斑块物。在长短波紫外下,红斑可显示红色荧光。化学分析表明具铬异常,Cr_2O_3可达4%。

传统的扩散处理蓝宝石是用钛作为扩散用的致色剂,但也有极少数采用钴作扩

◇ 覆有钻膜的蓝宝石

◇ 浸在二碘甲烷中的天然蓝宝石(左)和扩散处理蓝宝石(右)

散致色剂,结果可获得鲜艳的钴蓝色的蓝宝石。但色层同样非常薄,没能深入宝石内部(以致有人怀疑是采用其他的尚不清楚的表面处理法)。其鉴定特征是:①颜色的分布不很均匀,放大观测可见有颜色略浅的斑点;②折射率明显增高,>1.80;③分光镜下在黄绿区可见有3条宽的钴吸收谱线。

值得注意的是,2002年以来,一种新的所谓"铍扩散"技术被应用于蓝宝石的改色。这种处理不仅可以使一些原本色深的蓝宝石(如我国的山东蓝宝石)颜色明显变浅,还可以使一些原本无色

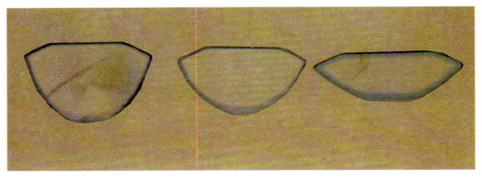

◇ 扩散处理蓝宝石,上图为其刻面宝石,下图为中间切开后的剖面,显示出其色层仅及边缘薄薄的一层

或近于无色的刚玉类宝石获得黄色、橙色或棕色(与处理前宝石本身的颜色及所含杂质元素的不同有关)。而且由于铍原子的原子半径较小,这使铍扩散有可能深入晶体的深部,而不是仅仅影响浅表层;并且随着铍扩散深度的不断增加,宝石的颜色也会发生变化,从黄—橙黄—粉橙—橙粉—橙—橙红—红色。其中有一些会十分近似于帕帕拉恰蓝宝石的颜色,这使帕帕拉恰蓝宝石的价格受到了巨大的冲击。应该说铍扩散处理蓝宝石的鉴别是具有相当难度的,对于普通收藏者来说几乎是不可能的。因为它要依赖高倍显微镜下的观察,寻找在扩散处理时因使用高温而留下的痕迹;或者采用X射线荧光能谱仪来分析宝石中有无铍的存在(正常蓝宝石不含铍)。铍扩散处理也可获得蓝色蓝宝石。其特征与传统的铁、钛扩散处理和钴扩散处理蓝色蓝宝石不同。它以浅灰蓝色居多,且颜色分布不均匀,少数可类似于优质斯里兰卡蓝色蓝宝石。

另外,辐射处理技术也被用于蓝宝石的改色,但不是用于获得蓝色,而是用于获得金黄色。一些无色的或浅蓝色的刚玉,在用中子射线辐射以后,可变成金黄色,而一些所谓的粉红色蓝宝石(现归类为红宝石)在经过这种辐射以后,可以变成类似帕帕拉恰那样的色调。只是这种颜色是不稳定的,在强光照射或受热的情况下会褪回原色。需要注意的是,迄今用这种方法获得的金黄色蓝宝石还没有有效的检测方法。因此,为了避免买入这种经辐射处理而获得的金黄色蓝宝石,或帕帕拉恰蓝宝石,最好的办法是把它们置于强光下进行照射,看看它们是否会褪色。

除热处理、扩散处理和辐射处理外,蓝宝石很少见有其他处理方法。虽然也偶见有用油进行填充处理,以掩盖裂隙者,但它们在市场上无足轻重。

蓝宝石的人工合成出现要比合成红宝石晚许多年。最早的合成蓝宝石是采用焰熔法制取的。这种焰熔法合成蓝

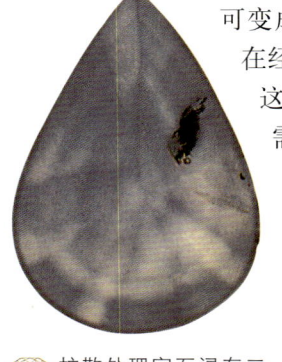

◇ 扩散处理宝石浸在二碘甲烷中可显示出刻面颜色的不均匀现象

铍扩散处理前（上）后（下）的蓝宝石

宝石也和焰熔法合成红宝石一样，具有共同的弧形生长纹、局部出现的微小的气泡群等特征。此外，还有一点也可以作为它的识别特征，那就是在短波紫外光（波长253.6nm）的照射下，它常会发出灰蒙蒙的白垩状的荧光（在暗室中或在暗黑色背景的衬托下可看得更清楚一些），而天然蓝宝石则不会发荧光。

今天，用焰熔法技术已不仅可以合成蓝色蓝宝石，还可以合成各种不同颜色的蓝宝石。如在三氧化二铝粉末中添加氧化镍和三氧化二铬，便可获得橙黄色或金黄色（添加量不同引起）的蓝宝石；若添加镍、钒和钴，则可获得绿色蓝宝石；只添加钒则可获得变色蓝宝石。

除焰熔法合成蓝宝石外，今天的市场上也有了用助熔剂法和水热法合成的蓝宝石。但由于技术上的难度，使此类合成蓝宝石远不如同类型的合成红宝石那样普及。值得一提的是，我国桂林宝石研究所在用水热法合成红宝石之后，也成功地采用水热法合成了黄色蓝宝石和桃红色蓝宝石，并均已进入商业生产。至于它们的鉴别特征，与同类型的合成红宝石相差无几，如它们都会具有种晶，会可能包含盛器——白金坩埚的熔蚀残渣，并时见有尘埃状或面包渣状的细小包体等等。这里就不再赘述。

另，近期市场上还出现一种用晶体提拉法合成的粉红色蓝宝石。它是在纯度为99.99%的氧化铝粉末中，掺有0.5%～2%三氧化二钛作着色剂，并采用晶体提拉法合成。这种合成晶最初呈现带明显紫色调的浅红色，其红色调的深浅与掺钛的质量分数有关。将合成晶在纯氢还原气氛和1 920～1 950℃恒温下48小时，便呈现出漂亮的粉红色调；有的甚至具类似帕帕拉恰蓝宝石的桃红～橙粉红色；透明，强玻璃光泽，折射率1.758～1.764，具浅粉色和粉橙色的二色性，相对密度4.023，长波紫外下惰性，短波下可见中等蓝白色荧光。显微镜下可见大量分散、变形的小气泡。

最后值得一提的是，近些年来人们又从改良晶体提拉法合成技术中发展出一种

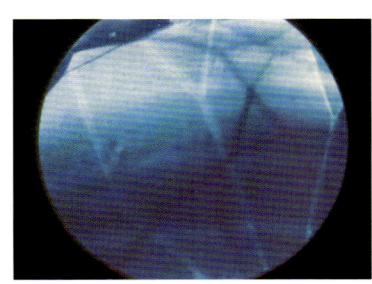 

焰熔法合成蓝宝石的弧形生长纹（左），及其由小气泡群构成的弧形带（右）

新的泡生法合成技术，目前它主要用于生产无色蓝宝石（并用于工业 LED 等科技领域），可生产重 25kg、直径 20～30cm 以上的大晶体。可以预测在不久以后，随着技术的改进它一定也可以用于生产蓝宝石的彩色晶体。那时这种合成蓝宝石定会给珠宝市场带来严重的冲击。

（五）"希望蓝宝石"和各类仿冒品

曾经有一位游客，在国外旅游时购得一枚蓝宝石戒指，经我们鉴定，这并不是真的蓝宝石，而是一种被人称为"希望蓝宝石"的仿冒品。

什么是"希望蓝宝石"？原来，20 世纪初，人们在用焰熔法合成红宝石之后，也想用同样的方法合成蓝宝石。但由于当时研究水平的限制，人们不清楚蓝宝石为什么会

◇ 所谓的"希望蓝宝石"

呈蓝色。有的人猜测是钴离子的混入使蓝宝石呈蓝色，据此设计了合成蓝宝石的方案：在三氧化二铝粉末中添加微量的氧化钴粉末。结果合成出来的产品，颜色局部集中呈色疤。后来，人们又尝试再添加一些氧化镁作熔剂，果然生产出了蓝色均匀的蓝色宝石。当人们正在庆贺自己的成功时，却又意外地发现，这新合成的蓝色宝石并不是蓝宝石，而是蓝色尖晶石。原来尖晶石（$MgAl_2O_4$）与蓝宝石（Al_2O_3）在主要化学成分上的差别，就在于多了一个氧化镁。所以，当人们采用这个配方，满怀希望想获得蓝宝石时，得到的却是尖晶石，故而称之为"希望蓝宝石"。希望蓝宝石由于比蓝宝石更易合成，所以曾经广泛被用作蓝宝石的代用品。

除"希望蓝宝石"外，市场上常见的蓝宝石仿冒品还有多种。总的说来它们可大致分成三类。一类是纯粹人工制成品。它又可分为两种：一种是人工合成的晶体，

◇ 各种颜色的合成立方氧化锆

◇ 各种颜色的稀土玻璃

所谓的"台湾蓝宝石"实为蓝玉髓,部分此类宝石在高温干燥环境下极易因失水而变色

如上述的希望蓝宝石也属此,还有合成的蓝色和其他颜色的立方氧化锆;再一种是玻璃仿制品,早期是普通玻璃的仿制品,现代则多采用稀土玻璃。

再一类是一些天然的蓝色宝石。如有蓝晶宝石之称的天然蓝色尖晶石;有乌拉尔蓝宝石之称的蓝色碧玺;有勒克司蓝宝石之称的蓝色堇青石;有台湾蓝宝石之称的蓝色玉髓等。此外,还有蓝锥矿和坦桑石,不过,后两者虽然貌似蓝宝石,却因本身就具有较高的价值,而不会成为蓝宝石的仿冒品。不管是前者还是后者,要鉴别它们,应该说都不困难,因为毕竟它们在物性上与蓝宝石有着明显的差别。

蓝宝石及其相似的蓝色宝石的物性区别

宝石名称	化学式	晶系	折射率	重折率	二色性	硬度	相对密度
蓝宝石	Al_2O_3	三方	1.76~1.77	0.008	明显	9	3.99
希望蓝宝石	$MgAl_2O_4$	等轴	1.727	——	无	8	3.63
蓝色立方氧化锆	ZrO_2	等轴	2.09~2.18	——	无	8~8.5	5.6~6.0
天然蓝色尖晶石	$MgAl_2O_4$	等轴	1.720	——	无	8	3.60
蓝色碧玺	Al、Mg、Fe的硼硅酸盐	三方	1.62~1.65	0.018	明显	7~7.5	3.01~3.11
蓝色玉髓	SiO_2	集合体	1.55	——	无	7	2.56
堇青石	$Mg_2Al_4Si_5O_{18}$	斜方	1.54~1.55	0.009	明显	7	2.59
海蓝宝石	$Be_3Al_2[SiO_3]_6$	六方	1.56~1.59	0.006	弱	7.5	2.70
蓝色托帕石	$Al_2SiO_4(F,OH)_2$	斜方	1.61~1.62	0.008	弱	8	3.56
坦桑石	$Ca_2Al_3[SiO_4][Si_2O_7]O(OH)_2$	斜方	1.69~1.70	0.009	明显	6~7	3.35
蓝锥矿	$BaTiSi_3O_9$	六方	1.757~1.804	0.047	明显	6~7	3.68
普通蓝玻璃		非晶质	1.50~1.54	——	无	6±	2.60±

第三类仿冒品是一些粘合石,既有半真二层石,也有假二层石和假三层石。半真二层石用天然蓝宝石为顶,用合成蓝宝石或蓝玻璃为底。假二层石,则用薄层石榴石为顶,用各种不同颜色的玻璃为底,可用来仿制各种不同颜色的宝石。这时,

尽管有一层红色石榴石顶层，但并不影响这种仿制宝石的主体颜色，没有经验的普通爱好者是看不到这层红色石榴石的存在的。但若将该仿制宝石台面向下置于白纸上，用聚光灯或笔式手电照射样品的底部，则可以看到围绕腰部会反射出一个红色的圈层。这种现象称为"红圈效应"，是检验这种以石榴石为顶的假二层石的有效手段。假三层石则是用来仿制星光宝石。它一般采用透明的水晶或玻璃为顶，并将其磨成凸弧面型，然后在其平底上贴上一层刻有星线的胶片，接着再贴一层不透明的暗色底层（该层的目的在于让胶片中的星线能衬托得更清晰一些）。识别这种假星光宝石还是比较容易的，因为它的星线过分清晰，以致毋须正上方的光源也能清楚看到。

◆ 坦桑石戒指

◆ 蓝锥矿

（六）蓝宝石收藏投资要点

一般说来，收藏投资蓝宝石要注意的问题与红宝石相似，但也略有差异。

①首先，蓝宝石也同样存在三个层次的真伪问题。要鉴别第一层次的那些貌似蓝宝石的仿冒品，仍然是比较容易的。至于第二层次的合成蓝宝石问题，应该说在合成技术上它不及红宝石那样成熟。至今在市场上，仍以焰熔法合成蓝宝石为主；而且由于技术上的难度，其产量也不及红宝石，所以，在市场上，合成蓝宝石远比合成红宝石少见。在第三个层次上，蓝宝石的优化处理品所占的比例也比红宝石少一些。有人估计，市场上销售的天然红宝石有80%～90%是经过人工优化处理的，而蓝宝石只占70%～80%。和红宝石一样，单纯的热处理已被珠宝界所接受，视其等同于真正的天然宝石。但蓝宝石中却相对多见有扩散处理的产品，特别是近年出现的很难识别的铍扩散处理蓝宝石，应引起收藏投资者的高度警觉。蓝宝石还见有辐射处理的成品，但这种成品不是蓝色蓝宝石，而是黄色或橙黄色蓝宝石。目前，对于此类成品还没有有效的检测识别手段，但辐射带来的颜色却是不稳定的，对此我们也必须十分谨慎。

②蓝宝石的价值当然首先体现在它的颜色上。不仅蓝色蓝宝石本身会

◆ 这对蓝宝石白金镶钻耳坠在2009年广州嘉德冬季拍卖会上估价12万～15万元

因蓝色的差异而有不同的价格；蓝宝石还因有着不同的色彩，而分出贵贱差异。在蓝宝石家族中，最高贵的不是蓝色蓝宝石，而是被称作帕帕拉恰的蓝宝石（但近期因发现有很多经不同人工处理，甚至是人工合成的具有类似颜色的似帕帕拉恰石，而使其价格大受影响），其次才是蓝色蓝宝石。罕见的紫色蓝宝石也可具有较高的价格；然后是具有金黄色调的蓝宝石，一些色彩不好的灰绿、黄绿或蓝绿色的蓝宝石则具有较低的价格，但十分罕见的纯绿色者例外，其价格有时也可以与优质的蓝色蓝宝石媲美。

这枚蓝宝石镶钻戒指在 2011 秋季日本伊斯特东京拍卖会上估价 165 780 ～ 257 880 元

③在净度上，蓝宝石大多比红宝石干净。这就使人们有理由要求，用于制作高档首饰的蓝宝石应是干净、无瑕的。如果有肉眼可见的瑕疵，其价格就会受到较大的影响。

④蓝宝石虽然净度较好，但颜色却常不是很均匀，尤其是那些未经热处理的真正的天然蓝宝石，常有不同程度的色带，使颜色表现出一定程度的不均匀性。

⑤在粒度上，蓝宝石也常见有大颗粒，所以，除了最优质的蓝宝石之外，其价格随粒度增长的速率远不如红宝石。

⑥在收藏保管上其他应注意的要点，蓝宝石和红宝石没有不同。

（七）蓝宝石的供需市场

蓝宝石有着比红宝石更充足的资源。澳大利亚蕴藏着世界上最多的蓝宝石，据说占全球产量的 70%～80%，惜其品质欠佳，颜色偏黑、偏深，透明度不足。澳大利亚产的蓝宝石中还有一部分具有星光效应。

世界上最好的蓝色蓝宝石来自克什米尔地区，只可惜由于历年开采，资源几近枯竭，产量已十分有限。

泰国也曾是世界蓝宝石的主要产地。主要在泰国东南部尖竹汶（占他武里）一带，也因历年开采而使资源渐近枯竭。但近代，这里却形成为蓝宝石的主要加工地，来自澳大利亚、斯里兰卡、非洲，甚至我国产的蓝宝石原石都汇集到这里，经过泰国工匠的处理、加工，成为琢型宝石，再销往世界各地。因此，尽管泰国今天已很少有自己的蓝宝石供应，但它仍然是世界蓝宝石的最主要供应地。

斯里兰卡也是传统的世界红蓝宝石产区，迄今这里仍是世界蓝宝石供应地。这里除产有透明度较好，湛蓝～天蓝色的蓝宝石外，还产有大量的奶白色的究打石。后者几乎都销往泰国，并在泰国进行处理改色和加工，仍以斯里兰卡蓝宝石的名义销往世界各地。据报道，这种究打石在斯里兰卡售价约为每克拉 0.1～0.4 美元，但经泰国改色后，售价则高达每克拉几百到几千美元。在斯里兰卡还产有多种不同颜色的艳色蓝宝石。著名的帕帕拉恰石也是最先来自这里。

非洲是近代蓝宝石的一个新的供应地。这里的蓝宝石来自马达加斯加、坦桑尼亚、肯尼亚、卢旺达和尼日利亚。其中，马达加斯加向世界供应了许多品质优良的蓝宝石（大多也经过热处理，未处理前色带大都较明显），但颗粒一般不大（0.5～2克拉）。坦桑尼亚、肯尼亚则产有多种不同颜色的蓝宝石，其中一些粉红色蓝宝石经处理后可获得近似帕帕拉恰石的效果，从而使帕帕拉恰石的售价产生强烈的冲击。尼日利亚和卢旺达虽也

◆ 马达加斯加产的刚玉类宝石

产有蓝宝石，但在市场上所占份额有限。非洲蓝宝石大多也运往泰国去处理和加工。

美国的蓝宝石主要来自蒙大拿州，也有少量来自北卡罗来纳州。据说可年产100多万克拉。所产蓝宝石也多为小颗粒（不超过2克拉），颜色为淡蓝～深蓝色。

在美洲，除美国外，巴西和哥伦比亚也产有少量蓝宝石。

在东南亚和南亚，蓝宝石除产于前述几个国家外，还产于老挝、越南、柬埔寨、印度等地。

我国也是世界蓝宝石的重要产地，已知资源分布于山东、海南、江苏、福建、黑龙江、青海和新疆等地。其中著名的山东昌乐产区，自20世纪80年代发现以来，已产蓝宝石上千万克拉。遗憾的是，我国产的蓝宝石也和澳大利亚蓝宝石相似，颜色大多偏深偏黑。如何对其进行减色处理的工艺，迄今国内尚不成熟（据悉，泰国人已能妥善地将其颜色变浅）。

从蓝宝石的消费市场来看，美国是蓝宝石的最大消费市场。蓝宝石是美国的国石。据市场调查，除钻石外，各种有色宝石在美国受欢迎的程度，蓝宝石排名第一，以下依次为祖母绿、紫水晶、红宝石、蓝色托帕石和碧玺。

在欧洲，蓝宝石也具有良好的销售前景。1981年英国查尔斯王子将一枚蓝宝石订婚戒指送给戴安娜，致使蓝宝石成为一种新的流行时尚，20多年来其需求一直稳定而强劲。另外，希腊人对蓝宝石也有特殊偏爱，将其定为国石。

在东亚，日本也是蓝宝石的主要消费市场，其他如新加坡、韩国、我国香港和我国台湾地区也具旺盛的购买力。

四、祖母绿及其他绿柱石宝石

祖母绿——这是一个多么奇怪而有趣的名称，难道这种宝石和慈祥的老祖母有什么关系吗？其实，祖母绿不仅与老祖母没有瓜葛，而且它还被人们视为是奉献给爱与美的女神——维纳斯的最佳礼物，用于表征忠贞的爱情。曾有一首诗歌写道："这是一种具有魔力的宝石，它能显示立下誓言的恋人是否保持真诚。恋人忠诚如昔，它就像春天的绿叶；若是情人变心，它也像树叶枯萎凋零。"

为什么这种宝石会被人们称为祖母绿呢？据考证，这一词最初来自波斯语"Zumurud"，意为绿色之石。后来这个词传入我国，明初洪武年间陶宗仪在所著《辍耕录》中，将其译为"助木刺"。后来又演化为"子母绿"或"祖母绿"了。

◆ 美丽的祖母绿

祖母绿的美丽，使人们很早就认识到它的价值。据说早在公元前2000多年前，古埃及女王克丽奥佩特拉就拥有许多祖母绿宝石。据说她还拥有以她名字命名的祖母绿矿山。今天在红海沿岸，人们还可以找到当年开采的遗址，可惜已不再有祖母绿产出。

今天，祖母绿被人们选作五月诞生石，用于象征幸运、幸福和青春永驻。

（一）祖母绿的一般特征

祖母绿在矿物学中称作"绿柱石"，是一种铍铝硅酸盐（$Be_3Al_2Si_6O_{18}$）。它纯净时本是无色的，但大多数情况下，由于有一些杂质元素的加入，就使其会呈淡淡的黄绿色、浅绿色和浅蓝色。具翠绿色的祖母绿，是绿柱石中相对罕见的一个品种。

据研究，祖母绿之所以呈现美丽的翠绿色，与微量的铬和钒的混入有关，其中尤其是铬起到了十分关键的作用。当氧化铬的含量达到0.15%～0.20%时，就可使其具有青翠的绿色；若氧化铬含量高达0.5%～0.6%，则是深绿色。另外，其他一些微量元素，如钒、镍、铁、铋、锰和钪等的加入，则使祖母绿的色调发生多种变化，出现黄绿、蓝绿、褐绿、暗绿等不尽相同的绿色，其中以碧绿清澈者最为名贵。

长在矿石上的祖母绿晶体

祖母绿在晶系归属上属于六方晶系，常以典型的六方柱状（即横断面为正六边形的柱体）晶形产出。硬度为摩氏 7.5～8 级。折射率 1.565～1.598，可以有中等程度的两色性，即一个方向上为浓绿色，另一方向上呈蓝绿色。色散 0.014。从这些指标看，它虽然不及红蓝宝石，更比不上钻石，但它那令人心醉的绿色，使其仍不失为一种名贵宝石。自古以来，它就与钻石、红宝石和蓝宝石并列为世界四大名贵宝石。一些最优质的祖母绿，售价比普通钻石还高出许多。

祖母绿可以偶见有较大个的晶体。1831 年俄罗斯乌拉尔曾发现一个重 11 000 克拉"玻璃"绿色的祖母绿；在世界著名的哥伦比亚木佐矿山，曾发现一个更大的晶体，重 16 020 克拉；而世界最大的祖母绿晶体，1956 年发现于南非，重为 24 000 克拉。另外，人们还发现有一个历史上流传下来的用祖母绿雕凿而成的药瓮，重 2 680 克拉，可以想像，在未雕凿前，其重量当不止现在的 3～4 倍。

祖母绿具有一定的脆性，故常具有大小不等的各种裂隙，所以要琢磨成大颗粒的琢型宝石就很不容易。伊朗王室曾藏有世界上最多的祖母绿宝石，据说总数有几千颗，其中不乏超过 50 克拉的。如在巴拉维王冠上就镶有一颗重约 100 克拉的大祖母绿，以及另一颗重 65 克拉、3 颗较小的约 14 克拉的色彩艳丽的祖母绿。在其王室的宝座上，还镶有一颗更大的重约 225 克拉的祖母绿，另有 4 颗分别重 100～170 克拉，还有 21 颗重 35～90 克拉，真是荟萃了世界上大颗粒祖母绿的精华。此外，在世界一些著名的博物馆中，也藏有一些祖母绿珍品。如俄罗斯莫斯科的金刚石库中藏有一颗深蓝绿色近于无裂纹的祖母绿刻面宝石，重 126 克拉；美国华盛顿史密森博物馆则藏有 3 颗分别重 37.82、31 和 21 克拉的祖母绿琢型宝石。自然，这些都是十分罕见的珍品。而在市场上，大部分祖母绿很少能超过 1 克拉，甚至一些重仅 0.2～0.3 克拉的刻面宝石也被用于高档首饰上。

祖母绿偶见有具星光效应的宝石，另外，它还有一种非常特殊的貌似星光宝石的变种——达碧兹（trapiche）祖母绿。"达碧兹"一词是西班牙语，原指研磨蔗糖用的转轮，此词用于祖母绿是指该种祖母绿具有类似六射星光般的结构。在这种宝石中，那类似星光的 6 条臂不是由光学效应引起，而是由物质组成的变化引起。它还根据产地的不同分成两个亚种。一种产于哥伦比亚著名的木佐矿区，它的 6 条射臂和核心，由富含碳质黑色包体的暗色部分组成，而臂与臂之间则是绿色的祖母绿；另一亚种产于哥伦比亚的另一

这顶镶有 1 469 颗钻石，36 颗祖母绿，36 颗尖晶石和 105 颗珍珠。王冠前面最大的一颗祖母绿重 150 克拉

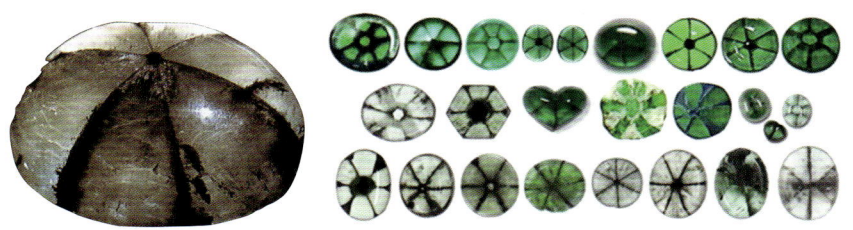

<diamond/> 左：世界上已知最大的达碧兹祖母绿，被命名为"安第斯之星"，重 80.61 克拉，现存于英国伦敦维多利亚及艾伯特博物馆　右：形形色色的达碧兹祖母绿

矿山——皮雅巴林考，它和前者正好相反，6 条射臂与核心由绿色祖母绿构成，臂与臂之间则由富含钠长石浅色包体的灰色云雾状部分构成。达碧兹祖母绿，虽然从色彩的角度看与那些艳丽碧绿的祖母绿相去甚远，但由于它那特殊的构成和美好的象征意义而备受人们的青睐。人们认为，它那六条臂分别代表健康、财富、爱情、幸运、智慧和快乐。

此外，一些祖母绿可因含有一系列平行的管状包体而具有猫眼效应，或同时具有三个方向纤维状包体而具有星光效应，只是都比较罕见。

<diamond/> 祖母绿猫眼

（二）评价祖母绿价值的因素

评价祖母绿的优劣，颜色是第一要考虑的因素。绿色是祖母绿的基本色。一般我们可以将其绿色分为三种：一种是纯的翠绿色，一种是带有不同程度蓝色调的绿色，一种是带有不同程度黄色调的绿色。当然，纯绿色者价值最高，有偏色者价值就会降低，偏色程度愈明显，价值也愈低。另外，颜色的深浅、浓淡和均匀度，也是人们在评定祖母绿颜色时关注的因素。

透明度是评判祖母绿优劣的另一重要指标。祖母绿越清澈透明，价值也就越高。祖母绿是一种净度相对较差的宝石，大多数祖母绿都含有这样那样的包体。另外，由于祖母绿质地较脆，易碎易裂，所以也常包含有大大小小的裂纹。鉴于此，珠宝商们从不排除把那些即使有肉眼可见的瑕疵的祖母绿，用于高档首饰上。有人还认为，

<diamond/> 祖母绿的颜色

左：纯绿色；中：偏蓝的绿色；右：偏黄的绿色

◇ 包含有大量包体的祖母绿

可以把在10倍放大镜下能看到的包体、裂隙的数量小于宝石总体积5%的划入一级品；包体、裂隙的数量占总体积5%～10%者为二级品；包体、裂隙的数量占总体积10%～15%者为三级品。

评价祖母绿价值的第四个因素是其克拉重量。我们已经谈过，祖母绿质脆易碎，很难磨成大颗粒的宝石，因此，市场上常见的刻面型祖母绿多为小颗粒的。一般按其重量划分为5个等级：0.2～0.3克拉，0.3～0.5克拉，0.5～1克拉，1～2克拉和大于2克拉。自然，等级愈高，价值也愈高，其中大于2克拉的等级，其克拉单价常会超过普通钻石，而重量最小的0.2～0.3克拉一级，虽然价值相对较低，但也常被用于制作高中档首饰。在一些用祖母绿进行群镶的首饰上，人们甚至还可以看到有用0.01～0.1克拉的祖母绿。

最后一个评价因素是切工。祖母绿的刻面型宝石一般均采用所谓的"阶梯型"。由于此类琢型多见于祖母绿宝石，所以又叫"祖母绿型"。评价祖母绿切工的优劣，首先要看它的定位是否正确。祖母绿属于六方晶系，具有二色性。为了避免二色性对宝石颜色的干扰，要求在琢磨时应让其台面垂直于光轴方向（即晶体的柱状方向）。其次要看其长宽比。早在古希腊时期，人们就已认识到，符合"黄金分割律"的造型最具美学价值，因此，好的祖母绿型切工的长宽比也要求符合这一比例，大致为3.7∶2.5。第三，看琢型各部的对称程度。第四，则看其抛光的光洁度。

除切磨成刻面型外，一些透明度较差或裂纹较多的祖母绿也有被加工成蛋面型。当然，此类祖母绿的价格要低一些。另外，这种加工法也可获得颗粒较大（几克拉到十几克拉）的祖母绿。再则，一些具有猫眼效应或星光效应的祖母绿，以及达碧兹祖母绿也被琢磨成蛋面型。由于这些类型祖母绿十分罕见，再加上特殊的效应，其价格自当另议。在评价其优劣时，除了上面所述的那些因素外，当然还要着眼于它们这些效应的完整性和清晰程度。

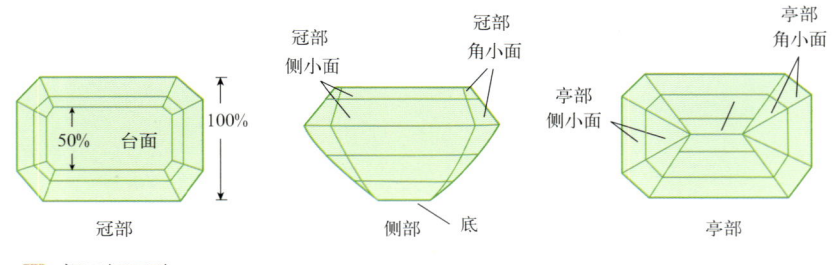

◇ 祖母绿琢型

（三）祖母绿的优化处理与合成

与钻石和红蓝宝石相比，祖母绿的优化处理品相对简单，迄今它没有采用热处理和辐射处理的品种。但祖母绿由于多裂纹，有碍它的外观，因此，人们广泛采取油浸处理的方法，让油渗入裂隙，以达到部分地掩盖裂隙的目的。有的更在浸油中加入绿色，使浸油不仅能掩盖裂隙，而且还达到为宝石增色的目的。我国国家标准规定，鉴于浸油处理是祖母绿惯用的传统手法，已被业内人士广为接受，因此，把浸无色油的处理法列为"优化"；若在浸油中加色则被视为是"处理"。也就是说前者可以等同于天然祖母绿出售和使用，并无须声明；后者则作为经过处理的天然宝石来使用，在出售时必须声明为"处理"，否则应被视为商业欺诈。这里我们应该告诉我们的读者，国标的这一规定其实并不恰当，因为即使浸无色油，时间一长，油难免干涸并留下一些可见的残迹，从而影响宝石的美观，因此，此类浸油的祖母绿尽管可视为"优化"，但在售价上显然不能与真正的天然祖母绿相比。

鉴别浸油处理祖母绿，一是注意其包装纸上有无油析出留下的油渍；二是观察这种宝石受热时有无"出汗"现象（油受热膨胀析出）；三是在显微镜下观察裂纹处有无橘色彩光，这是油产生的反射光互相干涉的结果。若为有色油，则可见绿色油呈丝网状沿裂纹分布。

应该指出，经浸油处理的宝石，初时在浸油的作用下，宝石中的裂纹会较难发现；但随着时间的推移，或因镶嵌时的烘烤，浸油逐渐干涸，裂纹会重新变得明显起来；有的甚至因浸油干涸时留下有色的残渣，而使裂纹变得比不浸油时还要清晰得多。

除浸油处理外，也见有用树脂类有机物代替油进行裂隙充填处理的。其效果与浸油相似，且不会"发汗"，不会干涸。但在显微镜下它也会出现彩色的干涉光；一些充填物较厚处，还可能见有树脂类有机物的流动痕迹或留有未充满的气泡，甚至有的充填区会呈云雾状，可资鉴别。

祖母绿还见有底衬处理，即在浅色绿柱石戒面底部衬上一层绿色的薄膜或绿色的锡箔，然后采用闷镶的方法把底部封死，使检测时不易被发现。但这种"祖母绿"一般没有或只有极弱的二色性（因原石本身色很浅，底衬的颜色不会在二色性上反映出来）。此外，它还会因贫铬而在分光光谱上表现出与真正祖母绿不同的特征。

祖母绿的人工合成品出现于1940年，是由查塔姆公司率先推出。早在1930年，15岁的小查塔姆（Chatham）就用助熔剂法制造出小于1mm×1mm的祖母绿小晶体。后来经过10年的努力，他终于制成了可用于磨制戒面的

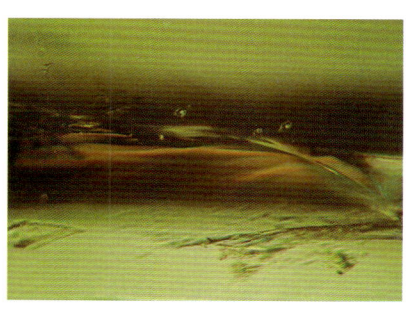

◆ 浸油处理的祖母绿。在显微镜60倍放大下会发现浸油的裂隙显示橘色彩光

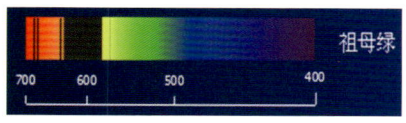

◆ 祖母绿的分光光谱。红区的几条黑线是其含铬的表现

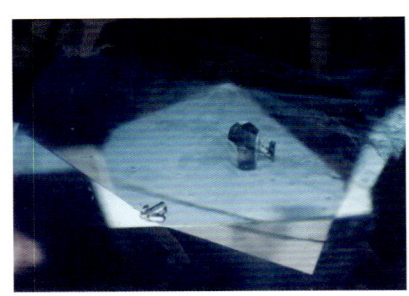

◇ 左：助熔剂法合成祖母绿中的硅铍石包体；右：来自坩埚容器的铂金片

大颗粒晶体。目前，采用此法生产合成祖母绿的还有法国的吉尔森公司、苏联的一些机构，以及我国北京地质科学院等机构。按现有的技术，已能生产出大于100克拉的大晶体。

1960年，人工合成祖母绿的技术又有了新的突破，出现了用水热法合成的更逼真于天然祖母绿的水热法合成祖母绿。目前，采用此法生产合成祖母绿有包括我国桂林宝石研究所在内的多家公司和机构。

不论是前者还是后者，合成祖母绿都有以下这几个特征：①内部相对洁净，一般没有矿物包体。②包含有种晶。③折射率、重折率，还有相对密度均比天然祖母绿偏低。④紫外荧光大多较强。⑤含有一些只在合成宝石中出现的包体，如来自坩埚容器的铂金片、钉状包裹体、长管状包体等。当然，这些特征是一般而言的，若具体到某一颗单独的祖母绿则情况可能会有所不同。实际上，合成祖母绿的鉴别还是有一定难度的，我们必须慎重对待。

合成祖母绿中还有一种被称为"莱切利特纳（Lechleitner）祖母绿"的品种。这种祖母绿是利用增生法来生产的。即用一颗浅色绿柱石戒面为核，然后用水热法在其表面生长一层合成祖母绿而成（在红宝石中我们也介绍过用类似方法生产的莱切利特纳合成红宝石）。这种宝石由于其主体是天然绿柱石，所以看上去会具有很多天然宝石的特征，但它的表面常可观察到许多纵横交错的裂纹，还常见有平行台面

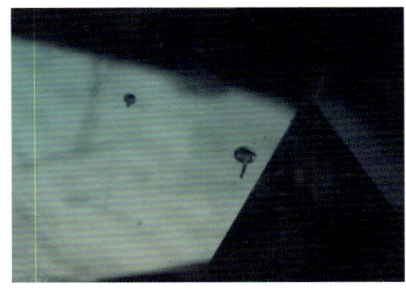

◇ 显微镜下（×80）桂林水热法合成祖母绿的特征

左：带硅铍石头部的"钉状"包裹体；右：平行"管状"的两相液体及气体包裹体

天然祖母绿与合成祖母绿的区别

品种	助熔剂法合成祖母绿	水热法合成祖母绿	天然祖母绿
相对密度	2.65～2.67	2.67～2.69	2.69～2.74
折射率	1.560～1.566	1.566～1.578	1.565～1.598
重折率	0.003～0.005	0.005～0.006	0.005～0.009
紫外荧光	强	强	中～弱
包体特征	种晶，硅铍石，铂片，弯曲的脉状裂隙，两相包体	种晶，硅铍石，细小的两相包体	云母，透闪石，阳起石，黄铁矿，方解石等矿物包体，及三相包体
含水情况	无	含Ⅰ型和Ⅱ型水	含Ⅰ型和Ⅱ型水

的色带可资鉴别。

（四）仿冒祖母绿一览

在珠宝市场上，除可见有优化处理的祖母绿和合成祖母绿外，还常见有多种仿祖母绿的廉价品，若不小心把它们当作祖母绿购入，损失就会很大。

在这些仿冒品中，最廉价的是那些用绿玻璃仿制的，甚至有的就是用绿色啤酒瓶玻璃磨制而成的。据说，去非洲旅游的游客就常常从小贩手中，购得这种用啤酒瓶玻璃仿制的祖母绿。还有一种被称为"祖母绿玻璃"的制品，则是用祖母绿的小碎块经高温熔融而得。但从性质看，后者与前者没有显著的差别，只是前者常会包有一些小气泡而更易识别。

祖母绿也见有用薄层石榴石作顶、用绿玻璃作底的假二层石。对于此类仿冒品，我们仍然可以凭借红圈效应来识别。此外，还有一种被称为"苏达（soude）祖母绿"的半真三层石。这种半真三层石是用浅色绿柱石作顶和底，中间夹了一层绿色的胶层。对于这种仿冒品，从侧面用放大镜仔细观察，常可发现绿色胶层的存在（若将其浸在水中，会更容易看到）。

祖母绿还见有用人造的绿色钇铝榴石和人工合成的绿色尖晶石来仿冒的。要识别这两种仿冒品是比较容易的，因为它们都是光学均质体，没有二色性，而天然祖母绿是有二色性的。

以石榴石作顶、绿玻璃为主体的仿祖母绿二层石

一些似祖母绿的绿色宝石

左：人造钇铝榴石；中：绿玉髓；右：绿色磷灰石

祖母绿的另一类仿冒品，是那些自然界产量较多、价格较低廉的天然绿色宝石。对于它们，我们也可以依赖一系列的性质特征的测定来予以鉴别。

祖母绿及其相似的绿色宝石的区别

宝石名称	化学式	晶系	折射率	重折率	二色性	硬度	相对密度
祖母绿	$Be_3Al_2(SiO_3)_6$	六方	1.565~1.598	0.005~0.009	明显	7.5~8	2.69~2.74
合成尖晶石	$MgAl_2O_4$	等轴	1.727	0	无	8	3.63
钇铝榴石	$Y_3Al_5O_{12}$	等轴	1.835	0	无	8~8.5	4.50~4.60
绿碧玺	Al, Mg, Fe的硼硅酸盐	三方	1.62~1.65	0.018	明显	7~7.5	3.01~3.11
翠榴石	$Ca_3Fe_2[SiO_4]_3$	等轴	1.89	0	无	6.5	3.85
铬透辉石	$CaMgSi_2O_6$	单斜	1.675~1.701	0.026	明显	5.5~6.0	3.29
翠绿锂辉石	$LiAlSi_2O_6$	单斜	1.666~1.676	0.014~0.016	明显	6.5~7.0	3.18
绿萤石	CaF_2	等轴	1.434	0	无	4	3.18
绿玉髓	以SiO_2为主	集合体	1.54	——	无	7	2.56
翡翠	$NaAlSi_2O$为主	集合体	1.66	——	无	6.5~7.0	3.33
绿色磷灰石	$Ca_5[PO4]_3(F, OH, Cl)$	六方	1.634~1.638	0.004	弱	5	3.18
普通绿玻璃	——	非晶质	1.470~1.700	——	无	5~6	2.30~4.50
祖母绿玻璃	$Be_3Al_2(SiO_3)_6$	非晶质	1.520	——	无	7	2.49

（五）祖母绿的收藏投资要点

①祖母绿是与钻石、红蓝宝石并列的四大名贵宝石之一。利之所趋就使祖母绿也和钻石一样，存在三个层次的防伪问题。即天然祖母绿与合成祖母绿的辨别问题；若是天然，又有是否经过优化处理的问题；三是其与廉价的仿冒品或代用品的鉴别问题。

合成祖母绿的鉴别具有相当的难度，对于大多数的普通爱好者来说恐怕都是无能为力的，所以，最好还是寻求专家或专业鉴定机构的帮助。

祖母绿的优化处理相对比较简单，不像钻石和红蓝宝石有着多种多样的优化处理方法，这使它们的鉴别问题也相对容易一些，只要用放大镜（最好是显微镜）耐心仔细地检查，常可发现其处理的蛛丝马迹。

至于祖母绿的那些廉价的仿冒品，要识别它们也不困难。若能使用二色镜，就足以让你辨别出大多数的仿冒品。

②按照我国已颁布的国家标准《珠宝玉石名称》中的规定，采用浸泡无色油的油处理祖母绿，被认定为是属于"优化"，销售时可按天然祖母绿出售，毋需声明。然而，事实上这种处理过的祖母绿并不稳定，油会因受热或时间的关系而干涸，致使本来被油掩盖的裂隙又重新暴露出来，有的甚至还会更加明显。出现这种情况，你千万不要尝试自己也用油来进行重新处理，否则会使情况变得更糟。要知道，用

于处理祖母绿的油是一种特制的折射率和祖母绿十分相近的油,而不是普通的食用油。鉴于油处理祖母绿的这一弊病,在你选购此类宝石时,一定要仔细考虑清楚。

③ 祖母绿是一种净度较差的宝石,瑕疵数量小于整个宝石体积 5% 的都被视为是 1 级品,所以你在选购此类宝石时,不要企图追求无瑕。相反,如果手中的祖母绿十分洁净,反而应该引起怀疑:它是否是真的天然祖母绿?

④ 祖母绿虽然硬度可以达到 7.5~8 级,但脆性也很大,极易受外力碰撞而碎裂。所以,收藏和保存祖母绿都应该十分谨慎小心,避免与其他物体相碰。祖母绿首饰脏了以后,也不要用超声波清洗机清洗,避免超声波的振动给宝石带来不利的影响,可用温水或稀释的洗洁精轻轻刷洗。

这个镶有 11 枚硕大祖母绿的王冠在 2011 年春苏富比日内瓦拍卖会上以 1 273.69 万美元售出

(六)祖母绿的供需市场

16 世纪以前,祖母绿主要来自埃及和欧洲,是一种深受各国王室青睐的珍稀宝石。16 世纪中叶哥伦比亚祖母绿的发现,才根本地改变了祖母绿的供应。迄今,哥伦比亚仍是世界祖母绿的主要供应地。20 世纪 70 年代末其产量曾占世界祖母绿产量的 90%。以后,由于巴西等地祖母绿的发现,使其所占比重有所降低。但目前其产量估计仍占世界的 35% 左右。又据联合国的资料,哥伦比亚祖母绿矿的可采面积为 80 万平方千米,而目前正在开采的仅为 800 平方千米。也就是说其潜在的祖母绿资源还非常庞大。哥伦比亚祖母绿不仅储量丰富,而且色泽优美,具纯净的绿色,因此

长在矿石上的祖母绿

哥伦比亚木佐矿山工人在废矿场中回收有用的矿石

被认为是世界上最好的祖母绿,缺点是瑕疵较多,很难找到纯净无瑕的。因此,大多要进行浸油处理,以掩盖其瑕疵。近年来更出现有用树脂、玻璃进行处理的,从而动摇了消费者的信心,致使其价格和销量均有所下降。

巴西是当代世界祖母绿供应的另一主要来源,其产量直追哥伦比亚,大有超越之势。只是巴西祖母绿的品质大多较差,色泽较淡且透明度不足,但颗粒却相对较大,所以常被磨制成重几克拉到十几克拉蛋面型戒面。其价格平均每克拉在 10～20 美元。不过,1988 年"新时代"祖母绿矿的发现,使巴西也能向世界提供优质的具有悦目浓绿色,且很少有瑕疵的祖母绿。由其切磨的宝石价格高达每克拉 3 000 美元。只可惜其产量有限,仅占巴西总产量的 5%～10%。

非洲南部,包括赞比亚、津巴布韦和南非,也是世界祖母绿的另一重要产区。它们与哥伦比亚和巴西成三足鼎立之势。其祖母绿的品质大致介于哥伦比亚和巴西之间,以津巴布韦所产的较好,具有靓丽的色彩,惜粒度较小。

马达加斯加,是 20 世纪末新发现的祖母绿产地。据说产有颜色胜似哥伦比亚祖母绿,而净度、透明度又极佳的优质祖母绿。但该矿为以色列人所垄断,外人甚至不清楚它的具体产地。所产的祖母绿经以色列加工以后,常以哥伦比亚祖母绿的名义出售。

除了上述产地外,祖母绿还来自印度、巴基斯坦和阿富汗,还有俄罗斯乌拉尔及其他一些零星产地。

在我国,迄今仅在云南文山发现有祖母绿资源。惜品质甚差,大多色泽很淡,呈浅绿色,极少数为浓绿色;透明度普遍不良,且多瑕疵,多裂纹,颗粒也不大,几乎没有可用于磨制刻面型宝石的。因此,多用于磨制弧面型宝石,冒充翡翠出售。

祖母绿的琢磨加工,主要集中在印度的贾普尔、伊朗的拉马特目、以色列、哥伦比亚以及泰国等地。

历史上,印度曾经是世界非常重要的祖母绿市场。在 17 世纪时,大量早期的哥伦比亚祖母绿经西班牙转运到这里。当时印度的贵族和中亚各地的王室贵胄都对祖母绿有着特别嗜好。我们前面谈到的伊朗王室藏有众多的祖母绿,应该多为这个时期从印度转辗流传过去的。后来,印度的没落和中亚各帝国的衰落,使祖母绿市场逐渐转向欧洲。近代,日本和美国成为祖母绿的最大消费市场。除此之外,我国香港、我国台湾、泰国、新加坡和印度尼西亚对祖母绿也有一定需求,其中香港已发展成为祖母绿在亚洲的主要集散中心,日本等地所需的祖母绿大多是经香港转口的。

祖母绿在我国市场上可以说是刚刚起步,大多数消

◇ 我国产的祖母绿

费者对祖母绿还不甚了解。目前仅北京、上海、深圳少数几个大城市有少量的祖母绿在销售。

（七）海蓝宝石

前文我们已经提及祖母绿是绿柱石类宝石的含铬变种，除其之外，在绿柱石类宝石中还有多个其他品种，其中以海蓝宝石最为著名。

海蓝宝石既然也是绿柱石的一种，因此其主要化学组成与祖母绿并无不同，仍为 $Be_3Al_2(SiO_3)_6$。不同的是它没有铬元素的混入，但会有微量的亚铁离子以类质同像的形式替代其晶格中的铝离子；此外，它也可能含有微量的钠、镁、钙和铁等。

早在中世纪时海蓝宝石已被人们所使用，当时人们认为，它能给佩戴者以先见之明和见识。还认为它具有压邪的魔力，使佩者战胜邪恶；若口含之，则能驱役魔鬼；还认为它能催眠、治眼疾。现代则将其定为三月诞生石，象征大海的沉着、无畏、和宽阔的胸怀；还能给佩戴者带来智慧，保佑他们能干和健康。

海蓝宝石的颜色主要来自所含的微量二价铁，由于也还会有其他的微量杂质元素，所以海蓝宝石虽然以海蓝色为主，但也会有不同程度的差别。常见的除海蓝色到天蓝色外，还包括带绿的蓝色和蓝绿色的品种，也有极浅的近于无色的浅蓝色（有人将其单独分出，称"水蓝宝石"）。市场上有许多海蓝宝石是经过热处理，以驱走其绿色成分，而使其具有更诱人的蓝色。另外，绿黄色或褐黄色的绿柱石在400℃～450℃环境下的热处理，也能获得蓝色。这种热处理获得的颜色均稳定而不易检测。此外，也见有用树脂等材料进行充填的，其鉴定特征与其他充填处理品相似。在绿柱石的各种变种中，海蓝宝石的折射率一般偏低，No=1.573～1.580，Ne=1.568～1.575，重折率0.005～0.009。二色性显著：呈无色～淡蓝或深蓝。在紫外长波照射下不发荧光。常具不很好的猫眼效应。相对密度略小于祖母绿，约2.72（+0.18，-0.05，多为2.68～2.71）。吸收光谱可见537，456nm的弱吸收，和427nm的强吸收。

海蓝宝石主要产于花岗伟晶岩中，并与水晶等伟晶矿物共生。因此常可见有粗大的晶体。1920年在巴西曾找到一个重243磅（约110千克）的晶体，它长近50厘米，直

◆ 两种颜色稍有差异的海蓝宝石晶体

海蓝宝石中的长管状包体

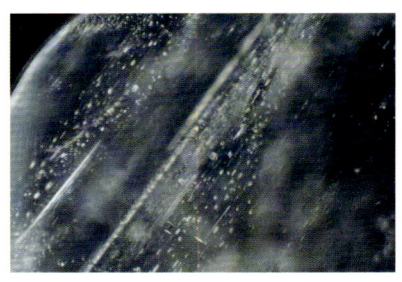
海蓝宝石中的雨点状包体

径40厘米,外部绿色,内部蓝色,从长方向上也可透视底部的物体。我国新疆曾发现一个重达60吨的大晶体(现存于北京地质博物馆)。海蓝宝石也产于气化热液的云英岩矿床里。

海蓝宝石常见的包裹体:主要有平行C轴排列的空的或充满液体的长直小管(这是它常具猫眼效应的主因);此外,也时见呈断断续续的"雨点"状包体;以及电气石等矿物包体;偶见有肉眼可见的水胆。

巴西是海蓝宝石最著名的产地,它几乎占有世界70%的海蓝宝石资源。此外,海蓝宝石也产于马达加斯加、美国、俄罗斯、印度、我国新疆以及其他一些地方。

评价其优劣,主要也着眼于它的颜色,以色纯正、蓝色浓郁为佳。其次,净度也很重要,要求透明、清澈。大小一般要在5克拉以上,才能展现深浓的颜色。

品种按颜色深浅分:海蓝、天蓝、水蓝以及海蓝宝石猫眼石(大多体色偏浅,猫眼效果不佳)。

海蓝宝石已知有用水热法制成的合成品,如泰罗斯合成海蓝宝石,呈浅蓝色,折射率1.582～1.590,弱二色性(蓝—浅蓝色),相对密度2.70,紫外惰性,滤色镜下弱绿色或惰性,无吸收谱,可见反映水热法生长的锯齿状生长纹,以及两相包体和针状包体。X荧光分析表明除主成分外,含微量铁和钙。

与祖母绿相比,在市场上海蓝宝石具有低得多的售价。根据品质的差异,在当今的市场上,其克拉单价大致在几十到百多美元之间。

在市场上较易与海蓝宝石相混淆的是蓝色托帕石。它们具有比较相近的颜色,

海蓝宝石猫眼

托帕石(左)和海蓝宝石(右)的颜色

致使无经验者常会错认。其实海蓝宝石的蓝色更像天蓝、湖蓝,并稍带朦胧感,还时带有绿色调或黄色调。而托帕石的蓝色一般较深,且通常比较清澈透明。当然,若能依赖仪器的测定就能更有效地区别它们。托帕石的折射率(1.61～1.62)和相对密度(3.53)都高于海蓝宝石。

此外,市场上也见有用稀土玻璃或普通玻璃仿制的海蓝宝石赝品。由于玻璃是非晶质,利用二色镜就可以很容易地鉴别它们。

(八)其他绿柱石宝石

铯绿柱石,又称摩根氏石,是一种含 Cs_2O 可达 3%,常具有粉红、淡紫红、淡橙红等带红色基调的颜色(关于红色的成因,新的研究认为系其还含有更微量的锰的缘故)。在绿柱石的各变种中,以具有较高的折射率和重折率为特征。No = 1.578～1.600,Ne = 1.572～1.592;重折率 0.006～0.009(常见者 No = 1.594,Ne = 1.585)。二色性显著:浅粉—带蓝的浅红。

铯绿柱石

相对密度一般也较大,可达 2.80～2.90。在紫外光下可有弱的亮红色荧光。热处理可去除黄色调,显现在 400℃下稳定的较纯的粉红色,且不易检测。铯绿柱石也主要产于伟晶岩中。巴西的米纳斯吉拉斯产有各种颜色的绿柱石,包括铯绿柱石。美国加利福尼亚也是铯绿柱石的著名产地。在大英自然历史博物馆中存有一颗该地产的重达 9 磅(约9.1 千克)的大晶体。此外,还有马达加斯加、俄罗斯等地也有产出。已知铯绿柱石也有人工合成制品。

两个颜色稍有差异的铯绿柱石晶体(左与水晶共生;右与云母、方解石共生)

红绿柱石,又称柏比氏石,是一种深玫瑰红到近红宝石红色的绿柱石,但不含铯而含锰。在绿柱石矿物的化学式中虽不含水,但大多含有 0.3%～2.7% 的水,而红绿柱石则不含水。它具有较低的折射率 1.570～1.576。已知产于美国犹他州的托马斯山地和新墨西哥州的流纹岩中。原石晶体不大,故其琢型宝石也较小,一般只有 1～2 克拉。注意，红绿柱石不等于红色绿柱石。后者是泛称，包括了铯绿柱石等红色的绿柱石。

金色绿柱石，是一种具黄至褐色的绿柱石。黄色可能与含少量氧化铁（Fe_2O_3）有关。折射率 No = 1.575，Ne = 1.570；重折率 0.005。其光性易与黄水晶混淆。但水晶是一轴正晶，它是负晶。其显著的二色性：弱的带绿的黄色—黄色；或弱的带褐的黄色—带绿的黄色。紫外光下无荧光。金色绿柱石主要是伟晶岩矿物，马达加斯加、巴西、俄罗斯等地均有产出。美国华盛顿史密森博物馆存有马达加斯加产的重 133.5 克拉的金绿柱石和一颗重 43.5 克拉的金黄色猫眼绿柱石。一些苍白的海蓝宝石和无色绿柱石在电子束下辐射一小时，可获得金色绿柱石，但所获颜色的深浅因石而异。新获得的颜色在光照下，几分钟后会稍微褪色，但不继续褪尽，除非加热。金色绿柱石也有人称之为"金绿宝石"，显然欠妥，这易与真金绿宝石混为一谈。

生长在矿石中的红绿柱石晶体

金色绿柱石的晶体及其琢型宝石

变色绿柱石：也有人称为"绿柱石变石"，这显然不恰当。它主要来自非洲纳米比亚的罗欣（Rossing）铀矿区，是一种含微量铀的绿柱石变种。其变色效应为：在阳光下呈黄色（故也有人将其列入金绿柱石），灯光下呈蓝绿色。用其做成的宝石因含微量铀，故在使用前应注意检查其放射性强度有无危害性。

暗褐色绿柱石：一种具黄褐色到黑色的绿柱石，常有较差的星光效应，此时即称"星彩绿柱石"。也有的不具星光而具古铜闪光，这是钛铁矿的薄片状包体平行底面排列并对入射光产生反射的结果。还有同时兼具星光与古铜闪光的品种。

星彩绿柱石，具有星光效应的黄褐到黑色的绿柱石。但其星光效应通常较差，有些类似黑星蓝宝石。1950 年首次发现于巴西的米纳斯吉拉斯。该地所产者，其星光的产生与钛铁矿包体的规则排列有关。美国洛杉矶自然历史博物馆藏有一颗重 11.19 克拉的星彩绿柱石。

透绿柱石，是一种无色透明的绿柱石。最初发现于美国马萨诸塞州。很少直接用作宝石，一般均采用各种辐射法进行着色处理。如有的经伽马照射后可获得深蓝色（加热和光照会使它褪色）。

马克西绿柱石，是一种更近似于蓝宝石、具有甚深蓝色到钴蓝色的绿柱石。1971年发现于巴西米纳斯吉拉斯。但天然的马克西绿柱石暴露于光和热中会迅速褪色。所以现市场供应多是巴西产的某些粉色绿柱石，经伽马射线或短波紫外线处理后的人工改色产物。马克西绿柱石与海蓝宝石的区别不仅在于颜色浓烈，而且二色性也不同，海蓝宝石的蓝色位于No方向，而马克西型正好相反，为Ne方向。

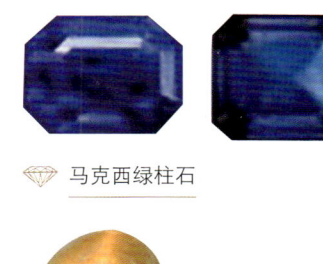
马克西绿柱石

马克西蓝绿柱石，是一种原为无色到粉红色的锂铯绿柱石，经人工辐射处理以后转变而成的具有很吸引人的钴蓝或蓝宝石蓝色的绿柱石。具强二色性：No方向为蓝色，Ne方向无色或淡粉红色（这与马克西绿柱石明显不同）。但颜色不稳定，在强光下会迅速在几天内褪色。由于在巴西马克西矿区有天然产的这种蓝色且易褪色的绿柱石，故名。

黄色绿柱石猫眼

黄色绿柱石猫眼，是一种来自巴西Padre Paraiso地区伟晶岩的绿柱石，半透明到微透明，可磨制弧面型的猫眼宝石，一般为5～20克拉。其中约60%是在线性加速器的辐射下获得黄色的。

锂绿柱石，一种含锂的绿柱石，通常呈白色或乳白色，也有具微玫瑰黄色（因同时含铯），折射率常稍偏高，No = 1.581～1.587，Ne = 1.575～1.581。

合成绿柱石，已知有采用水热法、化学气相沉淀法和助溶剂法生产的合成绿柱石，但以水热法为主。如泰罗斯公司产有仿帕拉依巴碧玺的绿柱石及合成海蓝宝石外，还生产有紫粉色和橙红色绿柱石。

其中泰罗斯合成的紫粉色绿柱石，呈紫粉色，折射率1.585～1.592，强二色性（橙粉色—紫粉色），相对密度2.70，紫外惰性，滤色镜下惰性，分光镜下有550～600nm和460～490nm的强吸收带，可见反映水热法生长的锯齿状和波状生长纹。X荧光分析表明除主成分外，还含有微量的钙、钛、锰、铁和镍。

泰罗斯合成的橙红色绿柱石，呈橙红色，折射率1.583～1.591，强二色性（橙红色—紫红色），相对密度2.69，紫外惰性，滤色镜下惰性，分光镜下有550～600nm和460～490nm的强吸收带，无吸收谱，可见反映水热法生长的锯齿状生长纹及犬牙状图案。X荧光分析表明除主成分外，还含有微量的铬、锰和铁。

最后，需要指出：绿柱石由于其化学组成和晶体结构的原因，可有多种类质同象现象，这是导致它拥有多个不同颜色品种的原因。在自然界，除了最常见的浅蓝绿色或黄绿色的、透明度不好、无宝石学价值的普通绿柱石外，以海蓝宝石最为常见，是许多伟晶岩矿区普遍可见的矿物之一。正由于海蓝宝石产量相对较多，所以其市场售价在各种绿柱石类宝石中也相对较低。至于其他一些绿柱石类宝石，则大多相对罕见，尤其是那些色泽艳丽的红绿柱石、金色绿柱石和色浓的摩根氏石等，常常成为宝石爱好者们追逐的珍品。

五、金绿宝石

说起金绿宝石，许多人可能会觉得陌生，但若提起猫眼石或猫儿眼，则很少会有人不知道。是的，在我国古代曾有不少关于猫眼石的传闻和记述。例如，传说唐明皇就曾拥有一颗美丽的猫眼石，并可以根据猫眼的开合变化，来推算一天的时辰。当然，这是一种误解。事实上猫眼的开合变化只与光线的方向有关，而与时辰无关。它并不真的与猫的眼睛一样，因时间而改变。

金绿宝石晶簇

其实，猫眼石还只是金绿宝石的一个品种，它还有另一个著名的品种——会改变颜色的变石；以及既没有猫眼效应，也不会变色的普通金绿宝石。

（一）金绿宝石的特性

金绿宝石是一种铍铝氧化物，化学式为 $BeAl_2O_4$，并常有铬、铁、钛等微量元素的混入。晶体结构属于斜方晶系，常形成为厚板状或短柱状的晶体。有趣的是，它还常形成由三个晶体穿插在一起的所谓"车轮式"的穿插双晶，以及两个晶体并生的楔形双晶。有的晶面上可见有相互平行的晶面条纹。

金绿宝石常呈黄~黄绿色，也有呈灰绿、褐~褐黄、棕、紫褐、紫红、橙黄等色。在成因上，金绿宝石与绿柱石关系密切，均大多产在伟晶岩里，互相伴生，因此，常被误认为是金色绿柱石，故有金绿宝石之名。其实，金绿宝石在许多性质上优于绿柱石。如它的折射率比绿柱石大，为 1.746~1.755，因此它比绿柱石具有更强的光泽；它的硬度也比绿柱石大，可达摩氏 8~9 级；相对密度也较大，约 3.73±0.02。它虽有三个方向的解理，但不发育，属于不完全解理，加上金绿宝石在自然界的产量比绿柱石少得多，所以，它完全够得上珍贵宝石的资格。不足的是，它缺乏色彩艳丽的

金绿宝石的轮式双晶

品种，所以，除了具有特殊光学效应的猫眼石和变石外，普通的金绿宝石并没有被列入珍贵宝石之列，知名度也相对较低。人们常常把它等同于金色绿柱石来处理。

（二）会变色的变石

变石是金绿宝石中最名贵的品种，之所以称其为变石，是因为它在不同的光源条件下会改变颜色。有人形容说它是"白天里的祖母绿，黑夜中的红宝石"。然而，事实上最好的变石，它的颜色也无法达到祖母绿的绿色和红宝石的红色。在它的颜色中总是带有或多或少的褐色调，而使色彩的艳度降低。尽管这样，由于它特殊的变色效应，仍使人们对它格外青睐；尤其是在俄罗斯，人们对它更是有着特殊的偏爱。

说起俄罗斯人对变石的偏爱，还有着一段历史典故。据说，变石最初发现于1830年，在俄罗斯的乌拉尔山区。这年又恰逢帝俄沙皇亚历山大二世的生日，故人们就将它命名为亚历山大石（变石的英文名称即为 Alexandrite，中译为亚历山大）。再者，变石的红、绿两种变色，又恰好与俄国皇家卫队的代表色吻合。所以，在这一历史文化渊源的影响下，俄罗斯人就对变石格外宠爱。

变石为什么会有这种奇异的变色效应？其实，说起来道理也很简单。人们大多有这样的经验：灯下不观色。因为灯光的颜色会影响我们对物体颜色的判断。变石的变色实际上就是灯光影响的结果。再深入地讲，物体的颜色取决于它能透射或反射光波的颜色。一种物体由于其物质成分和内部结构方面的原因，对入射光的各个波段会产生不同程度的吸收。如果它能吸收有色光中的黄、绿、青、蓝、紫光，而让红光透射或反射出来，那么我们看到的这个物体就是红色的；如果它能吸收其他色光，而不吸收绿光，那么我们看到的物体就是绿色的。我们还知道，不同的物体对色光的吸收能力也不同。例如，在很强的绿色光下，即使本来会吸收绿色光呈现其他颜色的物体，也会因为此时绿色光太强，无法全部吸收掉，而把多余的绿色光透射或反射出来，并呈现为绿色。变石的变色原理就与这种现象有关。由于变石对色光的吸收，介于红宝石和祖母绿之间，它能透射或反射的色光波段正好位于红光和蓝绿光的波谱范围内，而且两者的透射或反射能力相近，因此，它的颜色在一定程度上便取决于入射光中各色光的能量分布。在白天，变石处于日光下，由于日光中以短波光占优势，就使变石透射或反射出较多的绿色光，从而呈现了绿色；夜晚，在灯光下，因灯光较富波长较长的红光，所以，变石便透射或反射出红色光，而呈现为红色。

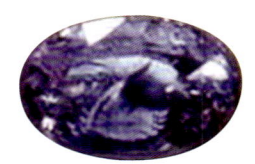

◆ 不同光源下看到的变石的两种颜色，日光下为绿色，灯光下呈红色

◆ 孔雀蓝变石

左：灯光下；右：日光下

◆ 我国境内发现的一种会变色的翠榴石,日光下暗绿色,灯光下橙红色(据余平)

据研究,变石之所以具有这种变色效应,是由于在此类金绿宝石的物质组成中有微量的铬替代了组分中的铝。其实,具有类似变色效应的宝石并不只有变石一种,已知某些蓝宝石、尖晶石、石榴石,甚至钻石都发现有会变色的品种,只不过它们大多没有变石那么显著而已,而导致它们也具有变色效应的原因,则大同小异。

此外,已知除了这种红绿变色的变石外,在巴西,人们新近还发现一种蓝色变石,称为"孔雀蓝变石"。它在日光下呈蓝或绿蓝色;灯光下红紫色。据研究其蓝色是微量 Fe^{3+} 和 Cr^{3+} 共同替代铝的结果。

评价变石的优劣,首先着眼于它变色效应的好坏,是否显著、强烈。其次,看它的颜色是否艳丽纯正,日光下颜色愈接近祖母绿愈好,灯光下则愈接近红宝石愈好。第三,要考察它的净度,由于变石的形成条件,使它几乎都有或多或少的包体,即瑕疵,因此,那些相对洁净、少瑕疵的就显得十分难得。第四,在加工工艺上,变石大多被加工呈标准圆钻型或祖母绿型,由于变石具有明显的多色性,若方向选择不对就会干扰变色效应,所以,磨制时必须正确定向,使其台面能正确显示出绿色和红色的变色效应。

在粒度上,大多数变石颗粒偏小,其琢型宝石一般以 0.3~0.4 克拉为主,晶体很少有超过 5 克拉以上的。但俄罗斯圣彼得堡费尔斯曼博物馆存有乌拉尔产的变石晶簇,单个晶体有 6 厘米 ×3 厘米大,整块晶簇为 25 厘米 ×15 厘米。美国华盛顿史密森博物馆存有三颗斯里兰卡产的变石宝石,分别重 65.7 克拉、16.7 克拉和 11 克拉;英国伦敦大英自然历史博物馆也存有两颗来自斯里兰卡的变石,分别重 43 克拉和 27.5 克拉。

俄罗斯是世界上最优质变石的主要产地,可惜历经多年开采,矿源已经枯竭,市场上很少能看到。当今市场上的变石主要来自斯里兰卡,但颜色较差,白天多呈黄绿至褐绿色,灯下则呈褐红色。除此之外,还有少量来自巴西、坦桑尼亚和津巴布韦等地。其中巴西产的质量较差,变色一般不强。

天然变石产出的稀少和昂贵的价格,促使其合成品的研制不断。已知合成变石有三种方法,其中最常见的是采用晶体提拉法生产的。这种合成变石由于具有弧形生长纹而较易鉴别。但另两种方法生产的合成变石,即助熔剂法和区域熔炼法生产的合成变石,则十分难以鉴别,不仅对于普通爱好者来说是无法识别的,就是专家们若仅利用普通的检测仪器也往往难以识别之。较可靠的方法是利用大型的红外光谱仪,它可以根据有无水的谱线存在来区别之。合成变石是在高温熔融状态下制成的,不含水,

◆ 这颗变石的变色效应可称很好

而天然的则或多或少含些水。

变石还见有一些廉价的仿制品。一种是用含钕的变色玻璃制成，它会呈现出粉红和浅蓝色的变色。还有一种是假三层石。它用无色水晶制成冠部和亭部，中间则夹一层会变色的滤光胶片。另外，还见有用合成变色蓝宝石和合成变色尖晶石来冒充的。前者在日光下呈灰绿－淡蓝灰色，灯下呈紫红－似紫晶紫色；后者的变色效应与变石正好相反，日光下呈红色，灯下为黄绿色。应该说，要鉴别这些仿冒品均不困难，只要细心，不仅它们的主要物性与变石有异，就是变色的特征也与变石不同。

（三）神奇的猫眼石

猫眼石，是金绿宝石另一著名的品种。

猫眼石在斯里兰卡也具有特殊的地位。传说，早年在斯里兰卡的白胡山中住有一人，生活贫苦，但养有一猫。尽管生活艰难，他还是十分珍爱这只小猫，自己有什么吃的，也总要分给小猫一点。不幸的是，有一天小猫死了，悲哀的主人只好将它埋葬。忽一日，主人梦见小猫来见并说："我已经复活，可掘而视之。"主人依言掘开猫坟，却不见有猫，但见有两只猫眼。当他拿起一只猫眼时，忽然来了一只像狮子一般的猫，驮着他腾空成仙而去。那留下的另一粒猫眼，后来便演化成为众多的猫眼宝石。所以，人们也把猫眼石称为"狮负"，认为其具有保护健康、免于贫困、带来好运的能力，甚至相信它能使人洞察妖魔、明辨是非。

我们已经谈到，产生猫眼效应的原因是由于宝石内部包含有密集的平行排列的纤维状或长管状包体的缘故；此外，那些由纤维状矿物平行排列形成的集合体，也会产生同样的效应。所以，自然界能产生猫眼效应的宝石矿物不下二三十种。如红宝石猫眼、海蓝宝石猫眼，还有透辉石猫眼、石英猫眼、磷灰石猫眼等。

在这些形形色色的猫眼中，以金绿宝石猫眼的效果最佳、最美。这是由于在金绿宝石的晶体内部，包含有大量的细小的密集平行排列的丝状金红石包体，更由于金绿宝石本身与金红石包体的折射率差别较大，致使入射到宝石内部的光线产生较强的内反射光。当我们把宝石切磨成弧面型时，内反射光便聚焦成一条光带，产生猫眼效应。鉴于金绿宝石所具有的最佳猫眼效果，珠宝界已达成这样的共识，如果只提"猫眼石"这三个字，那么它应该只指金绿宝石猫眼；若是其他种类宝石的猫眼石，则必须在"猫眼石"一词前面冠上该宝石的名称，如海蓝宝石猫眼、碧玺猫眼等。

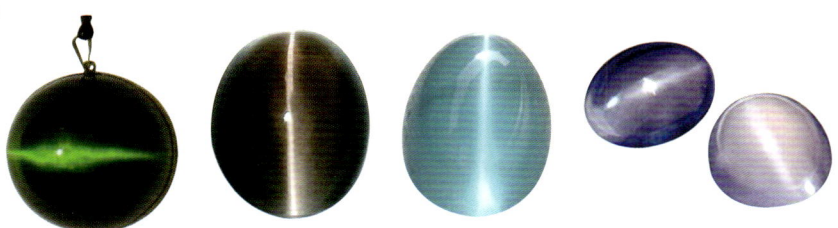

◆ 不同矿物属种的猫眼石（自左至右：辉石猫眼、矽线石猫眼、磷灰石猫眼、堇青石猫眼）

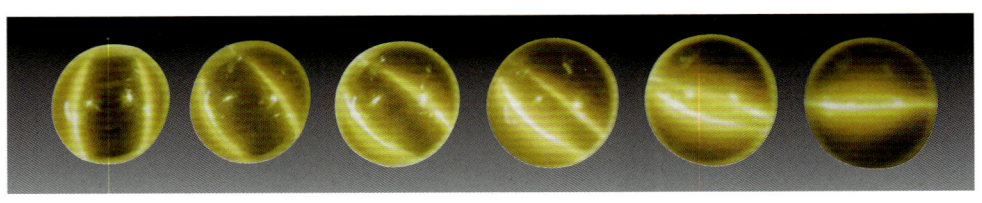

◆ 猫眼石眼线因入射光角度的变化而出现的开合变化

评价猫眼石的优劣，一般可从以下四方面着手：

①猫眼石中的眼线（即光带）必须极其清晰且锐利。即在自然光线下，眼线应是狭窄和清晰的；在聚光灯下，眼线应变得极亮且强烈，有锐利的感觉；另外，眼线应位于宝石的中央，从这一端点笔直地到达另一端点。

②优质猫眼石应该会随着入射光方位的改变，眼线也出现开合的变化，恍如猫的眼睛因光线强弱变化而开合变化一样；而且当眼线"开"时应是2～3条线，"闭"时则为1条线。

③优质猫眼石应是干净且呈半透明状的。当入射光不是垂直于猫眼照射时，朝向入射光的一侧应为蜜黄色，而背光的一侧则呈乳白色。

④优质猫眼石的体色以葵花黄为最佳，也可以是苹果绿（黄绿）、蜜黄或深绿。若颜色灰暗，价值就会大受影响。

已知猫眼石以斯里兰卡所产的为最佳。因此，斯里兰卡猫眼石已成为金绿宝石猫眼石的代用词。事实上，世界上许多优质的猫眼石也都来自斯里兰卡。如镶在伊朗王冠上的一颗黄绿色猫眼，重147.7克拉。美国华盛顿史密森博物馆藏有三颗猫眼石，最大的一颗呈灰绿色，重171克拉。1993年，在斯里兰卡又发现一颗堪称"猫眼石之王"的大猫眼，重达2 375克拉，据说该宝石已被我国某公司所收购。

据介绍，在斯里兰卡，人们把猫眼石划分为5个等级：

一级：质地莹润，可含少量杂质，但无裂纹，半透明至亚透明，颜色为葵花黄、苹果绿、蜜黄、深绿。在自然光线下眼线集中、细、锐利而强烈。水平移动时，眼线开合自如，有2～3条线。

二级：眼线在自然光线下可以不很清晰，但在强阳光下应清晰明亮，移动时不必有2～3条线的开合。其他条件均符合一级品的品质。

三级：猫眼石裂纹较多，但眼线清晰度及色泽的条件和二级相同。

四级：眼线较散，在聚光灯下亦少见清晰明亮的眼线；且宝石质地不均匀，颜色灰暗。

◆ 优质猫眼石在斜照明下，一半呈蜜黄色，一半呈灰黑色

五级：几乎不见眼线，且杂质裂纹很多。

猫眼石迄今还没有发现有人工合成品。它也很少有优化处理品。但近期据报道，在香港和泰国市场上曾发现有一些

◆ 玻璃仿猫眼石

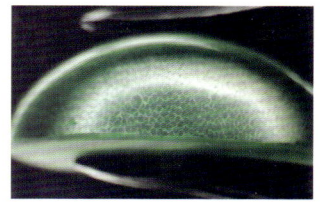

◆ 玻璃仿猫眼石的蜂窝状结构

优质猫眼石具有放射性。这应该是经辐射处理的结果，但其具体方法尚未公开。

猫眼石虽然没有人工合成品，但却有一种用玻璃纤维仿制的仿猫眼石。它还可以制成各种不同的颜色，以及制成直径20厘米左右的仿猫眼球；还有的还会特意把猫眼线制成"S"形，或闪电形。不管是哪一种，在大多数情况下，使用10倍放大镜从垂直眼线的侧面进行观察，都能看到具有蜂窝般的结构构，这实际便是一根根玻璃纤维的集合束的横截面。而正常的猫眼石是绝不会出现这种情况的。故据此足以识别之。

另外，我们已经谈到，自然界具有猫眼效应的宝石不下二三十种，不了解的人也可能把它们当作真猫眼。其实这些猫眼石，由于宝石品种与真猫眼石（即金绿宝石猫眼）完全不同，不难从物理性质上，如折射率、相对密度、硬度上区别之。

（四）珍贵的变石猫眼

猫眼石与变石同属金绿宝石，因此，在一些特殊条件下，两者有可能同时表现在同一宝石上。遗憾的是，在大多数情况下，最好的猫眼效应的正确定向与最好的变色效应的正确定向，是互相冲突的。即当猫眼清晰时，变色却不明显，而变色强烈时，眼线却变宽、变模糊。不过，在极个别情况下，也可看到有两者统一的时候。当然，这样的宝石，其价格也会倍增，成为收藏家们争夺的珍品。

据报道，1983年以来，美国宝石学院（GIA）共检测到变石猫眼7颗，其特征如下：1983年一颗，重4.02克拉，具极高的透明度和独特的红色～蓝绿色的变色效应。同年，另一颗来自斯里兰卡，重32.69克拉，直径17mm，变色效应不如前者。1987年，检测到许多来自巴西米纳斯吉拉斯的刻面型变石。它们与俄罗斯优质变石相似，荧光灯下为绿～绿蓝色，白炽灯下为红紫色；其中有4颗具猫眼效应，但针状包体太粗，猫眼效应不佳，且均小于1克拉。1987年又测到另一颗，重16.02克拉的变石猫眼，呈橄榄形的弧面型，亚透明，具非常清晰的眼线和清楚的变色效应，荧光灯下呈暗蓝绿色，白炽灯下为暗红色。

 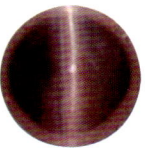

◆ 变石猫眼
左：日光下；右：灯光下

（五）金绿宝石的收藏投资要点

收藏投资金绿宝石应注意哪些问题呢？

①首先你应该知道，金绿宝石共包含有三个主要品种，即普通金绿宝石、变石

◆ 普通金绿宝石

和猫眼石。

②普通金绿宝石是金绿宝石中知名度最低的品种。由于它色泽一般，缺乏令人爱不释手的艳丽色彩，加上知名度低，所以，它一向只具有中档宝石的价值。但有些人指出，金绿宝石的其他一些性质，如折射率、硬度等足以与贵重宝石媲美，加上它在自然界产出稀少，因此，随着人们对它认知程度的提高，它应该会具有较大的升值潜力。

③变石是金绿宝石中价值最高的品种。选购变石，首要的是看它的变色效应是否明显；其次看它的美丽程度，是否红得接近红宝石，绿得近似祖母绿。还有，变石的大小对价值的评估也很重要。变石的琢型宝石大多较小，尤其是优质的变石，更是很少能超过1克拉，因此，大颗粒变石的价格自然会成倍增长。

④变石虽然没有发现有人工优化处理的制品，但却有难以辨识的人工合成品，所以购买变石必须多留个心眼。另外，变石还有好几种廉价的仿冒品，识别它们的一个最重要标志是它们的变色特征与变石不同，不是白天绿色，晚上红色。

⑤猫眼石从价值角度讲，比变石要低一截，但优质猫眼石的价格仍可达每克拉几千美元，故仍应属于珍贵宝石之列。评价猫眼石的优劣，关键在于眼线是否清晰、尖锐、开合自如，其次才是它的体色。

⑥猫眼石迄今没有人工合成品，虽然自然界有多种也能产生猫眼现象的宝石，但眼线的清晰度和开合变化大多与金绿宝石猫眼无法相比，自然在价格上与金绿宝石猫眼也有着悬殊的差别。

⑦值得注意的是，在市场上曾经发现经人工处理的猫眼石具有放射性。对于这种处理品，不仅我们不需要用天然品的价格去购买，更要警惕它的放射性有可能对人体带来伤害。遗憾的是，对于这种产品我们还不清楚它有哪些鉴别特征，所以，为了保险起见，你若购买猫眼石最好请检测部门测一测它有无放射性。

⑧金绿宝石（包括变石和猫眼石）具有稳定的化学性质，且硬度也较大，所以，一般它不易受到损坏。只要不让它受到剧烈的碰撞或硬物（特别是比它硬的刚玉类宝石和钻石）的摩擦，就无大碍。收藏时可单独用软布包裹，妥善安置即可。如果金绿宝石首饰脏了，则可用稀释了的洗洁精轻轻刷洗。

（六）金绿宝石的供需概况

金绿宝石的产量从古至今均相对较少，而且不稳定。其中尤其是普通金绿宝石，在珠宝业界的知名度也较低，所以，

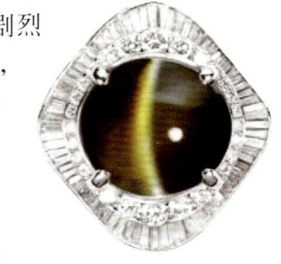

◆ 猫眼石饰品

在市场上很少能看到它的身影。这里我们也就略而不谈。下面我们主要概略地介绍一下变石和猫眼石的情况。

变石，在贵重宝石中是发现较晚的一种宝石。1830年才首先发现于俄国的乌拉尔。一百多年来，这里一直是世界最优质变石的产地，所产变石以变色明显，色泽较好而著称。惜其产量有限，经早期开采以后，近代已几乎不再有新的矿源供应。近年市场上供应的变石主要来自斯里兰卡和巴西。这两地产的变石，在变色效应和色泽方面都不如俄罗斯所产，但颗粒相对较大。另外，20世纪90年代中期，人们在印度东部发现了新的变石矿床，据说该地产的变石也具有很强的变色效应，惜也是颗粒较小。除此之外，缅甸、马达加斯加等地也偶有少量变石供应。

变石消费的最大市场是在俄国，在这里，变石被视为尊贵和权力的象征。除此之外，美国、日本和欧洲市场对变石也有一定需求。目前在国际市场上，一颗变色明显、无裂或极微裂、切工好、重2～3克拉的优质变石，其售价大约在每克拉5 000～7 000美元左右；质量稍差的，每克拉2 000～3 000美元；同等级1～2克拉的，每克拉1 000～2 500美元。有微裂、切工较差者，每克拉300～800美元。2007年，1～2克拉的商用级的克拉单价在200美元以上；特优者可达5 000～7 500美元。

猫眼石最著名的产地是斯里兰卡。这里产的猫眼石不仅色泽较好，眼线尖锐，而且颗粒也较大。世界上已知的一些大颗粒（100克拉以上的）猫眼石均来自这里。但由于在当地，猫眼石并不是作为一种矿种单独开采，而是在开采蓝宝石、尖晶石等宝石砂矿时的一种副产品，所以其产量甚不稳定。猫眼石的另一重要产地是巴西。巴西的猫眼石，颗粒相对较小，颜色以黄色为主，品质也较好。此外，猫眼石还来自缅甸、印度和非洲的一些地区。

猫眼石的消费市场以东方为主，尤以日本为最，其他如印度、印度尼西亚、我国台湾、新加坡等地也有一定市场。猫眼石的市场价格，通常以斯里兰卡产的价格最高；巴西、印度产的稍次；非洲产的最低，常只有斯里兰卡产的价格的1/3。在斯里兰卡，3～5克拉的猫眼石，品质较好的每克拉约1 500美元；中等质量的每克拉500～1 000美元；品质较差的，每克拉200～500美元。

◆ 变石戒面

◆ 这枚猫眼石镶钻戒指2010年春在香港苏富比拍卖会上以11万港元成交

六、碧玺

碧玺,在我国古代因谐音"避邪"故深受人们喜爱。清代用作朝珠、顶戴。慈禧墓葬中有一用碧玺制作的莲花,重36两8钱(合5 750ct.),价值75万两白银。若以当今白银每克4.2元计价,则合人民币1 181万元。

今天碧玺被认定为十月诞生石,象征安乐、和平,会给女性带来妩媚,给男性带来力量。

(一) 碧玺概述

碧玺在矿物学中称为"电气石",这是因为碧玺在受热的情况下会带有一定的电性,能吸附毛发、灰尘,因此也被人们称为"吸灰石"。"碧玺"一名的来历尚待进一步考证,已知在我国古代,它还被称为"碧硒"、"碧霞玺"和"碧洗"等,均以音似。

碧玺从矿物学的角度而言,它不是一种独立的矿物种,而是一族晶体结构相同的含硼和附加阴离子(F,OH)的成分复杂的铝硅酸盐矿物。其化学式的通式:$XR_3Al_6B_3Si_6O_{27}(OH,F)_4$,其中 $X = Na, Ca, K$;$R = Mg, Fe^{2+}, Fe^{3+}, Li,$

用各色碧玺串成的手链

长在矿石上的碧玺晶体

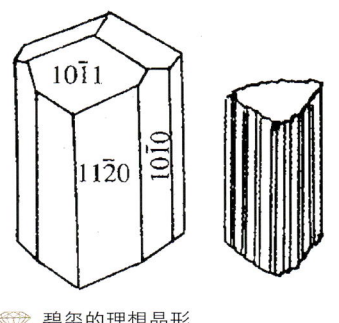

碧玺的理想晶形

Al, Mn；Al = Al, Cr, V, Ti；阴离子 = OH, F, Cl。如常见的锂电气石；$Na(Li, Al)_3Al_6B_3Si_6O_{27}(OH, F)_4$；钙电气石；$Ca(Al, Li)_3Al_6B_3Si_6O_{27}(OH, F)_4$；铁锰电气石；$Na(Fe, Mn)_3Al_6B_3Si_6O_{27}(OH, F)_4$。不过，在宝石学中，人们一般都不对其进行这样的矿物学分类，而是根据其颜色、产地或其他宝石学特征来作品类的划分。

碧玺在晶体构造上属于三方晶系，晶体呈柱状，断面呈球面三角形，晶面有纵纹，未见双晶。一般结晶良好，晶体可以很大。马达加斯加产有多个重数百磅（1磅约为0.45千克）的晶体。我国也见有百多斤的晶体。1978年巴西发现一个长130cm、直径40cm的晶体。此外也偶见隐晶块状。

碧玺颜色众多，色彩丰富；而且常见一个晶体有两种颜色或多种颜色。透明度为透明~不透明，玻璃光泽，折射率因品种不同可有较大变化，No = 1.635 ~ 1.675；Ne = 1.610 ~ 1.650；

重折率0.016 ~ 0.040（通常0.020，暗色可达0.040）；色散0.017。通常具有强二色性。在紫外荧光灯下其发光性也因品种而异，一般黄色者有极弱、几乎看不见的辉光；红色者有弱的红~紫色辉光；均无重要鉴定意义。因成分复杂，吸收光谱也不是十分特征。碧玺可具有猫眼效应，并多见于绿色品种，少数为蓝色、红色。偶见有变色效应，此时在日光下呈橄榄绿色；灯光下褐红色。

色彩丰富的碧玺宝石

碧玺无解理；断口贝壳状。硬度7.5 ~ 7，垂直C轴的硬度大于平行C轴；性脆易碎。相对密度3.01 ~ 3.26，一般色愈深，相对密度也愈大。

碧玺具有热电性和压电性，即受热或受压均会产生一定的电性。这是其粉末（常以其英文名称

tourmaline 的音译名"托玛琳"为名）被广泛用于制作保暖衣、抗辐射涂料等生活领域。碧玺的抗热能力较差，加热大于 500～600℃会爆裂。

在自然界，碧玺主要产于伟晶岩矿床，与水晶、托帕石、绿柱石、锂辉石等共生，巴西是其著名产地，资源量占全球的 50%～70%。此外，碧玺也产于高温气化热液矿床，如我国赣南。

（二）碧玺的主要品种

在宝石学中，碧玺常以其颜色来命名它的品种，其中较重要的有：

红碧玺。是碧玺中最常见的品种，以具有不同程度的红色为特征，根据红色的浓淡，在我国有单桃红、双桃红之分；其中色度低的呈现带褐或带灰的色调。大部分红碧玺的颜色来自锰，也有可能来自钛，或天然或人工辐射产生的色心。事实上，市场中有许多浓粉红色碧玺系由无色或淡粉色、黄色或褐色经辐射改色而成。所以遇光和热会导致褪色。巴西是顶级樱桃红至红宝石红碧玺的主要来源。主要产地还有阿尔及利亚、马达加斯加和阿富汗等地。

绿碧玺。也是最常见的碧玺品种。其中颜色好的呈浓郁绿色到浓蓝绿色，品质最佳者不亚于祖母绿。因早先认为是铬致色，所以也称"铬碧玺"，但后来发现大部分是钒致色。主要来自东非的肯尼亚和坦桑尼亚，以及缅甸、巴西、阿富汗和美国。也有一些绿碧玺是铁致色，它们大多具有较明显的蓝色调。绿碧玺中也有一些呈明显的黄绿色，有的还同时具一定程度的褐色调，呈现一种不为人们喜欢的褐绿色，而被人们称为咸菜碧玺，是绿碧玺中的低品级品种。

蓝碧玺。呈浅蓝、海蓝、绿蓝、紫蓝、深蓝、蓝黑等以蓝色调为主的碧玺。优质的蓝碧玺可用于冒充蓝宝石。一般认为蓝色与蓝宝石的致色原因相似，也是来自亚铁和钛离子的电荷交换。因主要产于巴西，故有"巴西蓝宝石"之称。俄罗斯乌拉尔也有优质蓝碧玺（常呈靛蓝色）。我国新疆、内蒙古也有蓝碧玺的产出。

黄碧玺。呈浅黄、黄、棕黄、黄棕、橙、绿黄等以黄色调为主的碧玺。黄色可

◆ 不同红色的红碧玺　　　　　　　　　◆ 不同绿色的绿碧玺

◆ 蓝碧玺　　　　　　　　　　　　　　◆ 黄碧玺

能与微量三阶铁的混入或二阶锰的混入有关。优质的黄碧玺类似于"雪利黄玉"或"金色绿柱石"。斯里兰卡、意大利厄尔巴岛产有此种碧玺。后者为富钠的品种，呈杏黄色和褐黄色。一种被称为"沙瓦那碧玺（Savannah）"的亮黄色碧玺系为钠镁及钙镁碧玺的混合体。

黑碧玺。一些黑色、近于不透明的碧玺，其实它们大多不是真的黑色，而是由于颜色（如墨绿、暗棕等）太深，致看起来像黑色。黑碧玺的宝石学价值较低，很少用于制作宝石，但如颜色黝黑、均匀，则也有用于制作平板型的老板戒。

多色碧玺。在同一块碧玺上同时具有两种以上颜色。其中最常见的是具有红绿两色，此外也见有红蓝两色、蓝绿两色和红白绿三色等。其中表面绿色、内核红色者，被称为"西瓜碧玺"，是相对较名贵的品种。

◇ 平板老板戒

碧玺除用颜色进行品类划分外，也有以地区来命名。其中最著名的是帕拉伊巴（Paraiba）碧玺。这是一种20世纪80年代，在巴西发现的具有特殊的艳丽的绿色和蓝色的碧玺。据研究，它属于钠锂碧玺系列，其艳丽的色彩来自晶体中一种罕见的微量元素——铜（已知其他地区的碧玺未见有含铜的报道）。又据德国宝石研究基金会的报道，它还含有高达 8.6×10^{-6} 的金（地壳中金的平均含量为 0.005×10^{-6}；而在金矿中，金的最低可采品位是 3×10^{-6}，工业品位是 5×10^{-6}。所以，如果不是由于这种宝石价值连城，它完全有资格被当作金矿石来开采）。由于该矿规模很小，矿脉很细，含矿品位很低，开采困难，产量甚少，故格外珍贵，是碧玺中的名贵品种，尤其深受日本人的喜爱。其中等品级的琢型宝石，在20世纪90年代初的香港市场上售价为每克拉上万元，而优质品更高达每克拉2万美元。目前已知其蓝色品种最大颗粒为8克拉；绿色则可达20克拉。帕拉伊巴碧玺的颜色范围包括绿蓝色、蓝绿色、绿色、蓝色及靛色，以蓝及靛色最具吸引力。

◇ 多色碧玺

碧玺也有以其特殊光性命名的，如猫眼碧玺，常呈不同浓淡的粉红、绿、蓝及绿蓝色。由于导致猫眼的平行排列的是较粗的中空管状物，所以眼线也较粗，不够锐利。

变色碧玺。是较罕见的品种，一般日光下呈橄

◇ 两种西瓜碧玺

榄绿色，灯光下褐红色。故也有"碧玺变石"之称。

（三）碧玺的品质评价

碧玺的品质评价可从颜色、净度、切工、大小四方面着手。

颜色：以玫瑰红和深红色价格最高，粉红次之。绿色以祖母绿色为最好，黄绿色次之。纯蓝和深蓝色的价值也较高。一般优质的红碧玺会比同样大小的绿碧玺，价格高出1/3。在选择镶嵌碧玺首饰中，颜色均匀艳丽为好；在项链和手链中则以颜色丰富为佳，每粒珠子的颜色不同，搭配出红、黄、蓝、绿、紫等多种色彩；而较为有价值的是在同一碧玺上有两种或多种颜色出现，即双色碧玺或多色碧玺，内红外绿的西瓜碧玺也较为珍贵；另外，碧玺猫眼属于碧玺中的上品。

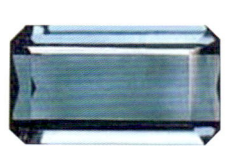

珍贵的帕拉伊巴碧玺

净度：碧玺性质比较脆，容易产生裂隙，同时内部常含有大量包裹体。大量的裂隙和包裹体的存在，会影响碧玺的透明度、颜色和火彩，而内部十分纯净的碧玺也比较难得，属于上品。在挑选时，尽量挑选内部干净的。碧玺要求晶莹剔透，越透明质量越好，不要有明显雾感或不透明感，透明度越高价格越高。一些碧玺的挂件、珠串和雕刻件上面，由于其内部冰裂纹多，通透性差，商家会通过注胶处理手段提高其通透度，遮掩裂纹和杂质。优质的碧玺根本不会去注胶处理的，所以，一般不要担心高档的碧玺有注胶处理现象，倒是价格较低的那些碧玺才有可能会注胶处理。

切工：碧玺是一种二色性较强的宝石，因此，碧玺切工的定向十分重要。正确的定向可使其颜色不受二色性的影响，显得饱满、纯正。碧玺的切工还要考察它的切磨比率的精确性和修饰完工后的完美性。碧玺的形状设计，首先要根据原石的解理、品质、重量，最大限度地保持原石的重量，以最好状态来解剖原石结构；保证碧玺切割后的亮度和火彩。一些优质的透明度好的碧玺多采用阶梯型切工，宝石的长方向平行晶体的C轴。一般只有那些内部多瑕疵、多裂纹的，才被磨制成弧面型和圆珠形。当然，猫眼碧玺也会被磨制成弧面型，此时要注意的是它能否充分地显现出

这两颗绿碧玺，左侧的一颗内部有瑕疵，显得模糊，透明度不足；右侧的一颗则非常通透

粉红色的碧玺猫眼

它的猫眼效果。

大小：碧玺质重以克拉计算。在其他条件近似的情况下，随着碧玺质重的增大，其价值呈几何级数增长。质重相同的碧玺，会因色泽、净度、切工的不同而价值相差甚远。

（四）碧玺的优化处理和人工合成

已知碧玺有多种优化处理方法：

热处理是最常采用的方法之一。其结果一般可使颜色变浅，但品种不同，结果也不相同。如一些带红色调的碧玺，可使其去掉粉红色和红色，变为无色；而一些褐色和紫红色碧玺，可处理成蓝色；橙色者变为黄色；近黑色的蓝色，则可转变为浅蓝色。这些处理结果稳定而不易检测。但处理时必须谨慎，加热温度不宜超过600℃，否则常造成晶体破坏（若≥700℃会使组成分中的OH,F逸失，使晶体破坏）。热处理属于优化，虽不易检测，却无需在意。

碧玺也有辐照处理的。一些浅粉色、浅黄绿色、蓝色或无色者经辐照可增强红色或黄色调（但不能确定变化方向）。惜其结果不稳定，加热易褪色。辐射处理属于处理，但不易检测，只能让时间予以检验。

充填处理是碧玺最常采用的处理方法。碧玺因脆性较大，裂隙发育，成品出成率很低，为了提高出成率，一般都会预先进行充填处理。据报道，市场上销售的碧玺80%～90%都做过不同程度的充填处理。早期一般充填树脂石蜡或无色油，掩盖裂隙，改善外观。放大检查可见沿裂隙的"闪光效应"；充填物中偶见气泡。近期市场出现用铅玻璃填充处理的碧玺。由于普通铅玻璃（含37%的PbO）的折射率为1.60，与碧玺非常近似，故其表面光泽无明显差异，两者的接触界线也难分辨；在显微镜下也难观察到流动构造、闪光效应、小气泡等充填特征，故用常规方法很难鉴别，此时最好采用X射线荧光光谱或电子探针来检查，当会发现铅的存在。

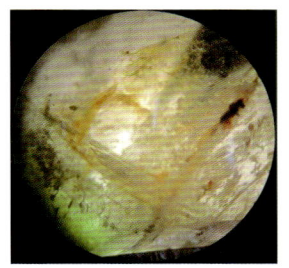
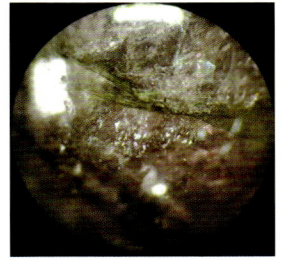

◆ 填充处理碧玺在显微镜下，有的可观察到充填物有些不同的色泽，有的可见有闪光效应

◆ 各种鲜艳颜色的覆膜碧玺

◆ 水波纹状生长纹

碧玺也有作覆膜处理的,它可使碧玺呈现各种鲜艳的颜色。其特征是膜层可呈现亚金属光泽和出现折射率异常(常可达1.70以上)。

碧玺也有染色处理,这种处理多见于早期的制品,并以红色居多。由于染色品易于鉴别的缺陷(颜色集中在裂纹中),近代已很少见。

碧玺还有采用酸蚀处理,目的在于清除碧玺猫眼中的空管状包体内的黑色,然后大多再进行充填,以使猫眼去掉暗色调,也更加明亮。

合成碧玺据说已出现在国外的市场上,系采用水热法合成的,故具有水热法合成宝石的一些共同特征,如水波纹或锯齿状纹等;且一般颜色均匀、纯净,给人以完美无缺的感觉;另其相对密度(一般为3.06~3.10)比天然碧玺低。

碧玺也见有人工仿制品,其中最重要的是近年出现在市场上的泰罗斯合成绿柱石仿帕拉伊巴碧玺。它呈亮绿蓝色,具中等强度的二色性(绿蓝色—蓝色),折射率1.590~1.600,相对密度2.70,紫外惰性,吸收光谱在430nm处有一强吸收带,可见源自水热法合成的特征包体——锯齿状生长纹及犬牙图案。X射线荧光分析表明,铜、铁离子的存在应是其呈色的主要原因。

另一种用于仿冒碧玺的是仿碧玺稀土玻璃,系一种含有铒和铅以及硅、钾、锰、锌等元素的玻璃,呈深玫瑰红色(与碧玺的红色非常近似),均质性,折射率N=1.619,无多色性,紫外灯下惰性,显微镜下可见内部有近于定向排列的短针状包体,及有特征的大小相近、形态相似的呈"米"字形的包体,此外,还隐约可见流纹。

普通的彩色玻璃则被用于仿冒最廉价的碧玺制品。

(五) 碧玺的收藏与投资

碧玺虽然不属于贵重宝石之列,但近些年来深受消费者们的青睐。尤其在我国市场上正成为继翡翠、钻石之后最热销的品种,风头大有超越红蓝宝石之势,价格呈快速上升的状态。2010年碧玺每克拉批发价在400元左右,短短两年时间已经涨至8 000元左右,而零售价上涨的幅度则更是惊人。有人指出近五年来其价格至少翻了8倍,基本与翡翠价格的升速齐平,而比红蓝宝石的价格升速要快,成为翡翠、钻石之后,珠宝投资收藏的又一大关注品种。还有人甚至估计"现在碧玺价格才刚刚起步,再过5年,那就和现在的翡翠状况差不多了。"

◆ 这串18颗11mm珠、总重41克的碧玺珠链,售价3 715元

面对这兴旺的碧玺市场,我们在收藏投资碧玺时应注意哪些问题呢?

①首先你应该知道,市场上的碧玺除了那些真正的天然碧玺之外,存在大量的经过这样那样处理的碧玺。其中,除热处理是被人们允许的"优化"之外,其他都是属于需要明示的"处理"。但值得警惕的是,由于碧玺不属于贵重宝石,所以在市场上的销售行为不像翡翠、钻石那样规范。一些商家往往借机采取不附鉴定证书,也不明示的手法,使消费者难知其真相。因此必须引起警惕。

②目前国内市场虽尚未发现有合成碧玺的踪迹,但既然在国外已有合成碧玺的出售,相信在国内市场上也只不过是迟早的问题。

③碧玺除了用于制作戒面石和少量小型挂件之外,广泛可见用于制成各种珠链。这些珠链少则十几粒,多则几十甚至上百粒。这样的珠链即使商家出示有来自权威鉴定机构的鉴定证书,你也不应毫无怀疑,要知道由于商家给予鉴定机构的鉴定费用是按件计算,而不是按粒计算,这就使鉴定机构往往不可能对其进行逐粒的详细鉴定。因此一些不良商家就有了钻空的可能,他们常常会在整串珠链中混入少许经过不同程度处理的碧玺,甚至一些玻璃仿制品等。

④碧玺的质地较脆,且常含有隐性绺裂,若受到撞击极易发生破裂,因此要注意不要让它跌落和受到其他重物的碰撞。如果有污损,可用稀释的洗洁精清洗,或用软布轻轻擦拭。不用时可用软布包裹妥善收藏。

⑤碧玺之所以未被人们列入贵重宝石之列,一个较重要的原因,就是由于它的资源量相对较为丰富,世界各地都或多或少有碧玺的产出。巴西是它最著名的产地,拥有各种颜色的优质原料。仅美国宝石研究所就收藏有二十多种不同颜色的巴西碧玺。巴西产的帕拉伊巴碧玺更是世界仅有的碧玺中的顶级品。我国也有较丰富的碧玺资源,已知在新疆、内蒙古、云南、四川、西藏等省(区)均有彩色碧玺出产,包括红、橙黄、绿、蓝、紫、白、黑等多种颜色;有的还可同时呈二色或三色。

⑥碧玺色彩艳丽丰富,且除少数特殊品种(如帕拉伊巴碧玺)之外,其市场售价比较适中,很适合工薪阶层的需要,所以在世界各地都不乏它的爱好者。在我们中国,早在前清时期就深受达官贵人的喜爱,是官方钦定的官阶标志。受这一历史文化的影响,现今它也常常成为人们选购彩色宝石的首选。据报道,尤其在上海、北京等地,其购买量正在不断上升,价格也节节攀高;其中尤以质重在3克拉以上的升幅最快。一些业内人士还指出:根据中国珠宝玉石首饰行业协会统计数据显示,除翡翠、软玉、钻石、黄金外,彩色宝石大约仅占到首饰市场销售份额的5%。随着国内消费能力的提升以及年轻消费群体的兴起,人们普遍相信作为彩色宝石中的佼佼者——碧玺,在国内市场的发展潜力仍值得期待。

◇ 由上百粒珠子组成的碧玺珠链

七、石榴石

石榴石因具有具似红宝石的颜色，又分布较广，所以是一种较早被发现和使用的宝石。

我国古代曾称之为"紫牙乌"，也写作"宇牙乌"。据说此名源于波斯语——"雅姑"（宝石之意）的转音。明洪武年间，曹昭撰在《格古要论》中曾对其描述说"色红如石榴肉"，这当是后来它被叫做石榴石的起因。

红色石榴石现被选作一月诞生石，是信仰坚贞和纯朴的象征；旅行者相信佩戴它可确保旅行中平安无

色红如红宝石的石榴石

事，免受惊险。印第安人用其作子弹，相信它会使敌人受到更致命的伤害。一些人还相信，其粉末可用于治病，红色的据说可以减轻发烧，黄色的被用来治疗黄疸病。

（一）石榴石概述

其实把紫牙乌作为石榴石的俗称并不恰当，它指的仅仅是石榴石中的红色品种。在矿物学中，石榴石实际上是一族具有相同晶体结构和在物质组成具有广泛类质同像现象的钙、镁、铁、铝、铬、锰的硅酸盐矿物。作为一族矿物，人们通常还将其划分为两个系列：铝质系列，包括镁铝石榴石、铁铝石榴石和锰铝石榴石；钙质系列，包括钙铝石榴石、钙铁石榴石和钙铬石榴石。其化学式可用 $A_3M_2(SiO_4)_3$ 这一通式来表示。其中 A 可以是镁、亚铁、二价锰和钙这些二价离子；M 可以是三价

长在矿石上的石榴石晶体

的铝、铁和铬离子；此外，钛在晶体结构中既可以替代硅酸根中的硅，也可以替代铝。除了这些主要构成元素外，在石榴石中也常见有微量的钾、钠、钒、锆、铍和磷，以及较罕见的硒、镓、铋和银等杂质。

正由于石榴石作为一个大家族，以及其物质组成的复杂性，就使其除了最常见的红色品种外，也见有绿色、黄色、橙色和黑色的品种。

在晶体结构上，作为一大家族，石榴石均属于等轴晶系，且其结晶能力较强，常以良好的晶形产出，多为菱形十二面体、四角三八面体，它们的聚形，外观似球粒，犹如石榴籽。晶粒一般几毫米到几厘米，也有直径超过10厘米的。

石榴石具玻璃光泽，透明度为透明～不透明。具光学均质性，但时见异常光性；故无多色性；折射率等光学常数则因品种而异。发光性和吸收光谱也因品种而异。

石榴石有的也有猫眼效应，主要见于锰铝榴石和部分钙铝榴石中；一些铁铝榴石可见有星光效应，既可以是四射星光，也可以是六射星光，但六射相对少见。石榴石也见有变色效应，如我国江苏产的含铬镁铝榴石（白天：红紫色；灯下：红宝石红色）；发现于我国北方某地的翠榴石，在白炽灯下为橙红色，日光灯下为绿黄色，自然透射光下为纯黄色。

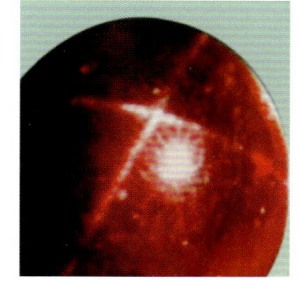
具四射星光的石榴石

石榴石没有解理，断口呈贝壳状；硬度：6.5～7.5；韧性较好。相对密度因品种而异。

在自然界，石榴石有多种不同的地质成因。如镁铝石榴石和钙铬石榴石常形成在岩浆作用的早期，并与基性超基性岩有关，如金伯利岩，玄武岩。而锰铝石榴石既可形成于中酸性岩浆活动晚期的伟晶岩作用，也可形成于所谓的区域变质作用里，还可形成于接触交代变质作用的矽卡岩里。与矽卡岩形成作用关系更加密切的则是钙铁石榴石。而另一些钙铁石榴石和钙铝石榴石则形成于接触变质热液矿床里。形成作用的多样化，就使石榴石在自然界广泛可见，拥有多个产地。

（二）石榴石的主要品种

石榴石的品种一般有以下两种不同的划分方法：

1. 按颜色的分类

红榴石。系血红至紫红色的石榴石，它们大多为镁铝榴石与铁铝榴石的过渡品种，但镁铝榴石常占主导地位；少数为铁铝榴石或镁铁榴石等。色彩好的红榴石常含氧化铬（Cr_2O_3 可达 1.56～3.72）。折

红榴石戒面及其原石晶体

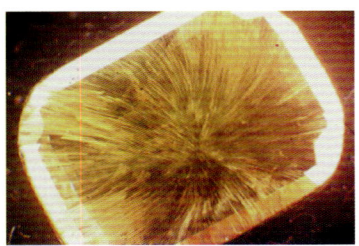

◆ 翠榴石　　　　　　　　　　　　　　◆ 翠榴石的马尾状包体

射率1.760（+0.010，-0.020），相对密度3.84（±0.10）。大多数红榴石颗粒细小，直径很少超过5mm。但捷克波希米亚地区偶尔能找到大颗粒。其中最大的一颗重633.4克拉，约有鸽蛋般大。此外，美国亚利桑那州、我国江苏东海等地也均有红榴石的产出。注意，也有人把"红榴石"一名专用于指镁铝榴石。

翠榴石。钙铁榴石中含微量铬的翠绿色变种。具有半金刚光泽和高色散（0.057）以及美丽的似祖母绿的翠绿色,故是一种名贵的宝石。可惜已发现的颗粒都十分细小，很少有超过4克拉者。折射率1.89，相对密度3.81～3.87。吸收光谱：见440nm吸收带；也可有618，634，685，690nm吸收线。常含有所谓的"马尾状"包体。最著名的产地是俄罗斯乌拉尔。1868年曾于此发现两颗分别重29.8克拉和50.5克拉的翠榴石，是已知最大的翠榴石。1998年，在拍卖会上一颗4克拉的俄罗斯产翠榴石，被以48 000美元售出。此外，西伯利亚的西斯尔卡（Sisserck）的蛇纹岩中也有产出。还有纳米比亚中部、刚果丘棱瓦那河、德国萨克森、匈牙利、意大利也有少量产出。我国四川西部也产，惜粒度更小（≤2mm）。新疆托里县也有发现。

一般认为，翠榴石的绿色乃是微量铬替代了晶格中的铁的结果。在成因上，翠榴石与基性超基性岩的接触变质带有关，也有区域变质成因。

◆ 黑榴石集合体

黑榴石。是黑色钙铁榴石的含钛变种，一般可含钛（TiO_2）1%～5%，其化学式为$Ca_3(Fe,Ti)_2(SiO4)_3$。在薄片中可见它实际上呈深褐～深红褐色。晶体因颜色太深，故看起来呈黑色。

折射率较高，N=1.89～2.01。晶体内部常具环带构造。其中色泽黝黑者可用作宝石,但价值不高，

有德兰士瓦翡翠之称的水绿榴石岩

橙色榴石

常用于替代黑玛瑙和煤精。矿床主要产于碱性火成岩中,也见于接触变质的矽卡岩中。也用于泛指成分不尽相同的黑色石榴石。

绿榴石。绿色石榴石的总称,如绿色钙铝榴石、水绿榴石、翠榴石等。但南非产的绿色顽火辉石也常被误称为绿榴石,可以其非均质与真绿榴石区分。

水绿榴石。是钙铝榴石的含水变种。化学式为 $Ca_3Al_2(SiO_4)_{3-x}(OH)_{4x}$,其中 (OH) 可替代部分 (SiO_4)。大多呈致密或细晶块状的半透明集合体产出(常有符山石紧密共生)。常因含铬而呈绿色,含锰而呈浅粉红色,也有无色者。因含水而折射率降低(降低的幅度因含水量而异),$N = 1.675 \sim 1.734$。相对密度也降低,$3.13 \sim 3.59$。硬度 $7\pm$,时见黑色点状包体。水绿榴石的块体外观近似翡翠,故常被人用于冒充翡翠出售,而有"非洲翡翠"、"德兰士瓦翡翠"等称呼。其成因与超基性岩体有关。

橙色榴石。橙黄或橙红色石榴石,主要属锰铝榴石－铁铝榴石系列。马达加斯加安齐拉贝(Antsirabe)附近的特西莱兹那(Tsilaizina)产有此种明澈的橙色榴石。此外,澳大利亚新南威尔士、挪威、斯里兰卡等地也有产出。

贵榴石。铁铝榴石的又一译称,是自然界最常见的石榴石属种之一,属于铝质榴石(铁铝－镁铝－锰铝)系列中偏向铁铝的一端。纯的铁铝榴石的分子式为 $Fe_3Al_2(SiO4)_3$,但自然界没有纯的铁铝榴石,总是含有一定量的镁铝和锰铝榴石的成分以及其他一些杂质。颜色以暗的褐红色～深紫红色为主。折射率 $N = 1.77 \sim 1.83$。色散 0.024。对紫外无荧光反应。硬度 7.5。相对密度 $3.80 \sim 4.32$(一般 4.05)。吸收光谱:可有 407,$430nm$ 吸收带。有的晶体内部包含有两组或三组密集平行排列的纤维状包体,致其可具有四射星光或六射星光效应。其他物性与晶形具有石榴石族矿物的共性。铁铝榴石主要产于区域变质岩——云母片岩、角闪片麻岩及砂矿中。宝石级产品来自斯里兰卡、

贵榴石晶体及其琢型宝石

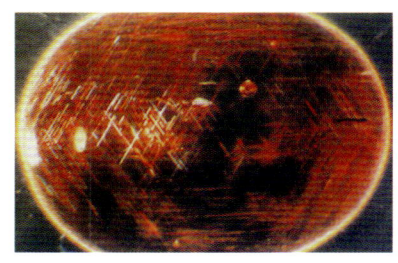
具三组包体的贵榴石可产生六射星光

◇ 桂榴石的琢型宝石和晶簇

巴西、马达加斯加、印度、美国阿拉斯加、土耳其等地。

桂榴石。一种含有较多钙铁榴石和铁铝榴石分子（两者合计可占 30% ～ 50%）的钙铝榴石。常呈淡黄、黄、黄褐、黄绿、橙黄、橙褐等色。折射率 N = 1.742 ～ 1.748。色散 0.027。相对密度 3.5 ～ 3.75。主要产自斯里兰卡、巴西东部、加拿大魁北克。我国新疆也在伟晶岩中发现有类似宝石。美国国家自然历史博物馆有一颗重 61.5 克拉、已被雕成基督头像的桂榴石。

白榴石。白榴石虽有榴石之名，但却不是石榴石族矿物。化学式为 $KAlSi_2O_6$。常温下属四方晶系（假等轴晶系），加热到 620℃以上时，逐渐变为等轴晶系。晶形通常完好，呈四角三八面体（犹如石榴石，故有榴石之名）。

2. 按化学成分分类

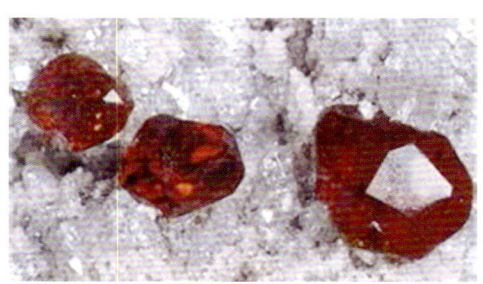

◇ 镁铝榴石晶体

◇ 用镁铝榴石制作的手链

镁铝榴石。铝质榴石(铁铝－镁铝－锰铝)系列中偏向镁铝一端的石榴石。纯镁铝榴石的化学式为 $Mg_3Al_2(SiO4)_3$，但自然界没有纯镁铝榴石，它总是含有一定量的铁铝和锰铝榴石分子以及其他杂质（铬常是重要的杂质元素）。常见的镁铝榴石晶形不甚良好，而透明度一般较高。颜色以浅粉红色、红色为主（较少带有褐色，好的品种近似红宝石）。折射率 N = 1.714 ～ 1.742（常见 1.74，在各种石榴石中，其折射率相对偏低）。色散 0.027。对紫外无荧光反应。硬度 6.5 ～ 7.5。相对密度也较小，为 3.58 ～ 3.87（一般为 3.7 左右）。吸收光谱：564nm 宽吸收带，505 吸收线，含铁者可有440、445nm吸收线；含铬者红区有铬吸收。其他物性具有石榴石族矿物的共性。其常见包体有针状矿物和其他固体包体，如石英、辉石等。主要产于超基性火成岩——金伯利岩、橄榄岩等岩体中，也见于砂矿。著名产地有南非、俄罗斯雅库特、美国亚利桑那、捷克波希米亚、挪威和我国江苏等地。

铁铝榴石。自然界最常见的石榴石属种之一，属于铝质榴石（铁铝－镁铝－锰铝）系列中偏向铁铝的一端。纯的铁铝榴石的分子式为$Fe_3Al_2(SiO_4)_3$，但自然界没有纯的铁铝榴石，总是含有一定量的镁铝和锰铝榴石的成分以及其他一些杂质。颜色以暗的褐红色~深紫红色为主。折射率N＝1.77~1.83。色散0.024。对紫外无荧光反应。硬度7.5。相对密度3.80~4.32（一般4.05）。吸收光谱：504，520，573nm强吸收带；423，460，610，680~690nm弱吸收线。其他物性与晶形具有石榴石族矿物的共性。常见包体有金红石针（有的具两组或三组排列）；具晕圈的锆石包体；糖浆状的固体包体。铁铝榴石主要产于区域变质岩——云母片岩、角闪片麻岩及砂矿中。宝石级产品来自斯里兰卡、巴西、马达加斯加、印度、美国阿拉斯加和土耳其等地。

星彩铁铝榴石。铁铝榴石常含有锆石、石英、云母和角闪石的包体。其中一个独特的变种是含有纤维状的角闪石类包体，并作二向或三向的定向排列。因此可磨制具四射或六射星光的蛋弧型宝石。

已知产地为印度和美国爱达荷州。美国华盛顿史密森博物馆藏有两颗分别重174克拉和67.3克拉的红褐色星光铁铝榴石，为爱达荷州产。

星彩铁铝榴石手链

锰铝榴石。铝质榴石（铁铝－镁铝－锰铝）系列中偏向锰铝一端的石榴石。纯锰铝榴石的分子式为$Mn_3Al_2(SiO_4)_3$。但自然界没有纯的锰铝榴石，它总是含有镁铝和铁铝分子，并常混入有钇、钪、锌等杂质元素。颜色有黑到暗红、粉红、紫褐、黄橙、蜜蜡黄等色。有时有弱非均质性，折射率N＝1.79~1.82,当具非均质性时,有很小的重折率。无多色性,色散0.027。

产在矿石上的锰铝榴石晶体

橙色钙铝榴石晶簇

对紫外无荧光反应。硬度 7～7.5。相对密度较大,为 4.12～4.20(一般 4.15)。吸收光谱；410,420,430nm 吸收线；460,480,520nm 吸收带；有时可有 504,573nm 吸收线。锰铝榴石是较少见的石榴石品种,其包体多种多样,如一些形状奇特的固体包体和波状裂隙。它主要产于富锰岩石的接触变质带,也见于伟晶岩和砂矿中。主要产地有巴西、马达加斯加、缅甸、斯里兰卡、德国巴伐利亚和我国新疆等地。我国北京中国地质博物馆藏有一颗橙红色锰铝榴石晶体,重 1 379 克拉,系新疆阿勒泰所产。

锰铝榴石猫眼。由于有的可含有平行排列的针状包体,所以可见有猫眼效应。

石英和黄绿色钙铝榴石晶簇

钙铝榴石。钙质榴石(钙铁－钙铝－钙铬)系列中偏向钙铝一端的石榴石。纯钙铝榴石的化学式为 $Ca_3Al_2(SiO_4)_3$。但自然界不存在纯钙铝榴石,它总是含有一定量的钙铁榴石、铁铝榴石等的分子以及钒、铬等微量元素。常呈黄、金黄、黄绿、绿、褐黄、褐、褐红等色。也常见有弱非均质性。折射率在石榴石族中相对偏低(略高于镁铝榴石),N = 1.72～1.75,具非均质性时,可有低的重折率；无多色性；色散 0.028；对紫外无荧光反应。硬度 7 左右。相对密度波动较大,可在 3.45～3.73 间(常见 3.57～3.68)。吸收光谱：不特征。其晶形与其他物性具石榴石族矿物的共性。它可有多种矿物包体,如锆石、磷灰石等。绿色钙铝榴石可见羽状体和石棉纤维；铁钙铝榴石含似糖浆状的大量磷灰石和方解石的浑圆晶体。钙铝榴石是常见的石榴石品种。主要产于泥质碳酸盐岩与岩浆岩的接触变质带；也见于区域变质和基性岩石的水热变质带,分布很广。但宝石级晶体则来自巴基斯坦、肯尼亚、俄罗斯西伯利亚、加拿大魁北克、斯里兰卡等地。我国也有产出。一些含平行纤维状包体的钙铝榴石可具猫眼效应,但不多见。

水钙铝榴石。即水绿榴石(见前述)。

铬钒钙铝榴石。又音译为"特察沃石","沙弗莱石"。在台湾还被叫做"随我来"。这是一种含铬和钒(V_2O_5 约 16%)的钙铝榴石变种,化学式为 $Ca_3(Al,Cr,V)_2(SiO_4)_3$。色彩由浅淡的柠檬绿到浓艳的草绿或祖母绿色,少数亮黄和暗绿色,有的还可具变色效应,白天呈翠绿色,灯光下微蓝绿色。折射率 1.74(±0.01)。硬度 7。通常很少有包体。人们认为它是祖母绿的潜在对手。但晶体颗粒较小,琢型宝石最大只有 1～2 克拉。因最先于 1960 年发现于肯尼亚的特察沃国家公园而名。

铬钒钙铝榴石

▽ 红褐~暗红色的钙铁榴石

钙铁榴石。钙质榴石（钙铁－钙铝－钙铬）系列中偏向钙铁一端的石榴石。纯钙铁榴石的化学式为 $Ca_3Fe_2(SiO_4)_3$。但自然界不存在纯钙铁榴石，它总是含有钙铝榴石或其他榴石的分子（钙铬榴石分子相对较少参入），并有钛、锆等杂质元素的加入。颜色最常见的为红褐至暗红色，也有褐、黄、绿和黑色。均质性，偶见非均质性。折射率较一般石榴石为高，$N = 1.856 \sim 1.895$。具非均质性时，可有低的重折率（0.004）。无多色性。色散较大，为 0.057。对紫外无荧光反应。硬度 $6.5 \sim 7$。相对密度 $3.71 \sim 3.87$。晶形及其他物性具石榴石族矿物的共性。它可包裹多种矿物包体，但也有的十分洁净。典型的钙铁榴石（以钙铁为主含少量钙铝分子）是接触交代成因的矽卡岩的主要组成矿物。此外也见于区域变质片岩中。一些特殊的变种，如翠榴石、黑榴石等则与超基性和碱性火成岩有关。红褐~暗红色钙铁榴石是一种十分常见的石榴石品种，故又有"普通石榴石"之称。宝石级钙铁榴石的著名产地有俄罗斯乌拉尔（翠榴石）、刚果、意大利和瑞士等。

钙铬榴石。钙质榴石（钙铁－钙铝－钙铬）系列中偏向钙铬一端的石榴石。纯钙铬榴石的分子式为 $Ca_3Cr_2(SiO_4)_3$。但自然界没有纯钙铬榴石，它总是含有一定量的钙铁和钙铝榴石分子以及钛、钒等杂质元素。常呈鲜艳的祖母绿色。一般认为颜色来自三价铬离子，但对南非布什维尔德岩体中钙铬榴石的研究，却发现随着铁含量的增加，绿色更加明显，而钛的存在则使其出现褐色。翠绿色的钙铬榴石可与翠榴石媲美。可惜它的晶体更加细小，难以琢磨。但其晶簇可用作观赏石。折射率（1.85 ± 0.03）一般为 $1.85 \sim 1.86$。相对密度 $3.75（\pm 0.03）$。钙铬榴石甚为罕见，最初发现于俄罗斯乌拉尔，与翠榴石共生，合称为"乌拉尔祖母绿"。后也见于芬兰、美国和南非等地。多与超基性岩的气化热液作用有关，也见于铬铁矿中。

▽ 生长在矿石上的钙铬榴石

（三）石榴石的品质评价与优化处理

石榴石类宝石因产量丰富，所以总体来说是属于中低档的宝石。但其中的翠榴石钙铬榴石和铬钒钙铝榴石因色美，且产地稀少，所以常具有很高的价格，甚至可和高档宝石争雄。

◆ 这串粒径 5～11mm 的红榴石项链标价 3 000 元

评价石榴石的优劣，颜色当然也是第一因素。翠榴石或其他翠绿色石榴石在价格上都要高于其他石榴石。优质的翠榴石和铬钒钙铝榴石的价格，甚至接近或超过同样颜色的祖母绿。除绿色外，橙黄色的锰铝榴石也具较高的价格；再其次是红色的镁铝榴石，尤其是颜色愈接近红宝石者愈佳；然后是暗红色的铁铝榴石和淡绿到浅黄绿色的石榴石；价格最低的是褐红色又产量丰富的钙铁榴石。

透明度和净度也是评价石榴石的重要因素，许多石榴石会含有或多或少的这样那样包体，从而影响其净度，也影响其透明度。所以，洁净透明度高的石榴石就会具有较高的价格。

此外，大小和切工的优劣也是决定价格的因素。

据悉，目前针对石榴石所作的优化处理相对较少，并且主要是热处理。暗红色石榴石经热处理后，颜色会变浅，且不可测；浅黄色的钙铝榴石经热处理后会变为橘黄色；翠榴石的颜色和透明度也会得到一定程度的改善，马尾状包体会出现轻微熔蚀。热处理属于优化，因此对石榴石是否做过热处理可不予追究。石榴石的再一种处理是充填处理，用树脂等材料充填表面空洞或裂隙，以改善外观和耐久性。这种处理放大检查可见表面光泽异常，填充处偶见气泡，有时可见闪光效应；红外光谱显示有有机物吸收峰。石榴石也有扩散处理的。目前主要是对浅黄色的钙铝榴石进行这种处理，采用 Fe 和 Cr 作扩散剂可使其产生橘黄色；用 Co 作扩散剂则可获得绿色。这种经过扩散处理的石榴石，就和前面我们已经讲过的扩散红宝石和扩散

◆ 石榴石挂件

◆ 这串由 20 颗 10mm 暗绿色石榴石构成的手链，网上标价为 132 元

蓝宝石一样，其色层仅仅是宝石表面薄薄的一层，若重新切磨或抛光，都可能使色层被磨去。另外，把这种经扩散处理的石榴石置于二碘甲烷中，也可观察到其刻面边棱颜色色深的现象。

石榴石已知也有人工合成品，它来自俄罗斯。据国际彩色宝石协会最近内部刊物报道：俄罗斯已生产有各色合成石榴石销往世界各地。其中常见的有绿色、红色、橘色和紫蓝色。折射率 2.2，色散 0.038，硬度 7.5～8.5。这种材料的原石最大直径为 9 厘米。

市场上还可见有用普通玻璃或稀土玻璃仿制的石榴石。这种仿制品具有玻璃制品的共同特征。

（四）石榴石的供销市场和投资收藏要点

石榴石是彩色宝石中的重要类别，它还是一个拥有价值高低迥异、品种众多的宝石家族。目前世界市场上的石榴石主要来自印度、斯里兰卡、坦桑尼亚、肯尼亚、南非、马达加斯加、纳米比亚、俄罗斯、美国、意大利、墨西哥和捷克等地。

印度是传统石榴石的重要产地，产有各种变质成因的镁铝榴石、镁铁榴石和铁铝榴石；颜色以褐红、粉红、紫红为主；除少数具有艳红的颜色外，其他大多品质一般。它还是世界星光石榴石的主要来源。据说从 20 世纪 80 年代以来，其石榴石的总产量维持在 4 000～5 000 千克左右。

斯里兰卡是另一个石榴石的重要来源。石榴石产于宝石砂矿中，也以红色的镁铝榴石、镁铁榴石和锰铝榴石为主，还产有颜色独特的棕黄色桂榴石。

东非的坦桑尼亚和肯尼亚是世界高档石榴石的供应地，产有世界著名的绿色铬钒钙铝榴石。但由于这种石榴石产于变质岩中，曾受到强烈挤压，晶体破碎，致使大于 5 克拉以上的宝石很少见，多为小于 2 克拉的。另外，由于自 1968 年发现至今的积极开产，已使其资源量日趋减少。采场从最盛时的 40 多个减至 4 个。东非还产有草莓红镁铁铝榴石和橙色至金黄色的橙色榴石，还有具变色效应的锰铝榴石（白天蓝绿色，灯下紫红色）。

纳米比亚从 1993 年开始向世界提供了一种新的高档石榴石。它呈鲜艳的橙色，而被称为"橘子榴石"。马达加斯加也产有与其类似的橙色榴石。

俄罗斯是世界著名的翠榴石的产地，惜资源量有限，目前已很少再有产出。在它之后虽然在意大利、墨西哥、瑞士、韩国和我国也有翠榴石的发现，但不是颗粒太小就是颜色较浅，呈黄绿色。

捷克波西米亚、美国亚利桑那和南非是红色镁铝榴石的传统供应地。由于其颜色相对较好，而有波西米亚红宝石、亚利桑那红宝石和

铬钒钙铝榴石

好望角红宝石的称呼。

我国也是石榴石的重要产地,已知在新疆、四川发现有翠榴石;在陕西的汉中地区还发现有具变色效应的翠榴石(白天暗绿色,灯下橙红色);1999年在西藏还发现有翠绿色的钙铬榴石,晶体最大可达1.7克。惜由于种种原因,我国产的这些高档石榴石均未能成为可供应市场的商品。此外,在云南、广东、江苏、辽宁、黑龙江等地产有大量的红~紫红~褐红~暗红色的石榴石,其中如江苏东海产的镁铝榴石因含有微量铬,在灯光下可呈美丽的血红色。这些地区产的石榴石是当今我国市场上石榴石的主要来源。

石榴石,除了高档的可与贵宝石相媲美的铬钒钙铝榴石、翠榴石和橙色榴石外,大多属于宝石殿堂中的中低档品种,价格相对较低,因此很适合收入不高的广大民众的需要,所以其消费市场遍及全球,在我国也是市场上最常见的品种。而那些高档石榴石,一方面由于产量稀少,一方面也由于普通民众对其认知不足,因此其市场主要在西方和日本这些经济发达地区,在我国市场上很少见其踪迹。

投资收藏石榴石要注意的是:

①普通的紫红~褐红色有"子牙乌"之称的石榴石,由于产量丰富,因此其未来的升值

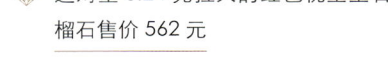
这对重6.24克拉大的红色枕垫型石榴石售价562元

潜力十分有限,显然不是投资的理想对象。你若期望未来有所收益,就应该选择那些产量稀少,可与贵重宝石相媲美的高档石榴石。

②石榴石虽然已有人工合成品,但市场上尚不多见。要警惕的是一些经扩散处理或填充处理的石榴石。当然这主要是对那些高档的石榴石而言,至于普通的"子牙乌"虽然也有作填充处理的,但对它们价值不会产生大的影响,可不必认真追究。

③石榴石虽然因化学组成不尽相同而有众多不同品种,但作为宝石,除了那些高档的石榴石外,人们一般不对其化学分类进行详细的分辨,而是通常按其色泽的不同给予不同的称呼,如紫红色石榴石、黄绿色石榴石等。在一些鉴定机构出具的鉴定证书上,大多也不对其作详细的化学分类,而只是笼统地给予"石榴石"的定名。

④石榴石没有解理,韧性、硬度也不错,故其相对易于保养,只要不是遭到严重的撞击,一般不易破损。若有污损,可用洗洁精或超声波清洗机进行清洗。

这枚重20.32克拉镶钻的橘子榴石戒指,在2010年香港苏富比秋季拍卖会上,以572 000港元售出

玉石　第二篇

　　玉石和宝石是珠宝中的两个不同的大类。宝石基本上是来自矿物的单个晶体（也有少部分是双晶），而玉石则是由众多矿物的细小晶体（包括非晶体）集合而成，实际上属于岩石的范畴。

　　在珠宝界，人们还把玉石再区分为两个亚类——玉和普通玉石（简称玉石）。其中玉仅指硬玉和软玉两种。前者主要由辉石类矿物组成，所以在我国台湾，人们也称其为"辉玉"；后者则主要由闪石类矿物组成，所以也称"闪玉"。除此之外，所有由其他矿物构成的玉石，如玛瑙、绿松石、青金石等均属于普通玉石之列。现就玉石中的最重要的珍贵品种分述如下。

一、翡翠

在各种玉石中，翡翠是最令人心醉，也最受人们喜爱的。它那青翠的绿色，使人自有一番高贵脱俗与优雅的感觉。据说，当年慈禧太后在世，有人给她进贡一枚大钻石做的头饰，她却没有看上眼，反而喜欢小而精美的翡翠。事实上，不仅是慈禧，在我国和受我中华文化影响的东亚和东南亚地区，翡翠在人们的心目中一直拥有至高无上的地位，以致有人将其誉为"玉石之王，宝石之冠"，并认为它象征祥和、兴旺、青春常在、事业有成，佩带它能防身避祸，逢凶化吉，祛病延年。

（一）翡翠的基本特征

翡翠，旧称硬玉。这是相对于软玉而言的，因为它具有比软玉稍大一点的硬度。但今天硬玉一词在使用上已有些混乱。一些人也常常把组成翡翠的主要矿物——钠铝辉石（$NaAlSi_2O_6$）称作硬玉。

钠铝辉石是钠和铝的硅酸盐类矿物，也是辉石族矿物的一员。它属于单斜晶系，晶体呈短柱状、纤维状，但独立晶体极少见，多呈致密的微晶质或细晶质的集合体产出。玻璃光泽，颜色一般为乳白色、微绿色或微蓝色；当有微量铬混入其晶格时，可使其变为绿色~艳绿色；若含铁，则可使颜色变暗。

翡翠主要由钠铝辉石构成。通常钠铝辉石在翡翠中的含量不低于90%，而且多以极细小的只有在放大镜或显微镜下才可看到的纤维状或柱粒状晶体交织在一起，形成外观致密、坚韧细腻的质地。除钠铝辉石外，有些翡翠含有较多的绿辉石 [（Ca, Na）（Mg, Fe^{++}, Fe^{+++}, Al）Si_2O_6]，或钠铬辉石（$NaCr\ Si_2O_6$）。此外，翡翠中也会含有少量其他矿物（值得注意的是，由于翡翠资源日趋减少，有些人已把含有大量的甚至含50%的杂质矿物的钠铝辉石岩也定名为翡翠。这显然是不恰当的）。这些杂质矿物的存在和集结，常构成为有损玉质的瑕疵和

美丽的翡翠手镯

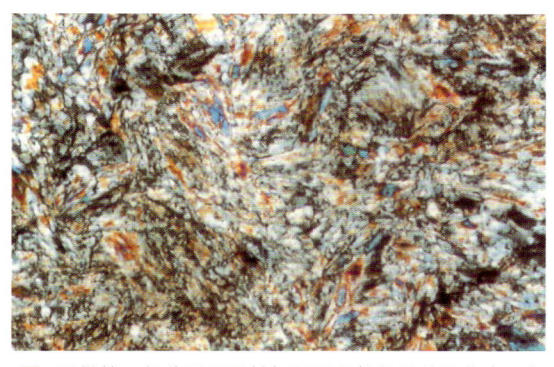
◆ 显微镜下的翡翠可见钠铝辉石呈柱状晶体聚集在一起

恶绺。

翡翠通常具有半透明～微透明的质感，玻璃油～脂光泽，常呈乳白、浅绿到翠绿色，也有淡黄、淡褐、棕红及淡紫色。其中绿色者称为"翠"，具黄红色调者称为"翡"，具淡紫色者称为"春"，白色或极浅的绿色称为"地"，统称翡翠。其平均折射率为 1.65～1.68，相对密度 3.33 左右，摩氏硬度 6.5～7，韧性极好。据说 1953 年，发生在美国南加利福尼亚州的地震中，桑塔巴巴拉有一个小的工艺品商店，货架上的商品大多被震落，一片狼藉。一些用水晶、玛瑙、珊瑚、绿松石等制成的工艺品大多损坏，唯独玉制品（包括翡翠与软玉制品）却大多完好无损，可见翡翠之坚韧。

已知全球仅有几个翡翠产地。其中最重要的是缅甸，它是迄今所有优质翡翠的唯一供应地。此外，南美的危地马拉、哈萨克和俄罗斯也有翡翠的产出，但品质大多粗劣或中档（据说哈萨克有极少数可与缅甸媲美）。还有美国与日本也产有少量翡翠，但它们仅具地质学的研究意义，而无真正的宝石学价值。

在自然界，翡翠的产出状态有三种。一是原生的，直接产在山岩中，称为山料。山料因未经自然界反复筛选，其品质一般相对较差，可能含有较多的杂质。另一种为次生的，即它是山中的原生岩石（山料）因受到风化侵蚀作用而被剥离下来，并被流水冲带、搬运到山下较低洼的河谷、阶地中才沉积下来。由于它们大多经过反复冲带、搬运，一些质地较软的杂质多被磨蚀，留下了品质较好的玉石料，之后又经水的长期浸润，所以，这种被称为"水料"的玉石原料大多品质优于山料，并且它们都成独立的一块（通常有不同程度的磨圆，而成砾卵石状），表面有因受到风化和外界的污染而形成的皮。再一种是山料剥落下来后，没有滚动得很远，而停积在山坡上，称半山半水料，其品质则大多介于山料和水料之间。

一块翡翠原石料，大致可按其物质组成的差异分为 4 个部分：①是最外层的皮壳，此层仅见于水料。山料一般无皮，半山半水料可以有薄的皮。皮壳可有黑、褐、黄、灰等色。它是翡翠原石受风化作用影响及外界物质污染的结果。皮壳的厚度与颜色也因风化作用的程度及原石本身的质地情况而异。皮壳大多没有宝石利用价值。②翡，是紧邻皮壳的次外层，也只见于水料和部分半山半水料；山料无翡。翡也是翡翠原石受风化作用影响的结果；是含铁矿物氧化后形成的氧化铁渗染翡翠的产物。由于铁的氧化程度不同，翡的颜色也可以有黄、棕、赭、红的变化，其厚度既受制于氧化程度，也受制于原石的颗粒粗细和裂隙发育程度。从宝石学角度看，翡的价值仅次于翠。③地，是翡翠原石的主体。它一般呈乳白到微绿色，有时候还夹杂有

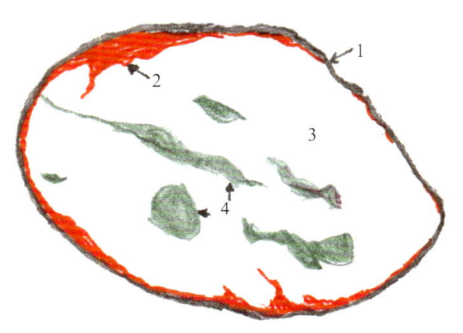 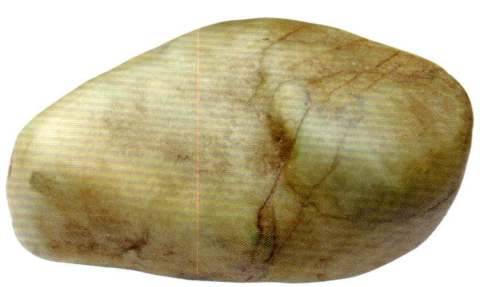

◆ 翡翠水料的内部物质构成　　　　　　　　　　◆ 其貌不扬的赌石，产于著名的帕敢矿区

1. 皮、2. 藓、3. 地、4. 翠

浅紫色的春。④翠，是翡翠原石的精华所在。它一般呈条带状、脉状、斑杂状、团块状出现，有时还夹杂有暗绿或黑色的斑点。翠的含量多少，是评价翡翠原石价值高低的主要依据。人们并据此将翡翠料石分为三档——色料（每千克几万至上百万元）、花牌料（每千克几千至上万元）、砖头料（每千克几百至上千元）。

翡翠原石由于大多有皮，其内部含翠量究竟多少，翠的品质究竟如何，一般很难作出准确的判断，而且在市场上还出现有大量的用各种手法作假的料石，以致人们有"神仙难断寸玉"之说。因此，购买这种料石具有很大的风险。所以翡翠原石常被人称为"赌石"。隐喻它具有赌一把的性质。事实上，也确有许多人因购买这种赌石而损失惨重，甚至倾家荡产；当然也有少数一些人幸运地赌到好料，而获利百倍、千倍。

鉴于翡翠赌石的巨大风险，我们认为一般收藏投资者最好不予涉足。这里我们也不再作更深入的介绍。

（二）翡翠评价的颜色因素

在珠宝店中，你只要稍加注意就会发现，同样是一颗翡翠戒面，有的仅几十或几百元，有的却高达几万，甚至几十万元。1996年秋在香港佳士得拍卖会上，一枚被称为"玉胆"的长15.5mm、宽13mm、厚6.3mm、重约10.4克拉的翡翠戒指，以387万港元成交，平均每克拉为37.18万港元。相比之下，同期拍卖会上，另一枚重22.01克拉的榄尖型钻戒，虽也拍出684万港元的最高纪录，但每克拉的平均价仅为31.07万港元，比上述翡翠低了6万多港元。

翡翠价格差异之所以如此悬殊，归根结底在于其品质的差异。一般认为决定翡翠价格的品质因素有七个方面。

首先是颜色。在翡翠的各种颜色中，绿色是人们的首选。对于绿色，人们常以"浓、正、阳、匀"四个字来评价它的优劣。

"浓"指色要浓烈，通常愈浓愈好。应该指出，"浓"与"深"不是同一概念。"深

◆ 价值上百万的翡翠戒面。左，2011年秋北京艺融拍卖会上，这只翡翠蛋面（重7.62克拉）戒指，拍卖估价为150～200万元；中：2011年秋北京易拍拍卖会上，该镶钻蛋面戒指（翡翠10.48克拉、钻1.02克拉）以207万元成交；右，1996年秋香港佳士得拍卖会上，"玉胆"翡翠蛋面戒以387万港元成交

有色偏暗、偏黑的趋向，而"浓"则是指在色调不变的情况下，色的明度要高。

"正"，指色要正，为纯的绿色，没有其他色调的混入。通常情况下，由于翡翠组成物质的一些轻微变异，会导致其颜色也产生某种程度的变化，产生不同的偏色，如有的偏黄（所谓黄杨绿），有的偏蓝（菠菜绿），有的偏黑（瓜皮绿），有的偏灰（灰绿），有的同时偏蓝偏灰（油青）等等。显然，偏色的程度愈明显，价值也愈低。还要指出，观测翡翠的颜色，尤其是高档翡翠的颜色，光源条件很重要。有人说"无阳不看绿"，意即绿色的观察应在阳光下进行，否则很容易走色，把本来纯正的绿色看成具有某种程度的偏色。不过，阳光太强对色的观察也不利。人们也曾指出，常常在缅甸看，颜色较好的翡翠，到北方就感到颜色偏暗一些。原因就在于缅甸纬度低，阳光太强的缘故。另外，观察翡翠的颜色更不要在强灯光下看，否则，在灯光黄色调的影响下，原本偏黑、偏暗的颜色也会看成十分青翠。

"阳"，指色要明快、艳丽，也即所谓的阳俏。不要偏暗、偏浅。也即色的饱和度较高。

"匀"，指色要均匀。翡翠是一种多晶质的矿物集合体，所以其颜色常常达不到十分均匀。根据颜色分布的均匀程度，我们一般可将其分为5个等级：即均匀、较均匀、尚均匀、不均匀和花斑状。当然，色愈均匀愈好。但应指出的是，对于一个小的戒面来说，要求其色尽量均匀是可能的，而对于一个较大的雕件来说，通常是无法满足色均匀的要求的。这时主要看翠色分布面积的大小，在雕刻构思时能否巧妙地利用色调分布的差异，使其取得画龙点睛的效果。另外，通常人们还把一个雕件（或玉镯）中同时存在翡、翠、地（或春）三色，称为"福禄寿"，视其为色好的品种。如果同时具有红、绿、紫、白或红、黄、绿、白四色，则

◆ 各种颜色的翡翠

称"福禄寿喜",其价值自会更高一等;倘若同时具有红、黄、绿、紫、白五色,称"五福临门";由于这种情况极其罕见,其价值当然又要高出许多。

我们已经指出,翡翠并不全是绿色,它还有其他的颜色。一般说来,除绿色外,具有浅紫色的"春",也是较受人们喜爱的颜色。尤其在台湾,这种紫色的翡翠常具有很高的身价。紫翠(或称春)大多色很浅,价值高的应是其色浓的品

这对紫罗兰色翡翠手镯宽为19mm,厚9mm,外径76mm,用料非常厚实。更难得的是,种份细腻通透,在紫色中颇为少见,整对手镯都没有任何瑕疵,完美性非常高,且珍贵的配成一对。2011年亮相北京春季拍卖会,喊价1千万元

种。另外,其紫色还有偏蓝和偏红之分,当以偏红的粉紫为好。

红~黄翡,从颜色而言,其价值不仅低于绿翠,而且也常低于色浓的紫翠。翡也有各种不同的色调,如褐黄、黄褐、褐、棕红、红棕、红等,当以具有相对艳丽的红色为好。

白地,在翡翠中通常没有独立的价值。它总是以陪衬的地位出现,而且在一些小件的翡翠饰物中,白地的存在只会压低饰物的价格,即使在大的翡翠雕件,白地所占的比例愈多,雕件的价值(雕工的优劣暂不考虑)也愈低。白地也常有不同的色调,如乳白、灰白、瓷白、微绿白、浅灰等,极少见有纯的白色。若能具有像白色软玉那样的纯白色,则也可以成为一种优质的品种。

黑色,在翡翠中大多被作为一种瑕疵;而一些黑色的皮壳也大多被弃之不用。但近来,市场上却出现黑色翡翠逐渐走俏的现象。不久前,曾有一串黑色翡翠项链,在香港竟拍出了130万港元的高价。这种所谓的黑色翡翠,主要呈黑~黑灰色,有

不同色泽的紫翠

不同色泽的红~黄翡

的还夹杂有一些浅色的石花,强光下仍具有一定的透明度。当然,在黑色翡翠中应以纯黑、显得庄重者为好。

(三) 透明度和质地的评价意义

除颜色外,决定翡翠价值的另两个重要因素是透明度和质地。

透明度,俗称"水"。透明度好的翡翠令人觉得它格外水灵晶莹,玲珑可爱,以致有人认为透明度比颜色更为重要,所以,一些颜色虽然很绿但不透明的所谓"有色无种"的翡翠,常被人视为是翡翠中的中下品。评价翡翠透明度的优劣,旧时人们习惯使用"一分水"、"二分水"的评语。其中一分水是指厚约0.1寸(3mm)的翡翠仍可透光,二分水则指厚约0.2寸的翡翠仍可透光,以下类推。一般达到二分水以上的翡翠就是很好的所谓"冰地"或"玻璃地"翡翠了。近年来矿物学研究方法的引入,使人们倾向于废除"水"这一不规范的用词,并把翡翠的透明度划分为5个等级,即透明、亚透明、半透明、微透明和不透明。需要补充指出的是,虽然对于大多数翡翠来说,透明度是越高越好,但事实上一些具有浓绿颜色的高档翡翠,由于受到"浓"的颜色影响,其透明度很难达到较高的程度。

◆ 翡翠的透明度(据欧阳秋美)自左至右,不透明、微透明、半透明、亚透明、透明

质地,俗称地子(底子)、地张。优质的翡翠应是结构十分致密,粒径应不超过0.5mm。这种结构致密的翡翠常具有较好的透明度,且抛光效果也较好,光泽较强,更能显示出其璀璨水灵的品质。还要附带指出的是,有些人曾把所谓的"翠性"作为鉴别翡翠真伪的依据,其实所谓"翠性"是翡翠内部小晶粒的晶面或解理面造成的反光。它虽然可用来区别那些与翡翠具有完全不同矿物组成的仿冒品,但对于那些结构十分致密、组成矿物粒径非常细小的翡翠同样也会很难看到"翠性",因此切勿因此而产生误断。

翡翠质地的优劣还表现在一种深受人们推崇的所谓"起荧"的现象上。一些质地和透明度很好、晶莹剔透的翡翠,在其内部会显示出一种漂浮的、会随其摆动而改变位置的亮光,即为起荧。据研究,会产生起荧现象的翡翠一般颜色不能太深(太深会掩盖起荧);更关键的是翡翠的结构,以组成矿物粒度在0.05~0.15mm,具有

◆ 会起荧的翡翠饰品

较好透明度为首要条件；此外还需要有弧面琢型（如蛋面、手镯、福豆、笑佛的佛肚等）的配合。这样，当光透过翡翠时会因折射在上弧面发生聚敛，又因为下弧面的反射，产生二次聚敛，致使聚敛后的光强大于原始入射的光强；而矿物颗粒间所产生的散射和漫反射，则最终导致起荧现象的出现。

总之，人们在评价翡翠质地的优劣时，常不仅考虑其结构的细密程度，也综合了其透明度的情况（它与质地优劣密切相关），甚至颜色的影响，并据此给予不同的名称，如所谓玻璃地、冰地、粉地、豆地等。这里我们将其归纳为 6 类。

①玻璃地，翡翠质地较佳的一种，结构致密细腻，晶粒粒径小于 0.1mm，透明～亚透明，看不到所谓的"翠性"，在 10 倍放大镜下很难分辨其晶粒，也未见有棉绺、石花等不纯物。前人所说的水地也可包括在内。若其色够好，即可构成为最高档的翡翠。

②玉地，也是翡翠质地较优的一种，结构致密细腻不亚于玻璃地，但透明度相对较差，半透明为主，也难见有"翠性"，10 倍放大镜下仍难分辨其晶粒。由于其直观表象近似软玉的外观，故称玉地，它还包括前人所说的冰地、蛋清地、芙蓉地等。此类质地也常构成为优质的翡翠。

③粉地，指结构仍较致密，但组成矿物晶粒稍大，粒径在 0.1～0.5mm，常可见有翠性，放大镜下晶粒易于分辨，透明度为半透明～微透明，并时有少许棉绺、石花的一种质地。它可包括前人所说的浑水地、藕粉地等，是构成中档翡翠的主要质地。

④豆地，是一种具有中粒～较粗粒结构的翡翠质地，粒径可达 0.5～2mm，甚至更大，以致肉眼即可分辨其晶粒，"翠性"和棉绺易见，透明度为半透明～近于不透明。有时因晶粒的色泽稍有不同，看上去如豆粒聚集在一起，故称豆地，它还包括前人所说的豆青地、粗豆地、沙地等。它主要构成中低档翡翠。

⑤瓷地，是一种结构虽然比较细密，但透明度较差，系近于不透明到不透明的质地，因外观近似瓷器表面，故称。它包括前人所说的细白地、干白地等，它主要构成偏低档的翡翠。所谓"有色无种"的翡翠底质应属此。

⑥石地，系指结构粗疏，透明度近于不透明或不透明，常见有石花、棉绺，且常杂色、脏色相间的一种质地。它包括前人所说的狗屎地、糙白地、石灰地、死地等。由其构成的翡翠均属低档品。

◆ 晶粒较大的翡翠可见明显的翠性

应该指出，上述 6 种质地的划分是比较粗糙的，客观的实际情况常要复杂得多。譬如有的翡翠可能具有较好的透明度，近于玉地，但晶粒却较粗，相当豆地。这时你在评价其底质优劣时，就应根据实际情况斟酌处理。

还有，翡翠还常分成若干不同的品种。而质地的差别，以及颜色的不

◇ 1996年秋在香港苏富比拍卖会上，这个老坑玻璃种手镯以最高价959万港元成交

◇ 这对芙蓉种手镯虽然翠的面积不大，但底质很好，具亚透明，估价4万～6万元

同和其他相关特征便是划分这些品种的依据。现择其重要者简介如下：

①老坑玻璃种。指具有玻璃地，且颜色达到浓正阳匀要求的最高档翡翠。若虽具有玻璃地，但色不够浓艳，则称为玻璃种。

②芙蓉种，指具有玉地，部分为粉地，色虽绿，但不浓，也不很均匀的中高档翡翠。

③金丝种，指具有粉地，部分为玉地，翠绿色部分呈细小的纤丝状分布的中高档翡翠。若翠绿色纤丝的分布具方向性称"顺丝翠"，系较好的亚种；若纤丝分布无方向性，杂乱如麻，称"乱丝翠"，属于中档；若其中杂有黑色丝纹，称"黑丝翠"，系相对偏差的亚种。

④油青种，指具有玉地或粉地，但绿色偏暗，常为灰绿、暗绿、墨绿、蓝绿，但颜色分布相对较均匀的中档翡翠。近年的研究发现其组成矿物与大多数翡翠稍有差异，以绿辉石（钠铝辉石向透辉石变异的亚种）为主。

⑤白底青种，底质以粉地为主，部分近于豆地，且有较多的白色的底质，翠绿色部分不均匀分布呈翠点状或翠块状。属于较常见的中低档品种。

⑥花青种，底质以豆地为主。它与白底青的区别在于透明度较差，并常夹杂有其他杂色，故曰花青，也属中低档偏低档的品种。

⑦紫罗兰种，即具有"春色"的品种，其底质既有玉地，也有粉地，甚至豆地，其中偏蓝色者多为豆地。近年市场上又出现一种紫色翡翠的新种，叫作"紫云种"，它具有粉紫的底色，间夹粗细、疏密不等，大致相互平行的白色条带。化验表明它比传统的紫罗兰种更富锰而贫铁。

⑧八三种，1983年发现的品种，组成晶粒较粗，应属豆地，但透明度却较高（尤其是经过漂洗，甚至可呈亚透明），是市场上用于制作B货的主要品种。据研究在其物质组成上常含有一定量的其他矿物，如钠长石、阳起石等。也属中

◇ 白底青种（右侧的雕件虽然颜色尚可，但因透明度差，价值也不高）

◇ 花青种

◇ 油青种

◇ 天龙生种

低档品种。

⑨ "天龙生种",也系20世纪末新发现的品种。"天龙生"一词为缅语"满绿"的音译。这是一种具有豆地、但几乎全为绿色的品种。在绿色中常杂有黑色的或暗绿色的高铬含量的斑点。由于色深透明度较差,为提高透明度,其成品多制作成薄片状。属中档品种。

⑩ 干青种,一种典型的所谓"有色无种"的品种,多为豆地,甚至瓷地和石地,颜色呈不同深浅的暗绿色。据研究,其物质组成与正常翡翠有异,主要由钠铬辉石组成,故其摩氏硬度也偏低,只有5。严格说来,它已不属于翡翠范畴。

(四)翡翠价值评价的其他因素

翡翠价值评价的其他因素还有:

瑕疵,也即净度。这是一些可能影响翡翠观感的弊病,如黑点,一些近于不透明的石花、石脑和僵块,还有氧化铁污染形成的棕色丝或薄膜、有机物污染形成的黑色丝或薄膜等。自然,对于优质的翡翠来说,这些瑕疵应该是越少越好,最好是完全干净,没有任何瑕疵。

绺裂。绺指翡翠内部的微小裂纹。它们多由矿物的解理、晶粒间隙发育演变而来。因此,对于那些组成矿物颗粒较粗的翡翠来说,绺的存在几乎是不可避免的。尤其是当有后期的污染物沿这些绺纹渗入时,就会使绺纹显得格外醒目。裂,指的是那些较大的更易被观察到的破裂纹。它们多为翡翠受到外力的挤压、碰撞、打击的产物。毫无疑问,裂的存在对翡翠品质的损害要比绺大得多。尤其是那些具有贯通性的裂,更会使翡翠的价值大打折扣。

大小。所有的宝玉石都有愈大价值愈高的规律,翡翠自然也不例外。但与其他珠宝不同的是,翡翠价值增长的倍率常不是以其克拉重量为基数,而是更偏重于其面积的大小。原因在于翡翠是一种优质色料分布不均匀的玉石,要取得一块面积较大的浓正阳匀的色料,远比

◇ 这个翡翠手镯颜色、透明度都不错,只可惜存在众多的黑色石花,使它的价值受到很大影响

◆ 天龙生种的显微结构。由于结晶颗粒较粗,绺裂发育,且有污染物沿绺裂渗入,形成黑色丝。

取得一块面积较小的类似色料要困难得多。

做工,或称"品样"。俗话说:玉不琢不成器。翡翠虽是一种十分优质的玉石,但若不经过人们的精心加工和雕琢,就不能充分显示出其优秀的品质。因此,做工的优劣,对翡翠价值的影响常是十分巨大的。不难发现,两件其他品质基本相似的翡翠,却因做工优劣的不同,而有着悬殊的价格差异。甚至有人专门收购一些加工制作较粗糙的翡翠制品,然后对其进行再加工,这时重量、大小虽然减小了,但价值却反而成倍地增长。另外,也要指出的是,有时一些经粗浅雕花的雕件,却未必比所谓的"素面"(即表面未经任何雕花处理的)更值钱。这是因为雕花处理常可掩盖或删除一些较明显的绺裂或瑕疵,而素面的做工却无法掩饰这些绺裂和瑕疵。

翡翠的品样,还包括翡翠的配对情况。如一串珠链,若能做到颗颗直径大小相同,颜色、品质均匀一致,此时其价值当然不是简单的粒数的数量倍关系。品样,当然也还指成品的轮廓模样。同样是一个戒面,其长、宽、高的比例是否恰当、匀称美观,对其价值的高低自然也有影响。

许多时候,翡翠做工的评价还应该具有艺术品的鉴赏眼光,就像书画和其工艺品一样,其造型是否优美、构思是否巧妙、制作是否精良就是必须考虑的因素;作为艺术品,制造者本人的声望也很重要。显然在其他条件相同时,大师级制作者的作品就会比一般作者的作品更值钱。倘若是已故大师的遗作,则还会具有文物的意义,其价值又会上升一成。所以我们不难看到有些翡翠玉雕器件的价值,做工所占的比例竟超过翡翠本身。

上述翡翠质量评价的七个方面因素,为便于记忆可将其归纳为4C、2T、1S。4C即颜色(colour)、净度(clarity,本文采用"瑕疵"一词)、绺裂(crack)、做工(cutting),2T是透明度(transparency)和结构(texture,本文采用"质地"一词),1S指面积(square)。

◆ 制作精美的翡翠雕件

◆ 翡翠鸡心，有不同的造型。好的鸡心，比例正确，厚度足够，看起来较丰满、美观得多

（五）警惕B货翡翠

目前在市场上最常见的经过人工处理,以提高其品质的翡翠是所谓的"B货翡翠"（其名来自于英文 bleach，漂洗之意）。这是一种经过强酸强碱浸泡漂洗，然后又经人工物质充填处理的翡翠。强酸强碱浸泡漂洗的目的是去除翡翠中的铁质和有机质污染物，可借此提高翡翠的透明度，并使翡翠的绿色因没有这些脏色的干扰而显得更艳丽一些。但漂洗的结果，使翡翠中的有些物质溶解在酸碱中，致使其内部结构变得不那么紧密，因此需要使用环氧树脂等有机或无机物质进行充填，使漂洗的翡翠得到加固。

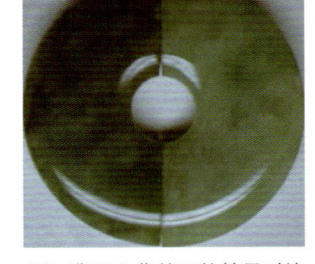

B货翡翠通常透明度较好，使翡翠显得更加晶莹、水灵，而且颜色也有所改善，使人看上去好像是较高档的翡翠。但是这种翡翠的内部结构受到了腐蚀、破坏，其耐久性便有所削弱；另外，所充填的环氧树脂等有机物的硬度较低，容易受到磨损，致使此类饰品的表面常因受到磨损而起毛，变得不那么光滑，光泽变暗；还有，所充填的有机物会随着时间的推移而逐渐老化、变质，甚至变黄，从而也使该类翡翠的颜色在潜移默化中发生一定变化。再者，人们还发现它的有机充填物对洗涤剂较敏感，易受到洗涤剂的侵蚀，所以，更不宜与洗涤剂经常接触。鉴于这些原因，B货翡翠虽然不乏具有美化装饰的作用，却不具有长远的收藏投资价值。这就决定了它的价格比起A货要差上一大截。

◆ 翡翠B货处理的效果对比（左为未处理前，右为处理后）（据欧阳秋眉）

与A货相比，B货翡翠常具有以下可资鉴别的特征：
①光泽较弱。
②在折射仪上，其折射率读数常较模糊或偏低。
③相对密度偏低（因填充物的相对密度低）。
④在紫外灯光下，常显示出蓝白色的荧光。
⑤将其轻轻敲击，常可发现其声音不那么清脆，偏哑（因内部多微裂隙）。

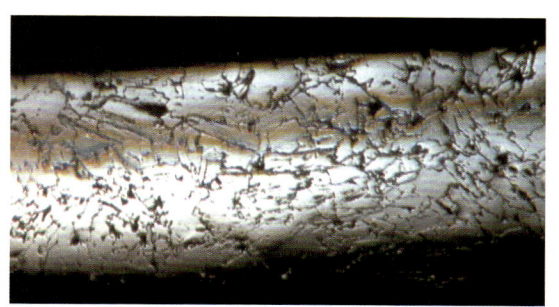

◇ B 货翡翠表面放大观察时常见的"橘子皮"构造　　◇ B 货翡翠玉佛

⑥表面较粗糙，砂眼众多，而且常见因受酸碱的侵蚀而留下的不规则的、常呈树枝状的沟槽，或称"橘子皮状构造"。

⑦透射光下放大检查，可见一些晶粒受到溶蚀。

⑧内部通常比较洁净，少见氧化铁或有机物污染而产生的棕色或灰黑色的膜和丝。

⑨红外吸收光谱常是鉴别有无有机充填物的有效手段。用有机物充填的 B 货翡翠大多在波数 $2\,800 \sim 3\,200 cm^{-1}$ 处有强的吸收谷，但若充填的是无机物则较难辨别。

⑩火试，有机充填物怕高温，一般 $>100℃$，就会变色，$>300℃$，会变褐、变黑、碳化。但这是一种破坏性试验，一般不宜用。

应该指出，以上 10 个方面均不是绝对的，在许多情况下，有些 A 货也会出现类似的现象。这是因为翡翠是众多矿物晶体聚集而成的，在它的物质组成中，除了钠铝辉石这个主要矿物外，也还常常含有少量的其他矿物，如它也可能含有少量的钠长石、角闪石、绿泥石等。当这些杂质矿物的含量发生变化时，它的折射率、相对密度、光泽、荧光特征也均可能发生相应的变化，以致出现类似 B 货的表现。再有，当 A 货翡翠内部存在较多绺裂时，敲击起来也会出现声音较哑的现象；反之，B 货翡翠若充填良好，敲击起来声音也会十分清脆，叮叮如金属声。所以，上述的 10 点特征（除火试这点外），仅凭其中的任何一点均不应作为确认 B 货的依据，必须同时有几点可以互相引证时，方可作出较正确的判断。

事实上，B 货的鉴别还常因漂洗程度的不同而复杂化。打个比方，B 货的漂洗程度有的可能如洗把脸，有的则是冲个澡，还有的是泡澡。显然，这种程度上的差异，也必然反映为上述特征的程度差异。洗把脸的就会更接近 A 货，而难以发现上述特征；而经过"泡澡"处理的，其 B 货的特征就会比较明显。

总之，B 货翡翠的鉴定是有一定难度的。一个翡翠爱好者除了通过不断观察、摸索，掌握上述鉴别特征以防受骗外，在必要时，还是应该请权威的鉴定部门帮你作出准确的判断，免得造成损失。

(六) C货翡翠与其他处理手段

在当今市场上，经人工美化处理的翡翠常见的还有以下一些品种。

"染色翡翠"或称C货翡翠（染色一词英文为colouring，故曰C货）。这是一种远比B货出现更早的翡翠处理方法，早在前清时期就已出现。不过，早期使用的染色剂是铬盐，在查氏滤色镜下可以看到原本绿色的翡翠呈现出红色。20世纪80年代以来，人们改为采用绿色有机染料来染色。这种有机染料在查氏镜下不会泛红，因此查氏镜已不能有效地识别C货，只能依靠在放大镜或显微镜下的仔细观察。如果发现翡翠的绿色不是来自矿物晶体的本身，而是来自沿晶粒间隙、解理和绺裂分布的染色剂，便可予以确认。C货翡翠由于大多是使用原本无色或仅有极少翠色的低档翡翠来制作，而且染色剂又不稳定，经不起岁月的考验（尤其经不起长期的阳光曝晒），会逐渐褪色，因此C货翡翠的真正价格都很低，也没有任何收藏投资的价值。

还要指出，目前市场上所见的染色翡翠，除染上绿色冒充高档翡翠外，也有染上紫色冒充紫春和染上红色冒充红翡的，甚至也有局部染绿、另一部分染红冒充"福禄寿"的。不管染上什么颜色，它们的共同特征都是颜色呈网纹状存在于绺裂和晶粒间隙间。另外，市场上还可以看到所谓的B+C翡翠。这是指该翡翠先经过酸碱漂洗，然后在充填有机物时又同时加入了染色剂。这种B+C翡翠同时具有B货翡翠和C货翡翠的双重特征。

"镀膜翡翠"，俗称穿衣服的翡翠。这也是一种利用低档的无色或仅有极少翠色的翡翠原料，在磨制成型后，再在其表面涂覆一层绿色胶膜而获得的制品。此类翡翠的颜色分布与C货不同，它看不到颜色渗入晶粒间隙和绺裂的现象，而是浮于表面。有时易被人误认为是整体的地子绿，尤其是当该翡翠制品中还确实存在有少许真翠点时，更易被人误认为是A货。不过，此类翡翠有的在用放大镜检查时可以发现，薄膜局部脱落而露出败絮其中的本质；有的因膜层较厚，而硬度又较低，会因受到硬物的擦碰留下擦痕。如果没有这些迹象，则就得利用专门的仪器进行检查。在紫外灯下，它的有机薄膜会显示出蓝白色的荧光；在红外光谱图上，它也会像某些B货那样在波数 $2\,800 \sim 3\,200\,cm^{-1}$ 处，出现环氧树脂类有机物的吸收谷。此外，还可

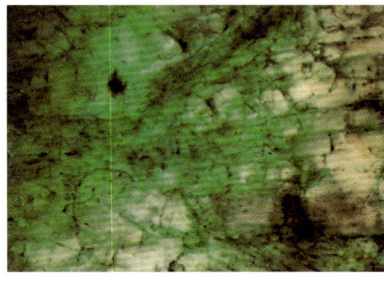

◆ C货翡翠显微镜下（×90）可见绿色染料沿矿物的解理和裂隙呈网状分布

◆ 绿的为染色翡翠，红的为加热处理的红翡，白的手镯有染色素褪色后留下的痕迹（在日光下晒了6个月后的结果）（据林小玲）

◆ 右边的两个是经 B+C 处理的紫罗兰色翡翠，左边两个则是仅仅作人工染色处理的 C 货翡翠。相比之下可以看到，经 B+C 处理的要比仅做 C 货处理的透明度高

◆ 这个红翡的红色就是焗色处理的结果

以用热针进行试验，其表面的有机膜常会被烫出焦点，不过，这是一种有损试验法，非万不得已最好不用。

"焗色翡翠"，即热处理翡翠。这种处理主要是为获得色泽较好的红翡。一些原本带有黄褐色调（由褐铁矿的污染引起）的低档翡翠，经过加热（即所谓的焗色）处理以后，原本的低价的亚铁离子会氧化成为高价的铁离子，颜色也转化成为较佳的红色，从而提高了翡翠的价值。焗色翡翠所获得的颜色是永恒不变的，而且它几乎是不可识别的。事实上，由焗色产生的红翡与天然的红翡，在形成机理上是完全一样的，只不过天然者是在自然环境里通过缓慢的转变而产生，焗色者则是在人工环境里快速转化而成。不过，后者在加热过程中，由于骤然的温度变化，常会产生较多的微小裂隙，致使敲击起来它的声音常会哑一些。但天然红翡若内部有裂隙，也会有同样的表现。鉴于此，焗色翡翠只要内部裂隙不是过分发育，已被人们视作 A 货来接受。我国国标也认定它属于优化，而非处理。

"粘合翡翠"，此类翡翠在 20 世纪 80 年代曾出现于香港市场，并令许多人上当受骗。这是一种半真三层型的制品。它用无色低档翡翠为顶，然后从底部将其挖空，成薄壳状；再在薄壳的内壁涂上一层绿色胶层，最后再用低档翡翠做一个底，将挖空部分填死，便获得了酷似优质翡翠的这种半真三层型翡翠。这种粘合翡翠由于顶、底都是真翡翠，翠色又是来自内部，而拼合缝又常因镶嵌的关系难以发现，所以具有很大的欺骗性。一般的检测方法也大多难以奏效。不过，若用红外光谱仪，则可以测出它也具有类似 B 货那样的有机物引起的吸收谷。用分光镜检查，则无正常绿色翡翠的谱线。显然，这些方法对于普通收藏投资者来说都很难掌握，因此，如果你有怀疑，最好还是请专门检测机构进行鉴定。

"再造翡翠"是近年出现在市场上的一种新的翡翠处理品。它把翡翠的边角料磨碎，然后用铅玻璃做胶结剂制成。只要配比合适，可获得与 A 货翡翠相似的折射率与比重。但放大检查，可以发现它具有与天然翡翠不同的粒状结构，还有的可见有个别的气泡，再有的可见有非晶质的铅玻璃斑点，足以区别之。

我们还要顺便谈一谈"合成翡翠"问题。翡翠的合成早在 1984 年就由美国的 GE 公司率先完成。稍后，中国地质科学院也在实验室中获得合成翡翠。但这些早期

合成翡翠（据沈才卿）左：约1 700℃、70千巴合成的翡翠透明料；中：合成翡翠800℃下加热后的形状；右：加工成戒面的合成翡翠

的合成翡翠，均由于品质不佳，而无实际的宝石学用途。2002年，GE公司在改进了合成技术以后，又获得了新的合成翡翠。它具绿～绿黄色，半透明的微晶结构与天然翡翠十分近似。主要区别在于其在长波紫外光下，会具有弱的蓝白色荧光；在短波紫外光下有中～强的灰绿色荧光。虽然目前还没有关于它被正式投放市场的具体信息，但可以预期这一日子当为期不远，故必须引起翡翠爱好者们的高度警觉。

（七）常见的翡翠仿冒品

应该说，上述B货翡翠、C货翡翠等，其美丽的外貌虽是经过人们巧妙地伪装，但它们的实质仍属于翡翠，还算不上真正的仿冒。那么，在当今的翡翠市场上还可以看到许多真正的仿冒品。它们与翡翠之间没有任何本质上的联系。现择其要者介绍如下：

"**料翠**"。是一种历史悠久的翡翠仿冒品。我们曾在许多前清时期遗留下来的珠宝中发现它的踪迹。它实质上就是一种用绿色玻璃仿制的假翡翠，稍有经验的人不难识别之。因为它不具晶质结构，看不到大多数翡翠所能看到的所谓"翠性"；它还常常含有气泡，这在翡翠中是无论如何不会出现的；另外，若用仪器检测它的折射率与相对密度等物理性质，也会发现它与真翡翠的相关数据均是截然不同的。

"**依莫利石**"。也称"准玉"。这是一种来自日本的人工制品。它也用绿色玻璃制成，不同的是它经过高温回炉，让玻璃发生"脱玻璃化"，从而形成一些类似羊齿叶一般的骸晶或雏晶（骸晶是晶体生长过程中，由于角顶或晶棱方向生长特别迅速，而形成的结晶面向中心相对凹陷的结晶骨架。雪花就是冰的骸晶。雏晶则是细小的刚刚萌芽的结晶物质）；且无气泡。因此在一些不熟悉翡翠结构的人看来，它似乎也具晶质结构，而造成误认。但是依莫利石的本质仍然属于玻

依莫利石的羊齿状结构（×35）

 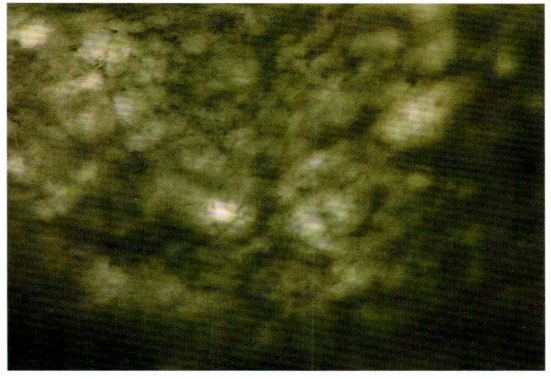

左：马来西亚玉；右：显微镜下马来西亚玉的绿色呈苔藓丝絮状（据李兆聪）

璃，若用仪器检测可以发现它的折射率、相对密度等物性参数与料翠相似，而与翡翠截然不同。另外，若为蛋弧形戒面，仔细检查它的背面，有时还会发现它有微微内凹的特征。这是由于它大多是直接浇铸成型的，当其冷凝时，物质冷缩形成内凹。

"**马来西亚玉**"，简称"马玉"。这也是20世纪80年代初以来，市场上广泛可见的翡翠仿冒品。由于它晶莹剔透，翠色艳丽，常被人误认为是高档翡翠，实际上它却是一种非常廉价（由其制成的戒面一般不会超过几十元）的人工染色制品，即染色石英岩。鉴别这种仿冒品，对于熟悉翡翠结构的人来说并不困难。如前所述，翡翠主要由钠铝辉石组成，它呈柱粒状或纤维状，而且常可见因晶面或解理面的反光而产生的所谓"翠性"；用来制作马玉的石英岩则主要由石英组成，它通常呈不规则的粒状，也没有翠性。另外，由于它的绿色来自人工染色剂，所以，放大检查时可见绿色沿石英晶粒间隙呈苔藓丝絮状分布。若用仪器检测它的折射率和相对密度等物性参数，也可以发现它与翡翠明显不同。

"**特兰斯瓦翡翠**"。它是一种产自非洲南部特兰斯瓦地区的含水钙铝榴石岩，因貌似翡翠而名。20世纪80年代末，我国北京某公司曾将其误认为是翡翠，进口了相当数量的原石，造成巨大损失。事实上要鉴别此类仿冒品也不困难。因为它的主要组成物质是石榴石类矿物，属于等轴晶系，具有均质性，而组成翡翠的钠铝辉石却具有非均质性；再者，它也主要呈不规则粒状集合体，无翡翠的翠性。其折射率与相对密度等物性参数与翡翠也明显不同。近些年来，在云南与缅甸的边贸市场上也见有此类由水钙铝榴石构成的翡翠仿冒品，被当地人戏称为"不倒翁"，隐喻它很难被人识破，所以它又被列为翡翠商贸中"四大杀手"之一。

"**澳玉**"，这是一种主要来自澳大利亚的绿色玉髓。玉髓是石英的隐晶质集合体，分布很广，并由于所含的微量元素或杂质矿物的不同，可有多种不同的颜色。常见的主要为黄～黄褐色（褐铁矿污染的结果）和乳白～灰白色，也有红～红褐色、蓝色、绿色、黑色等。澳玉的绿色，据研究来自微量元素镍的混入。在自然界，澳玉多呈脉状或团块状，夹杂于围岩之中，与翡翠的产状截然不同，所以不存在用其料石冒充翡翠的现象。但用其制成的成品，由于具有和翡翠相似的绿色，一样的玻璃光泽和半透明～微透明的质感，所以常被一些消费者误认为是翡翠。尤其是一些初涉澳大利亚的旅游者，每每被其酷似翡翠的外貌和相对低廉的价格所迷惑，错当翡翠购入。其实要鉴别澳玉和翡翠还是比较容易的：澳玉是隐晶质集合体，在10倍放大镜下无法看到它的组成颗粒，也看不到任何结构特征。反射光下，其

◇ 澳玉

抛光面比较光滑，无翡翠抛光面常见的微小沙坑。另外，它的折射率为1.54左右，相对密度2.65左右，都明显低于翡翠。

与澳玉类似，2004年后，在我们国内的市场上，可见有一种被人称为"黄龙玉"或"龙陵玉"的玉髓，常被用来充当黄翡或红翡。

黄龙玉发现于云南保山市龙陵县。也主要由隐晶质的石英构成，也即以玉髓的形态产出。由于所含微量元素和杂质矿物的不同，可有多种不同的颜色，如黄色、红色、白色、黑色、多色掺杂和少量绿色，但以黄～黄褐色最为常见。它质地晶莹剔透，透明～近于不透明，油脂～玻璃光泽；质地坚硬（硬度6.5～7），并有一定韧性，雕刻性能良好。成品的外观又酷似黄翡或红翡，因此自发现以来，获得了人们的热烈追捧，身价日高。与澳玉不同的是，黄龙玉常见有较大的块度，其坡积转石，甚似翡翠水料中的翡料，故常被一些人以"翡料"的名义推向市场。据说其优质石料已高达每千克万元以上。然而，黄龙玉的本质是玉髓，除颜色外，它的物理化学性质与澳玉并无本质的差异。我们仍不难以其明显低于翡翠的折射率和低相对密度，以及隐晶质特征等来识别之。

"水沫子"。这是20世纪90年代以来出现的一种翡翠仿冒品。它常以具有高透明度为特征，因透明度俗称水，但它又不是翡翠，而是翡翠矿体外围的一种含有少量钠铝辉石的钠长石岩，故有"水沫子"之名。由于它透明度好，也常含有少量绿色的钠铝辉石或绿色的阳起石等绿色矿物，所以，看上去很像飘有翠花的白地冰种翡翠，而令一些翡翠爱好者上当受骗。所以它也被列为当今市场上的翡翠"四大杀手"之一。"水沫子"的结构与翡翠也十分近似，甚至也能看到"翠性"，不过，由于它的主要组成矿物是钠长石，所以，它的各项物性参数与翡翠有着明显的差异，可资鉴别。

◇ 黄龙玉

"昆究"。这是是被列入翡翠"四大杀手"的另一种仿冒品，其名来自缅语。它实际上是一种

两个被误认为是冰种翡翠的水沫子　　莫子石

绿色软玉。绿色软玉习称碧玉，但昆究与我国新疆、辽宁等地所产的碧玉虽物质组成相同，都是由透闪石、阳起石类矿物构成，但晶粒结构不同，昆究呈肉眼可见的显晶质产出，而新疆等地产的为隐晶质。不论昆究还是碧玉，它们虽可貌似翡翠，但由于组成矿物与翡翠不同，不难根据物性与翡翠区别。

"莫子石"。也称"沫之渍"。是一种由纳铝辉石、钠铬辉石及角闪石等矿物以不同的比例共同组成的成分复杂的岩石，也是今天争议较大的翡翠仿冒品。一些人认为，只要它的钠铝辉石含量在 50% 以上，或者能测得它的物性接近于翡翠，就可以把它当作真正的翡翠。因此，市场上已有许多人将之公然以翡翠的名义在销售。但这类制品大多在具有很深的绿色的同时，又夹杂有较多的黑色的角闪石等暗色矿物，透明度很差，多为不透明，因此，虽类似于翡翠中的天龙生种或干青种，却以暗色角闪石类矿物多而可与其区别。

"染色大理岩"。这种翡翠仿冒品在当今的市场上已比较少见，而多见于一些老货和古玩市场上。由于原料来源较易，货源充足，所以，这种仿冒品常用于制作较大件的仿翡翠玉器，如玉碗、玉盘、雕件等。鉴别这种仿冒品是十分容易的，因为它的硬度很低，只有摩氏 3 度，可被小刀轻易刻划；滴一点稀盐酸便会强烈起泡。另外，由于它是人工染色的，所以也可以看到绿色是沿晶粒间隙和细微的裂纹分布。

与染色大理岩相似的是一些蛇纹石化大理岩（如所谓的蓝田玉）。它的绿色不是来自人工的染色，而是来自天然矿物——蛇纹石。但因其本质是大理岩，所以它仍然可被小刀划刻，滴酸起泡。

除此之外，类似的貌似翡翠的仿冒品还有一些，如朝鲜翡翠（蛇纹石玉）、南阳翡翠（独山玉）、印度翡翠（东陵石）、加州玉、葡萄石玉等，所有这些貌似翡翠的玉石，由于物质组成与翡翠迥异，所以均可通过物性测定来区别之。

仿翡翠的蓝田玉手镯

翡翠及其相似玉石与仿冒品识别特征简表

分类	玉石名称	主要组成矿物	主要物性参数			主要特征	著名产地
			硬度	折射率	相对密度		
	翡翠	钠铝辉石，绿辉石	6.5~7	1.66	3.33	纤维状或柱粒状变晶结构，大多可见"翠性"	缅甸
完全人造	料翠	玻璃	6±	1.52	2.50	非晶质，常见有气泡	无特定产地
	依莫利石	脱玻化玻璃	6±	1.52	2.50	非晶质，但可见骸晶、雏晶	日本
染色的天然玉石	马来西亚玉	石英	7	1.55	2.65	粒状结构，颜色呈丝絮状分布于晶粒间隙	无特定产地
	染色大理岩	方解石	3	1.48~1.65	2.70	滴酸会起泡，颜色分布于粒间和裂隙中	无特定产地
天然的玉石	水沫子	钠长石	6	1.53	2.60	柱粒状变晶结构，可见"翠性"	缅甸
	不倒翁、特兰斯瓦翡翠	水钙铝榴石	7~7.5	1.72	3.47	粒状结构，查氏镜下绿色会泛红	缅甸、非洲特兰斯瓦地区
	昆究（或碧玉）	阳起石、透闪石	6~6.5	1.62	2.90~3.02	纤维毛毡状结构	缅甸、我国新疆
	莫子石	钠铝辉石、钠铬辉石、角闪石	5.5~7	1.61~1.68	3.10~3.45	柱粒状变晶结构，不透明或近于不透明	缅甸
	独山玉	斜长石、黝帘石、铬云母	6~7	1.56~1.70	2.73~3.18	粒状结构，查氏镜下绿色会泛红	我国河南
	东陵石、密玉	石英、铬云母（或绢云母）	7	1.55	2.65	含众多定向分布的云母片	印度、我国河南等
	加州玉	符山石	6~7	1.71±	3.40	放射状或纤维状结构	美国加州
	葡萄石玉	葡萄石	6~6.5	1.63±	2.80~2.95	放射状纤维结构	日本、南非
	澳玉、黄龙玉	石英	7	1.55	2.65	隐晶质	澳大利亚、我国云南
	朝鲜翡翠、岫玉	蛇纹石	4~5.5	1.56±	2.44~2.80	微晶或隐晶结构，常见云状斑	朝鲜
	蛇纹石化大理岩、蓝田玉	方解石、白云石、蛇纹石	3~3.5	1.48~1.65	2.70	滴酸会起泡、小刀易刻动	我国陕西蓝田及多个不同产地

（八）翡翠的收藏投资要点

翡翠享有"玉石之王"的称号，自古以来就深得人们的喜爱，也是许多人收藏投资的主要对象。事实上，许多人已从收藏投资翡翠中得到莫大的乐趣，获得巨大的收益。这里，我们想给那些也想进行翡翠收藏投资的爱好者们，提供几点应该注意的要点：

①我们认为在所有珠宝中，翡翠是最具升值潜力的一种。首先，这是因为翡翠的罕见性。我们已经说过，迄今偌大的地球中，几乎可以说只有缅甸是中高档翡翠的唯一供应地，而且历经几百年的开采，资源已日见枯竭。相比之下，其他珠宝，如钻石、红蓝宝石、祖母绿等，在世界上都有不止一个产地，而且还有储量可观的新矿山启用，所以，至少在近一二百年中，它们不会像翡翠那样存在资源断档的危机。其次，从需求的角度看，翡翠又具有十分巨大的潜在市场。众所周知，翡翠在我国和受我中华文化影响的东北区和东南亚地区人们的心目中，一直具有十分崇高的地位，长期来一直是他们购买珠宝时的首选目标。另外，大家也都知道，这些地区从经济发展的角度看还大多处于相对贫穷落后的阶段，有钱拥有珠宝的阶层还只占总人口的一小部分。所以，完全可以想像到，随着社会经济的发展，大多数人逐渐摆脱贫困，也有了用来购买珠宝的余钱时，翡翠将面临一个多么庞大的需求群体。正是这潜在的供需矛盾的不断升华，促使着翡翠的价格不断地节节升高，尤其是那些高档优质翡翠，其上涨的幅度更是让人心跳眼红。

②应该知道，具有升值潜力的是真正的天然翡翠，即所谓的 A 货翡翠。其他各种经人工美化处理的翡翠是不具升值潜力的。B 货翡翠虽然也晶莹剔透，色泽艳丽，具有良好的装饰功能，但由于其耐久性受到破坏，不宜久藏。至于 C 货翡翠或镀膜翡翠等，更是只具短暂的装饰价值，毫无收藏的意义。

③鉴于市场上常见有各种经人工美化的翡翠和廉价的翡翠仿冒品，为了不致上当受骗，你最好还是请珠宝鉴定机构对拟购的翡翠作出准确的鉴定。一张翡翠鉴定证书大致会包含以下内容：

编号：检测部门可藉此与原始记录查对。

形状：常见的有蛋面、玉牌、手镯等。

质重：多以克或克拉表示（若是已镶嵌的，则该质重表示的是整体重）。

尺寸：常以毫米表示。如为蛋面会表示它的长 × 宽 × 高，如为手镯会表示它的外径和内径。

颜色：通常会描述它的基本色彩，色调浓度和色彩分布的均匀度。

透明度：一般分为透明、亚透明、半透明、微透明和不透明 5 个等级。

折射率：A 货翡翠的折射率为 $1.65 \sim 1.68$（高于或低于此值可要求鉴定师作出解释）。

相对密度（或比重）：A 货翡翠一般为 $3.30 \sim 3.36$。

荧光反应：A 货翡翠大多没有或只有极弱的荧光，B 货翡翠则会显示中～较强的蓝白色荧光。

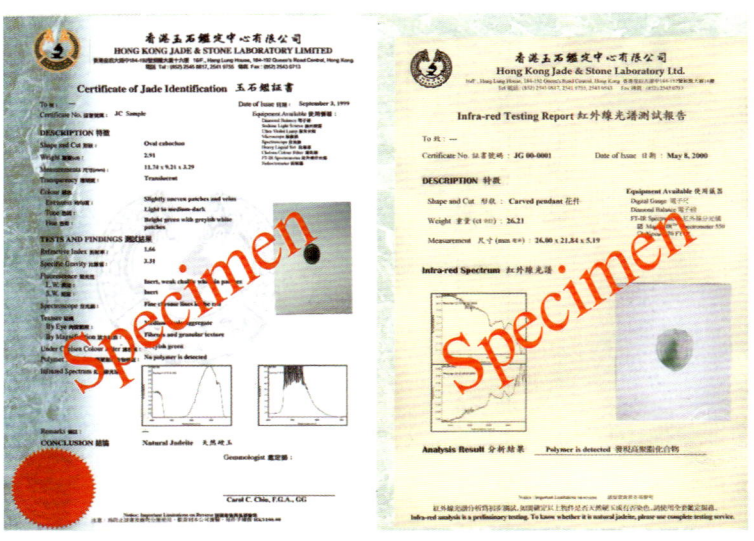

◆ 翡翠鉴定证书示例

滤色镜检查：早期的染色（C 货）翡翠在滤色镜下会显示红色，但近年生产的 C 货翡翠已很难观测到这种现象。A 货翡翠在滤色镜下呈基本原色。

分光光谱：大多数翡翠（不论 A 货、B 货或 C 货）在紫色光谱区可见有 437nm 的吸收线。天然绿色翡翠在红色区可有 3 条吸收线，而染色翡翠在红色区可见吸收线变粗或合并成带状。

结构：翡翠是由矿物晶粒集合组成。它大多具有中-细粒柱粒状或纤维状结构。一些绿色翡翠常可见有被称为"色根"的绿色矿物。此外还要注意有无表面特征的描述。A 货翡翠表面大多较平滑，B 货则会有较多的侵蚀沟槽（橘子皮状构造）。

其他：有些证书会附有所测样品的照片（但照片上的颜色却很可能会失真）。一些价格较高的翡翠还可能附有红外吸收光谱的曲线，可据以判断有无有机物的充填。

结论：根据上述各项测定的结果，可基本确认所测样品的类型，作出结论。若仅写"翡翠"两字，即为 A 货；若为 B 货、C 货则会被写成"翡翠（处理）"然后加注说明是 B 货或 C 货。若为仿冒品，结论就会写上其他名称，而无"翡翠"两字。

④ 翡翠的价值评估，除了前面我们已经谈到的颜色、透明度、质地、瑕疵、绺裂、大小和切工这七个因素之外，还有一个十分重要的因素，即制作的年代。迄今在国内已发现的翡翠制品，最早是明代的。明以前还无翡翠制品的发现。因此若有人有幸找到

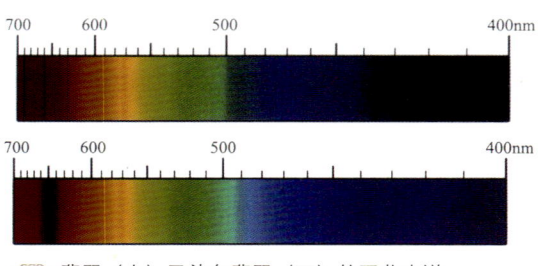

◆ 翡翠（上）及染色翡翠（下）的吸收光谱

一块可确证是明以前的制品，即使是一块最普通的翡翠制品，也会是价值连城，奇货可居。另外，明代和清代的翡翠制品也会比当代的制品更值钱（当然这是指有证据证明确是明清的制品）。

⑤翡翠的硬度是6.5～7，虽然比钢铁、玻璃硬，但比钻石、红蓝宝石、祖母绿等要差一些。所以翡翠的收藏一定要注意不让其与其他硬物相接触，不用时可单独用软布包裹，妥善安放。

这枚翡翠镶钻戒指2004年春在北京华辰拍卖会上以238 680元售出

⑥人们认为翡翠应经常佩戴，让其与人体分泌的油脂经常接触，有助于使其更加晶莹剔透。这应该说有一定的道理，因为油脂的渗入有助于改善翡翠内部绺裂的透光度，这就像祖母绿通过浸油来掩盖它的裂纹一样。不过，事物是两方面的，有利也有弊，人体油脂和汗液的渗入，尤其是汗液含有盐分和汗酸，天长日久对翡翠也会产生轻微的侵蚀，致使其表面光洁度变暗。所以，夏日佩戴翡翠还是需要注意擦去汗渍，适当清洗。另外，也不要让翡翠接触香水、化妆品和酸碱，它们都是有害的。

（九）翡翠料石的来源

前已述及，在全世界已发现的翡翠产地，虽然也有几个，但实际上除缅甸外，其他几个产地所产的翡翠都微不足道。相对来说，危地马拉的翡翠矿较具规模，但所产翡翠质量低劣，结晶颗粒较粗，透明度不足，颜色偏灰暗（多暗绿色和蓝绿色料）。因此，主要供应当地匠人用于制作旅游工艺品和仿古的玛雅制品，仅有少量优质的用于制作首饰。但总的说来，产量有限，影响不大。不过，近期有消息说，有部分危地马拉翡翠已被运往香港进行加工。这使我们估计，近期出现的一些所谓的"墨翠"，有可能有的便是危地马拉翡翠。

哈萨克是已知的另一个翡翠产地。但所产翡翠的品质也属中低档，以白色为主，少量黑色、绿色及杂色。绿色者也主要是灰绿、暗绿和褐绿，仅极少量可有艳丽的绿色。

哈萨克翡翠

左：常见的白色—浅灰色品种；右：罕见的绿色品种（颜色还可以，但透明度欠佳）

且大多组成矿物颗粒较粗,透明度不足。有人认为它大致相当缅甸的"砖头料"。目前,它的利用也仅限于当地,且规模有限,外界对其知之甚少。

日本的翡翠,可能是世界上利用最早的翡翠。人们在新潟的5 000多年前绳文文化遗址中就发掘到"翡翠"制品。但这里所产的所谓翡翠,实际上夹杂有较多的钠长石和闪石,故硬度较低,颜色也不佳。据说有人送了一大块给华盛顿国立博物馆,切来切去,切成一小块,颜色淡绿,夹有深色的阳起石晶体,总算还值得一看。还有人送给世界著名的宝石机构——美国宝石学院(GIA)一串日本翡翠珠链,但检查来检查去,这60颗珠子中不是钠长石,便是葡萄石,再或是钠长石和阳起石的混合体,竟没有一颗是真翡翠。可见,日本翡翠陡具虚名。

美国,在加州一带也发现有翡翠。但主要是一种富含铁的深绿到黑色的品种,并夹杂有较多的杂质矿物,矿床规模也较小。实际上没有可生产宝石规格的玉,所以仅具地质学的研究意义。

综上所述可见,翡翠,尤其是优质的翡翠在世界上只有缅甸一个供应地。至于缅甸历年来给世界供应了多少翡翠,人们却无法作出一个可靠的统计。这是因为翡翠从开采到销售都由个体分散进行。人们各自为政,互相保密。虽然缅甸政府一直企图予以控制,把翡翠升格为国宝。在20世纪90年代以前,还规定走私翡翠与杀人、贩毒同罪,将判以重罚和牢刑,但高额利润的吸引仍然使翡翠的交易大多在地下和私下进行。在这种情况下,当然不会有人肯公开自己销出翡翠的数量。

不过,人们估计,缅甸政府仍控制着约20%的翡翠销售。这些翡翠会每年在仰光的珠宝交易会上交易。1994年3月,在第31届珠宝交易会上,翡翠料石在4天中共拍卖出485.67万美元。前30届,珠宝总销售额为1.89亿美元,其中翡翠为1.03亿美元。我国历来是该交易会的主要买主。

除政府控制的交易会外,翡翠还有两条重要的销售渠道。一条经曼德勒进入泰国清迈。曼德勒是缅甸最大的翡翠切磨和交易中心。清迈在20世纪70年代以前还是一个非常贫穷和荒蛮的小镇,但由于当时北上中国的翡翠通道因受我国"左"的思潮的干扰而衰落,遂给它提供了一个良好的发展机会。经过近30年的发展,清迈现已成为世界最重要的珠宝交易中心,有各种珠宝加工厂上千家。

另一条通道北上进入我国云南的瑞丽和腾冲。这条距翡翠产区近在咫尺(只有100来千米,而到清迈则要1 200千米)的通

陈列在缅甸国家宝石公司院内的重达数吨的大翡翠,从抛光面可看到含有相当多的艳绿色

道,自古就是有名的玉石之路。早在明清时期,腾冲就已成为世界上最大的翡翠集散地和解玉琢玉之乡。据说民国初年,这里便有玉石作坊 100 多家,工匠 3 000 余人。新中国成立后,由于左的思潮干扰,以致渐趋衰落,促使大量翡翠向西流入清迈。改革开放以后,这里的翡翠珠宝市场又重新活跃起来。来自全国各地的珠宝商,包括来自香港、台湾的海外商人均纷纷来到这里采购翡翠。

(十) 翡翠加工和消费市场概况

从翡翠的加工和成品的供需情况来看,我国,特别是从大中华的角度看一直具有举足轻重的地位。

从我国境内而言,广东是国内翡翠最重要的加工交易中心,形成有 4 个不同档次的加工集散地。其中,汕头揭阳的阳美村是国内最重要的高档翡翠集散地。据说当地 80% 的居民从事翡翠的加工贸易。他们往往自筹资金,直接到缅甸矿坑赌玉购石,然后运回阳美加工。由于历年来积累了丰富的经验,并依靠集体的力量,他们敢于花费百万、千万的价格购买高档的"色料",然后加工成高档的翡翠成品,部分销往北京、上海各大城市,更多的则通过香港、台湾商人转销世界各地。

南海的平洲是广东另一类型的集散地。该地主要以加工中低档的手镯为主,也加工玉扣和雕花挂件。加工作坊多采用前店后厂的运作方式。他们多从缅甸或云南买回"花牌料"或"砖头料"进行加工。加工好的成品除销往全国各地外,也有不少成批地返销云南和缅甸。

四会是广东另一个重要的翡翠加工集散地。该地主要加工中低档翡翠花件及饰物。每天清晨六七点钟便有来自广州及国内各地的众多玉石厂商,汇聚这里采购雕刻好的已抛光或未抛光的翡翠花件,价格从数元到几千元不等,然后分销到全国各地。

广州长寿路玉墟街是当今国内规模最大和最完善的翡翠玉器交易集散地。这里的翡翠成品品种最为齐全,各种质量的高中低档翡翠无一缺少,而且不仅有天然的 A 货翡翠,也有经过人工处理的 B 货、C 货翡翠,也不乏各种翡翠的仿冒品。在这里从事翡翠经营的既有大公司大商家,也有小商小贩,真可说是鱼龙混杂。所售翡翠的价格高的几十万元也不罕见,低的仅几元、几十元。每天都有来自全国各地的购买者或批发或零售,热闹非凡。

除广东外,过去几十年,国内有分量的大件翡翠制品多来自北京、上海和扬州,出现过许多著名的玉雕大师,如王树森、李博生等人。近年虽仍有少量作品问世,但对整个市场影响已十分有限。

河南的镇平也是我国境内一个

◆ 四会的翡翠加工一条街一瞥

💎 在小贩手中常可看到的低档翡翠,如这两个鸡心挂件,一个色近冬瓜囊,一个虽有少量绿色但太暗沉,所以其售价一般均不会超过百元

十分重要的玉石加工区,据称那里有大小玉石加工厂 5 000 多个。不过,这里加工的玉石种类繁杂,翡翠加工仅占很小一部分,更多的则是岫玉、独山玉、软玉和京白玉等。

我国香港是世界上最重要的翡翠消费中心,也是加工交易中心。这里的广东道上有近百家专门从事翡翠加工和交易的公司及工厂。他们往往亲赴缅甸矿场或从仰光、清迈的交易会购得高档色料,运回香港进行加工,然后再将其销往我国台湾、日本、东南亚及欧美市场。从香港统计署提供的资料可以看到,香港每年进口的翡翠都有数百万美元,经其加工后,除供本地消费外还可赚回几千万美元。而且翡翠加工外销最盛是 1990 年。之后,因 B 货翡翠的出现,打击了消费者的信心,致使对日出口锐减,使市场有了一定的萎缩。再者,香港历来还是高档翡翠的拍卖地,国际著名的拍卖公司——苏富比和佳士得,每年春秋两季都要在这里举行珠宝拍卖会,翡翠往往都是历届拍卖会上的主角。并不时创出拍卖价的新高。

除香港外,翡翠的消费市场主要分布在亚太地区(在欧美,翡翠的消费群体主要是华裔和亚裔族群,数量相对有限),尤其是日本、我国台湾、韩国、新加坡这些相对较发达的地区,其消费的翡翠以中高档为主。我国境内也拥有巨大的翡翠消费市场,如在上海,据粗略的估计,在 1 400 万人口中大约 1/5 以上人口都有 1~2 件翡翠,而那些暂时还没有翡翠的人也都具有强烈的购买欲。不过,国内目前的翡翠消费还主要侧重于中低档翡翠。随着国民收入的逐渐增加,人们也会涉足一些高档的翡翠。可以预期,若干年后我国境内将成为各种档次翡翠的最大消费市场。

二、软玉

我国向有"玉石之国"的称号,玉文化是我国文化的一大特色。在古代流传下来的文物中,就有着多种多样形制各异的玉器;历代的正史、野史、传说、诗词文章中也有许多关于玉的记述;爱玉、崇玉,几千年来已深深根植于国民的心中。

据考证,古代人们使用和崇尚的玉,最主要的便是软玉。已知最早的软玉器具,发现于辽宁阜新的8千多年前的查海遗址,是一个玉玦。据此,人们估计,软玉的利用至少有万年以上的历史。

上海青浦崧泽出土的属于马家浜文化(公元前51世纪~前39世纪)的玉玦

(一)软玉的基本特征

玉,在我国古代一直是一个泛称,没有明确的属种分类。在国外,人们也常常把不同的玉混为一谈。1863年,法国地质学家达莫尔最先认识到存在两种不同的玉,一种硬度较高(硬度6.5~7),称之为"硬玉",也就是前面我们已经谈到的翡翠;另一种硬度稍低(硬度6.0~6.5),也就是软玉。

从地质学的角度看,软玉是一种主要由透闪石或阳起石的纤维状微晶交织成毡状结构的岩石。透闪石和阳起石都是属于角闪石族的硅酸盐矿物,前者可用化学式$Ca_2Mg_5(Si_4O_{11})_2(OH)_2$表示,后者实际上是前者的含铁变种,即在它的晶体结构中有少量的镁被铁所替换,故其化学式为$Ca_2(Mg,Fe)_5(Si_4O_{11})_2(OH)_2$。在晶体结构上它们都属于单斜晶系,常形成长柱状或针状的晶体。透闪石大多呈白色、灰白色;阳起石则因含铁而具有绿色调,并因铁含量的多寡,而使绿色调有深浅的变化。软玉便是它们的纤维状微晶的集合体。微晶的晶粒柱长一般不超过0.1mm,有的甚至小于0.01mm,以致有些时候在普通显微镜下都很难分辨其晶粒。

除了透闪石和阳起石外,有些软玉(因产地、矿体而异)还会含有极少量的其他矿物,如透辉石、蛇纹石、方解石、尖晶石、磁铁矿和石墨等。这些矿物的存在常构成为软玉中的瑕疵，并不同程度地影响软玉的品质。

软玉由于以透闪石和阳起石为主，故它的性质与透闪石、阳起石近似。它通常具有半透明～微透明的质感，玻璃～油脂光泽，常呈白、乳白、灰白、淡青（如鸭蛋青色）、微黄、黄褐、灰黑、黑、淡绿、黄绿、暗绿等色。其平均折射率在1.62左右，相对密度2.90～2.96。摩氏硬度比翡翠略低，为6.0～6.5，但其韧性却高于翡翠。在各种各样的珠宝中，若从韧性角度考察，它几乎可以说是最好的，比宝石之王——钻石要好得多，所以它十分耐撞击。

◆ 上海青浦崧泽出土的属于崧泽文化（公元前39世纪～前31世纪）的玉璜（下部可见有沁色）璜是古代贵族朝聘、祭祀、丧葬时所用的礼器，也用于装饰

与翡翠相比，软玉在世界上有较多的产地，其中最著名的是我国新疆昆仑山北麓，它西起靠近帕米尔高原的塔什库尔干，东延到且末，长达1 200千米，尚继续向东延入青海境内。此外，澳大利亚科威尔也是世界软玉的著名产地，据说其储藏量位居世界之首。另外，俄罗斯、加拿大、新西兰、韩国等地也均有软玉产出。在我国，除新疆和田（即昆仑山北麓）外，软玉还产于新疆天山北麓的玛纳斯地区及四川龙溪、台湾花莲等地。

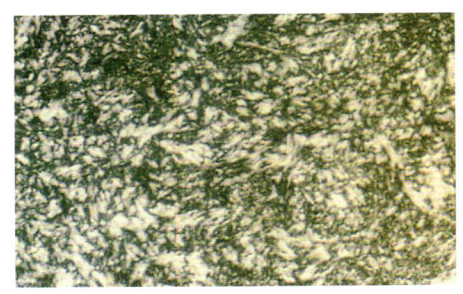

◆ 显微镜下软玉的微晶交织结构

软玉按其在自然界的产出状态，一般可将其分为三类：一类是原生的，即自其形成以后，迄今仍保留在原产地的软玉矿石。它又被人称为"山料"。山料因未经自然的选择，常夹杂有较多的不能作为玉石的围岩或杂质，所以大多品质较差。另两种是原生矿石在暴露于地表以后，受到风化侵蚀作用的影响，从原地被剥落下来，后又在流水或冰川的携带下，向低处迁移。如果迁移的距离较短，停积在半山坡或山脚处，称为"半山半水料"或"山流水"；若迁移的距离较远，被流水反复冲带，携入远处的河谷，称为"水料"或"仔料"。仔料由于经过长途搬运，流水的反复冲洗、筛选，又经水的长期浸润，使质劣的多被淘汰，留下了一些质优的软玉，成为一些优质软玉的主要来源。而半

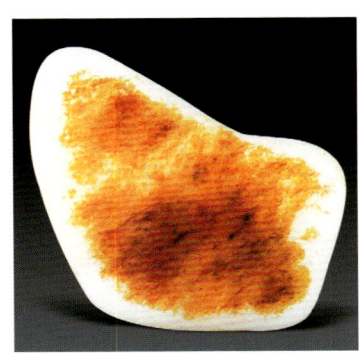

◆ 一块有"糖色"污染的白玉仔料

▽ 产有软玉仔料的新疆和田喀什河

山半水料因搬运距离短，虽然也经过自然的筛选，但品质仍不及仔料，但比山料好一些。仔料和半山半水料，被从原产地剥离下来，因长期暴露在空气中或流水里，其表层很容易受到氧化作用的影响，或受环境中外界物质的污染，故常会形成有皮（或称璞），或表面被黄褐色的铁质渗染。因这种颜色有些类似"赤糖"的颜色，故我国工艺界习惯称其为"糖色"。具糖色的玉，则称"糖玉"。

（二）软玉的主要品种

我国是软玉的主要出产国，在国内市场上所见的软玉制品，除了部分来自俄罗斯，及更少一部分来自韩国、加拿大之外，几乎均是国产的。

软玉，尤其是新疆和田和青海一带所产的软玉，通常按其外观颜色的不同划分为以下几类：

白玉：以白色为基调，有的可略带其他色调，如所谓的闪青、闪灰、闪黄、闪绿等，而有不同的名称，如有的称象牙白、梨花白、鱼肚白、鱼骨白、鸡骨白、糙米白等等，其中以白如羊脂的羊脂白为最好。白玉从物质组成看大多由几乎纯的透闪石构成。又据精确的测定，在软玉中白玉的硬度稍稍偏大，可达6.7，而相对密度则大多在2.93±。

青玉：呈鸭蛋青色，并可有深浅之分，深者常闪绿。青玉从物质组成上，多为含微量铁的透闪石，故青玉的相对密度会比白玉稍大一些，达2.98，硬度则稍低为6.5。

青白玉：是一种颜色介于青玉和白玉之间的过渡品种。由于天然白玉资源日见匮乏，所以市场上也常常可以看到人们用青白玉来冒充白玉的。

红玉：仍主要由透闪石组成，红色来自三氧化二铁。红色则有大红、桃红、粉红、玫瑰红、夕阳红、黑红等。从色彩分类看有红皮玉、俏色红玉之分。红皮玉在红皮包裹下的玉色可千差万

▽ 青玉雕件，清乾隆年间(1736～1796年)制作的青玉《三羊》，造型逼真，栩栩如生，表现出很高的工艺水准

据华夏收藏网报道，这块红玉售价为每千克100万元

青花玉

别。红皮也常见由人工染色而来。而真正的俏色红玉则十分罕见和珍贵。东汉王逸就认为，玉分赤、白、青、黑四色，以赤为上。古时只在宫廷王室内流传。俗谚云："玉石挂红，价值连城"。玉石业界也有"一红二黄三羊脂"的说法。

青花玉：和田软玉的新种，系在白色、青白色、灰白色或青色的底色上夹杂有云片状、星点状或条带状石墨形成的黑色斑块的品种。

碧玉：呈浅绿、绿、深绿或暗绿色，颜色常常不均匀，常见有星散分布的黑色斑点和色较深的玉筋（即细脉）。在物质组成上碧玉主要由阳起石构成，故常具有相对偏大的相对密度，有的可达$3.0\pm$。硬度则略低，为$6.4\pm$。碧玉在和田矿区相对少见，但在有些矿区，如新疆天山北麓的玛纳斯，台湾花莲，国外的加拿大（该地所产的碧玉，被称为"加碧"），新西兰（该地所产的碧玉有"新西兰绿宝石"之称）等地，却是当地所产软玉的主要品种。

碧玉雕"蓬岛瑶台诗山子"

墨玉：呈灰黑～黑色。色大多不均匀，有的黑色呈团、成片、成带分布，有的则有深浅灰黑的不均匀变化，而以纯黑均匀者为佳。我国新疆和田的喀拉喀什河，就以盛产墨玉而著称。这里的墨玉在物质组成上以含有较多的分散分布的石墨质点为特征，故其相对密度常明显偏低，有的只有2.66，与软玉的标准相对密度2.96相差达0.3。硬度也大多偏低，只有6左右。澳大利亚的科威尔也是墨玉的主要产地。不过，在那里墨玉的黑色与铁含量的增加有关，其中优质的墨玉是当地价值最高的软玉品种。

新西兰碧玉（用于祭祀等仪式的玉斧）

黄玉：呈浅黄、米黄到深黄色。目前在新疆和

故宫珍宝：黄玉佛手花插

田已罕见有黄玉，但在清代的玉器中，可见有品质非常好的黄玉，其色黄，正而娇，润如脂，实不亚于羊脂白玉。现代有些黄玉，多来自辽宁岫县的岫玉产区。那里除主产岫玉外，所产的少量软玉中有少部分黄玉，及部分黄绿色的青黄玉。据分析，该地黄玉的黄色应来自夹杂的杂质矿物——蛇纹石。

糖玉：我们已经谈到糖玉的糖色是来自后期的铁质渗染。因渗染程度的不同和氧化程度的差异，糖色也可以有深浅，红、褐、棕色的变化，因而有所谓"秋梨色"、"虎皮色"、"枣皮色"等的称呼。糖色还主要出现在白玉、青白玉和青玉中，并大多表现在仔料和半山半水料的表皮（有些山料的早期裂隙中也可能出现糖色）。所以，糖玉实际上不能单独划分为一个玉种，而是以从属的地位附着于其他玉种中。另，由于有没有糖色常成为一些人鉴别软玉料究竟是否是仔料或山料的一个依据，因此，可以发现有些玉料上的糖色，常是一些人故意伪作的，必须谨加防范。

翠青玉：这是一种产于青海格尔木的软玉，因为它的绿色明显不同于碧玉，而更似嫩绿的翡翠而名。不过它很少以独立的块料产出，而多呈附于白玉或青白玉的一侧，再或呈团块状、夹层状产出。在辽宁的岫县也见有类似的品种（但含一定量蛇纹石），并因它貌似翡翠，而有"甲翠"（即假翠的谐音）之称。

烟青玉：也产于格尔木，是一种具有浅～中等灰紫色到烟灰色的品种。此品种既有呈独立的薄层状，也有呈镶边状围绕白玉料，形成所谓"黑边白玉"等。

蓝玉：这是近年来在俄罗斯雅库特地区发现的新品种。它可具有深浅不同的蓝色，一般较深的蓝色呈细脉状，或斑点状分布于浅蓝色的基质中。据研究，其组成矿物是一种含有钾 $K_2O = 6.00\% \sim 7.64\%$，钠 $Na_2O = 4.88\% \sim 5.75\%$ 的透闪石。其折射率为 $1.615 \sim 1.635$，相对密度为 $2.87 \sim 3.05$。

除了上述以色划分的软玉品种外，软玉中还有一种非常特殊的品种——软玉猫眼。软玉猫眼实际上是由透闪石或阳起石的纤维状晶体所构成的束状集合体。这种猫眼最初发现于我国台湾花莲，其产量一度占世界此类猫眼产量的80%以上，故有"台湾猫眼"之称。但历经40多年不断开采，

墨玉"钟馗纳福"牌（39.62克，2007年参考价8 000～15 000元）

用翠青玉制成的镂雕花牌

◆ 软玉猫眼戒面及原石

矿源已濒枯竭。可喜的是，近年人们又在我国西南某蛇纹石石棉矿区发现同类猫眼，遂改称为"中华猫眼"。已知此类猫眼具有多个色彩不同的品种，如浅绿、暗绿、碧绿、浅黄、蜜黄、棕褐、深灰等色。有的可具有很好的猫眼效应。其中以蜜黄色、暗褐色为佳，尤以所谓"黑底银斑"最为名贵（这种猫眼的猫眼线格外明亮，如闪银光一般，故名）。据报道，10克拉以上的黑底银斑猫眼每克拉价可达3 000～5 000元人民币；但一些绿色品种因猫眼线亮度较弱，其价格仅每克拉200～300元人民币或更低。

（三）评价软玉优劣的因素

在上述各种软玉中，最受人们喜爱的是白玉，其中尤以"羊脂白玉"最负盛名。在当今市场上，优质的仔料羊脂白玉已十分难得。不说已制作好的成品，单是原料，每千克的价格就可高达十几万到上百万。

一般认为评价白玉（包括其他品种软玉）的优劣，应注意如下6点：

1. 看颜色。白玉要求颜色越白越好。色正而纯，不带偏色，尤其不要带灰（俗称偏阴），也不要闪现有其他色调，否则都会影响其价值。总之，以色白如脂为最佳，微青或微黄次之，偏阴或偏红为下品。这里要注意的是，整体偏红不好，但若本身色白，而局部有些糖色，且俏雕安排得当，其价值常不跌反涨（糖色的存在被视为是仔料的标志，但要警惕是否是人工做上去的）。青白玉、青玉则色泽宜清宜淡；黄玉、墨玉以色泽纯正为佳。

2. 看光泽。软玉具有玻璃～油脂光泽，当以近似油脂的光泽为佳。所谓羊脂白玉，不仅指其色白如脂，还指其油脂般的光泽。古人评玉，要看其"亮度"，实即光泽，并认为以有流动感水光为最佳，油光其次，蜡光次之，亚光最差。

3. 看透明度。软玉以微透明为佳。俗称有无"灵"性，即指其有无一定的透明度，并以如煮过的荸荠为好。透明度过高，有娇嫩感的也非佳品。当然，不透明的像陶瓷一般的所谓"瓷"性、"石"性就更差了。

4. 看质地。软玉多为隐晶～微晶结构。结构愈细腻，致密，就愈好。结晶较大的所谓盐粒性，属于次品。结构的致密度反映在密度上也会略有差异。质地细腻的美玉和优质老坑玉，密度稍大，有明显沉手感；反之手感略飘（注意，这里是指白玉，而碧玉、黄玉等因物质组成有异，密度自然也会有所差别）。看质地，还要注意其物质组成和结构是否均匀。既不要夹杂透明度较差的石花、僵块和暗色的斑点，也不

软玉仔料

要有透明度偏好的水线、水露，更不宜有硬度偏大的石钉（指如木中之钉那样的硬矿物）。另外，一种在雕琢时易成鳞片状碎裂起暴的质地也属下品。这种情况的产生当与玉石内部结构不均一或存在较多微小绺裂有关。

5. **看瑕疵**。软玉的瑕疵主要有两种：一是前已述及的各种石花、石脑、僵块、石钉和黑斑；另一是大大小小的绺裂，尤其是肉眼即可看到的贯穿裂纹对品质的危害最大。当然，瑕疵愈多，玉质就越差。

6. **看大小**。软玉除软玉猫眼外，一般不用于制作小型的首饰，故其大小的克拉之差常无足轻重。但这并不等于说不重视其大小。事实上人们在划分软玉料石的等级时，块度的大小仍是重要的考虑因素。在其他品质因素相同时，块度大的比块度小的仍会具有较高的价格差。

我国新疆工艺美术公司曾大致根据上述因素，把和田白玉和青玉的料石划分为以下等级：

新疆和田玉料石分级及当今市场的参考价

品种	等级	等级标准	参考价(元/千克)
白玉仔料	特级	羊脂白色，质地细腻，滋润，无绺，无杂质，块重在6kg以上	80万~200万
	一级	色洁白，质地细腻，滋润，无碎绺，无杂质，块重在3kg以上	20万~100万
	二级	色白，质地细腻，滋润，无碎绺，无杂质，块重在1kg以上	5万~20万
	三级	较白，质地较细腻，滋润，稍有绺，无杂质，块重在3kg以上	1万~5万
	等外	凡颜色，质地，块重未达到以上标准的	1 000~1万
白玉青白玉山料	特级	色洁白或粉青，质地细腻，滋润，无绺，无杂质，块重10kg以上	10万~50万
	一级	色白或粉青，质地细腻，滋润，无碎绺，无杂质，块重5kg以上	2万~10万
	二级	色青白或粉青，质地细腻，滋润，稍有绺，无杂质，块重5kg以上	1万~2万
白玉青白玉山料	三级	色青白或泛白，质地细腻，滋润，稍有绺，无杂质，块重5kg以上	2 000~1万
	等外	色白或青白，有绺，有杂质，块重3kg以上	500~1 000
仔青料玉或山料	一级	色青，质地细腻，无绺，无杂质，块重5kg以上	5 000左右
	二级	色泽青绿，质地细腻，无绺，无杂质，块重在10kg以上	1 000左右
	三级	青，质地细腻，稍有绺，有杂质，块重5kg以上	几百左右

注：表中的参考价是笔者根据当今的市场价提供的，仅供参考。

7. 做工。除上述 6 个因素外，对于已雕琢好的成品来说，还有一个做工问题。软玉极少用于制作戒面和项珠（但有串做手链的），多用于制作大小不等的雕件，因此，做工的工艺水准、图案的艺术构思、制作者的声望等这些非自然的因素，在评估软玉制件的价值时就占有很大的分量。不难看到，相似品质的软玉，由于做工的差异而有着悬殊的价格差。另外，软玉因早早就被我国人民所利用，历代不乏各种古玉器流传下来，它们的古文物价值更会极大地影响软玉制品的价格。

白玉鉴赏，人们还常常会讲究它的产地。我国市场上的白玉已知有四个主要来源，即以和田为代表的新疆南部昆仑山麓，还有青海的祁连山区、俄罗斯的贝加尔湖地区以及韩国春川地区。其中，以和田白玉身价最高。这是因为相比之下，俄罗斯白玉的结晶稍粗，并时夹杂有颗粒更大的变斑晶而不够致密细腻，光泽也稍差。青海白玉也是因结晶颗粒稍粗而不够细腻，另外，它的质地常常不是十分均匀，时见夹杂有透明度稍好的所谓的"水线"和"水露"。同样韩国料也以结晶颗粒稍粗，且常见白中带青黄的缺陷。另一方面还由于优质的和田白玉资源已越来越紧缺，这就决定了同样一件白玉，会因产地的不同，而有着明显的价格差。然而，值得注意的是，2003 年颁布的我国珠宝玉石的国家标准中规定："和田玉"一词已不再作为和田一带所产的软玉的专称，而可以用来统称所有各地产的软玉，也即它已成为软玉的代名词。因此，如果你看到某玉件的商品标识，甚至鉴定证书上标明为和田玉，你切莫把它认定为就是真正来自和田的软玉。

（四）软玉的作伪处理

软玉虽然不像翡翠那样有着众多的作伪手法，但也不是个个都"堂堂正正"、货真价实。其中最常见的作伪手法有以下几种：

（1）做皮做糖色。人们崇尚仔料，这就使许多人千方百计地用山料来冒充仔料。

◇ 一些不法商贩将山料在滚筒里滚磨后，再用染料染出红皮的效果

◇ 仿清白玉鸭（注意眼圈的白色和胸部的类糖色都是人工做上去的）(据赵永魁)

为此而采用的作伪手法是，先把料石在滚筒中打磨成类似仔料那样的鹅卵石形，然后再给它做皮，染上糖色。鉴别这种假仔料（俗称"磨光料"），首先看皮。软玉不同于翡翠，它的仔料一般没有厚厚的皮壳，仅是由于经历过漫长岁月的风霜和外界铁质等的污染，会形成一层显示出比内囊相对粗疏，又具有不尽相同的糖色的皮（人们根据糖色的不同有所谓"黑皮、枣红皮、烟袋油皮、秋梨皮、鹿皮、芦花皮"等的不同称呼）。这些皮虽然薄，也还是有逐渐向里过渡的层次感，在放大镜下仔细观察，还可看到表皮上有许许多多细小的麻点，它是自然风化、晶粒脱落的结果；假皮则不然，它除了做上假糖色之外，其表面相对光滑，与内囊的质地没有可以辨识的差异；特别是人工做上去的假糖色，主要地分布于裂隙处或局部有坑凹的地方，而且很浅薄；真糖色虽然也会沿裂隙分布，但毕竟它是在漫长岁月中形成的，会扩散到更细小和更深的部位，可资区别。下表可作鉴别的参考。

天然仔料与仿仔料的鉴别

特征	天然仔料	仿仔料
外形	自然卵石形，表皮有磨圆和自然磨蚀痕迹，常见各种裂纹、磕碰痕迹	表面凹凸不平或有蚀痕，外形过于完美，无绺裂、无磕碰、磨砂和抛光痕迹，残留几何外形
颜色	白色、灰色、褐黄色、灰绿色、灰青色、黑色等，红色极少，少数仔料有皮色，分布自然，沁色呈渐变过渡，呈松花状、水草状。有时一块皮上会出现多种颜色	颜色沿裂隙、粒隙分布，沿雕刻痕迹和棱线皮色集，厚皮色过于浓艳，均匀；颜色分布具有强烈的反差，鲜艳的皮色下为浅色的漂白酸蚀层，呈白色或黄白色，类似疆石。常见荧光反应。且皮色单一
硬度	表面硬度较高，一般大于7	硬度偏低，一般小于7
相对密度	一般大于3.0，有的可达3.1	一般小于3.0
光泽	各部分光泽无变化	有变化
玉石质量	相对较好，油润性较好，透明度略高	较差

要注意的是，除了这种仿仔料外，还发现有用贴皮拼合处理制成的仔料。这种贴皮仔料因皮所占面积有限，而不引起人们注意，容易误认，但放大检查可见皮与主体分界清晰，紫外光下也可见界线处有不同于主体的荧光（注意主体常因打蜡也具有荧光）。曾经发现有的皮由染色的蛇纹石化大理岩构成。此时皮的硬度明显偏低，还可见有染色特征。

不过，话虽然这样讲，真的要区分它们两者，难度还是很大的，只有在不断的实际中去摸索，积累经验。所以，在你自己还没有把握区分它们时，最好还是请专职的鉴定机构进行鉴定，免得上当。另外，还要补充指出的是，做假糖色，并不限于在仔料的料石上，许多软玉制品，为了冒充是用仔料做出来的，也会被一些人做上假糖色。鉴别这种假糖色的方法，与上述相同。

（2）浸蜡处理。本来抛光后的玉器表面，再上蜡打光是一种习用的用于增加表面光洁度的传统手法,而且可以说是一道必要的工序,所以是被人们所接受的优化处理法。但问题是近些年来,人们为了让软玉制品有更好的光泽,而改变了传统的上蜡打光的简单方法,采用了在一定温度和压力下,让蜡更深入地渗入软玉内部的浸蜡方法。其结果不仅可改善光泽,还能起到部分地掩盖裂隙的效果。经这样处理的软玉制品,因蜡层较厚,有的可能污染包装物,使包裹物出现油渍;以及遇热可能会有蜡熔出。若用红外光谱检测,会有蜡的吸收峰等可资识别的特征。

◆ 白玉仔料挂件

(3) 人工充填。据最近的报道,有人发现,市场上还有经人工充填处理的软玉问世。这种制品的特征是:在长波紫外光照射下会显示中等强度的白色荧光,而正常的天然软玉是不会有荧光的;另外,它的相对密度也明显偏轻,一般只有 2.75 ± 0.15。

(4) 做旧。软玉还常见有所谓的"做旧"处理,以冒充古玉。关于这个问题,我们将在古玉中再予细述。

这里我们还要顺便指出,迄今软玉还没有人工合成品。

(五) 常见的白玉仿冒品

软玉以白玉为贵。一个优质的白玉小挂件(重不及 10 克)售价常可在数百到上千元。个体较大的白玉雕件,售价几千、上万或几十万也不罕见。这就必然会吸引一些人,企图用一些低档的材料来仿冒白玉。

京白玉,也有写作晶白玉,这是最常见的白玉仿冒品。它实为一种色泽纯白的石英岩。优质的京白玉可以与白玉十分相似,普通的爱好者甚难区分。但由于其分布甚广,产量众多,因此,其价值远比白玉为低。通常其制品只有几十到几百元。鉴别京白玉,有一个相对容易掌握的方法,即硬度试验法。京白玉的硬度是摩氏 7 级,比软玉高 $0.5 \sim 1$ 级。试验时可用紫砂茶壶作标准。软玉在紫砂茶壶上刻划,一般不会留下刻痕,或仅有极淡的细痕;而京白玉在紫砂茶壶上则可留下比较清晰的刻痕。

卡瓦玉,它和京白玉一样,也是一种白色的石英岩。为什么另起卡瓦玉之名,不详。

阿富汗白玉,这也是一种较常见的白玉仿冒品。它实际上是一种色泽纯白、透明度也较好的大理岩。尽管其玲珑剔透、色白如脂,美学价值不亚于白玉,但它却有着质软(摩氏硬度仅为 3 级)且脆而易碎的缺点,故价值也远低于白玉。鉴别阿富汗白玉也适用硬度试验法,由于其硬度很低,用小刀在隐蔽处轻轻一划就会留下明显的痕迹,而白玉则绝无可能。也可用稀盐酸进行点滴试验,滴上一滴,阿富汗白玉即会立即明显起泡,白玉则不会;阿富汗白玉在外观上,还常可见有互相平行的薄层状构造(层面常有起伏),这也是白玉所少见的。

汉白玉,和阿富汗白玉一样,也是一种大理岩。只不过阿富汗白玉来自国外,

◆ 用京白玉雕琢的牛犊

◆ 用阿富汗白玉雕琢的白菜

汉白玉则是国产。与阿富汗白玉相比，它透明度稍差，也未见有薄层状构造，但硬度同样小于小刀，滴酸也会起泡。

硅灰石仿白玉，这是一种外观酷似白玉的硅灰石仿制品。硅灰石是一种硅酸钙矿物，化学式 $CaSiO_3$，三斜晶系，晶体多为板状、板柱状，集合体纤维状，白色，玻璃光泽。用于仿白玉的硅灰石是其白色的微晶集合体，其透明度略高于白玉，硬度 5.5 左右，折射率 N = 1.62（点测），相对密度 2.89，据此可与白玉区分。

石膏仿白玉，石膏是一种较常见的含水硫酸钙（$CaSO_4 \cdot 2H_2O$）矿物。其白色具细粒结构的集合体，外观酷似白玉，因此也被一些人用来冒充白玉。但其白中微带灰色，油脂～玻璃光泽，微透明～不透明，折射率 N = 1.60（点测），相对密度 2.92。根据其易被小刀刻动的低硬度（硬度 2），极易与真白玉区分。另，石膏因含有结晶水，在热和干燥环境下易于发生脱水，致使该石发生崩解，不宜久藏。

白玉及其相似玉石与仿冒品识别特征简表

玉石名称	主要组成矿物	主要物性参数			主要特征	著名产地
		硬度	折射率	相对密度		
白玉（软玉）	透闪石～阳起石	6～6.5	1.62	2.90	微晶～隐晶的纤维交织（毛毡状）结构	我国新疆和田
京白玉，卡瓦玉	石英	7	1.55	2.65	细晶，粒状结构	我国北京等地
阿富汗玉，汉白玉	方解石	3	1.48～1.66	2.70±	细晶，粒状镶嵌结构	阿富汗 我国北京
仿白玉	玻璃	5.5～6	1.52±	2.60±	非晶质，时有气泡	无特定产地
独山玉	斜长石等	6	1.57±	2.75±	细晶，粒状结构	我国河南南阳
岫玉	蛇纹石	4～5	1.56	2.57±	微晶，叶片状结构	我国辽宁等地
硅灰石	硅灰石	4.5～5	1.62	2.89	微晶，纤维交织结构	不详
石膏	石膏	2	1.60	2.92	细晶，粒状结构	多产地

人工仿白玉，在市场上，白玉还可以看到有一种用乳白色微透明的人工玻璃做成的仿冒品。这种制品具有非晶质结构，在放大镜下找不到晶粒，与具有隐晶结构的白玉似乎十分相似。但仔细寻找，还是常常可以发现有个别气泡的存在。这种情况在软玉中是绝无可能出现的。

白玉还可能与白独山玉混淆。但白独山玉的价值与白玉相差无几，因此一般不会用它来仿冒白玉。另外，有些色浅的岫玉也常用来冒充白玉，不过由于它没有像白玉那样的纯白色，所以它多用于冒充带有不同程度沁色的古白玉。鉴别此类仿冒品的较简单的方法是测试它的硬度。岫玉的硬度一般小于小刀，可被小刀划刻，软玉则不会。

软玉中除白玉外的其他品种，因价值大多不高，故一般没有与其相当的仿冒品。

（六）古玉简介

软玉在我国有着十分悠久的使用史，历代均有大量古玉器转辗流传下来。这些古玉器是我国古代文明的结晶，在我国的古文化中占有十分重要的地位。人们认为，研究和剖析这些古玉器，不仅有助于我们了解我国古代文明的发展，有助于分析其制作年代的社会制度、社会生产力的状况和社会生活，还能反映社会意识形态的变化，反映当时的宗教、习俗和礼仪。因此，古玉器作为一种古文物，其价值是十分巨大的。其次，古玉器又是许多古艺人的呕心沥血之作，具有很高的艺术鉴赏价值和收藏价值。再者，还有些人相信，佩带古玉，能护佑佩带者平安、长寿、健康（尽管这种看法并无科学依据，但作为一种习俗还将长期流传下去）。因此，古玉的投资与收藏，也成为一种热门的时尚，被许多人所爱好。

应该说，古玉的投资与收藏属于又一个领域的范畴，它涉及更多的古文化内涵，这与我们这本以名贵珠宝为主要评述对象的书来说，已很难充分给予阐述。但为了便于读者了解，我们这里略作简要的介绍。

红山文化三星他拉玉龙。这件发现于内蒙古翁牛特旗三星他拉村的玉龙，是我国发现的最早的龙形饰物。它高26厘米，材质为岫玉

古玉，一般可分为两种。一种是自古传下来的未经入土的古玉，叫"传世古"另一种是入土复出的叫"土古"。传世古一般保持原色，或因年代久远而色泽稍稍变暗。土古则除原色外，因受地下水土的影响和矿物质的渗染，会产生与原来颜色不同的附加色，称为受"沁"。沁色常因玉质本身和埋藏环境条件的差异而不同。前人对古玉有"九色十三彩"的评说。其中九色指原色，如白、青、碧、赤、褐、黄、黑、紫、灰等；十三彩指沁色。其实无论是九还是十三，在这里并不代表具体的数字，而是泛言其多。如红色，就有鹤顶红、朱砂片、胭脂斑

◇ 元代的白玉十角杯，上有褐色沁（也称土沁）

◇ 红山文化（公元前30世纪）的兽形玦，它与三星他拉玉龙有异曲同工之妙

孩儿面、鸡血红等的差别。古玉受沁，其沁色往往呈斑点状、条带状或片状分布，此时以沁色越多越好，五光十色，光怪陆离，神秘莫测，价值也最高。事实上，沁色的多寡优劣，常成为古玉爱好者取舍的先决条件。人们有云："玉得五色沁，胜得十万金"，可见沁色对古玉鉴赏的重要。正因为如此，在古玉上做假沁，不仅现代十分常见，就是古代也不稀罕。据说，做假沁的现象至少可追溯到近千年以前的宋代。因此，怎样鉴别沁色的真伪，对古玉收藏、鉴赏来说是十分重要的。

土古出土后未作任何加工的，称为"生坑"。生坑古玉虽然保有沁色，但有些沁色不能给人以美感，相反却有脏等不雅的感觉。这就需要进行加工，细细琢磨，以去除脏色，称作"盘"。生坑古玉经盘后，呈现新的面貌，谓之"脱胎"。脱胎后的古玉便是"熟坑"古玉。喜爱古玉者，生坑、熟坑各有所好，但若从研究的角度看，当以生坑古玉为佳。

古玉鉴赏，首推年代的判断。显然年代越久远，价值一般也越高。然而，古玉年代的鉴定却是最为困难的。可以说，迄今我们还没有一种可靠的科学方法来准确地判断古玉的年代。人们虽然已提出了几种可用于标定古玉器年代的科学方法，如碳14年代测定法、热释光年代测定法等，但目前也还只是停留在理论探索和试验阶

◇ 具五彩沁色的汉代镂雕螭龙纹饰玉佩，20世纪90年代曾估价45万～65万

◇ 南朝宋元嘉七年（431年）的《龙纹鲜卑饰》。对比三星他拉玉龙和战国时期的双龙首玉璜，可以看到这时龙的造型已有很大不同

段，尚不能真正付诸实施。除了有确凿年代记载的墓葬出土记录外，目前判断古玉年代的方法主要是看其形制、做工和所谓的"包浆"。形制指玉器的造型、纹饰、图案等表象，它们通常会随着时代的变迁而变迁。如前面我们曾经谈到的玉玦，就主要出现在春秋以前的制品中，后期就几乎绝迹。其他一些玉器也大多如此。再如，龙是我国古玉器常见的吉祥物，但随着年代的不同，它的造型特征也在不断变化，因此，了解这一演变趋势的研究者就不难据此判断其制作的年代。诸如此类，不一而足。然而，问题是玉器的形制是可以后期仿造的，所以这就给根据形制判断年代带来了极大的混乱。

古玉器的断代还可以根据做工的工艺来推测。大家知道，古代玉器的加工是在一缺乏硬器（没有铁器更没有金刚石工具），二缺乏高速机械的条件下进行的，因此，其加工工艺就与今天显著不同，有经验的研究者就可以根据加工时留下的蛛丝马迹，判断其制作的方法，进而大致地确定其制作的年代。然而，问题是仿古玉器不仅现代有人做，至少宋元以来也不断有人做；而且有些制作仿古玉器的人深知人们据此断代的思路，为了逼真，获取额外的利润，他们也常采用旧工艺来进行加工，致使人们难以分辨其真伪。

判断古玉器的另一依据就是所谓的"包浆"。玉器年代久远，表面长期暴露在空气中，会受到水汽和氧气、灰尘等的作用而逐渐陈化；另外，玩弄玉器人长期不断的触摸、磨蹭也会使其表面发生变化，形成一薄层色泽与内部不完全相同的包层，称为"包浆"。一般认为，有包浆的玉器，说明其已经历相当的年代，属于古玉器。但现在已经发现，现代的技术可在短时间内制造一层假的包浆，因此，其鉴定意义也是值得怀疑的。还有，沁色也曾是被用来判断土古的依据，但我们已经谈到，沁色也是可以伪造的。

综上所述，古玉的断代问题至今仍未得到妥善的解决。

古玉鉴赏另一要注意的因素是所用的材质。从迄今已发现的古玉器来看，古玉绝大多数是软玉和岫玉，也有独山玉、京白玉和蓝田玉等。显然这些不同的材质，其价值也不同。这里要再次强调的是翡翠。前面我们已经谈到迄今人们还未发现有

◆ 金代（1115～1234）制作的春水佩饰，它利用玉色本身的差异进行俏雕，具有很高的艺术水准

◆ 汉代青白玉龙凤纹摆件（长 22cm），2009年北京中嘉秋拍会以 145.6 万元售出

明以前的翡翠制品，若有谁能有幸获得一块能可靠地证明是明以前的翡翠制品，其价值和意义当是不言而喻的。

古玉鉴赏的另一着眼点，是它加工工艺的艺术水准。毫无疑问，艺术水准高的，价值也就较高。尤其是那些能反映其制作年代最高水准的古玉，更是人们竞相寻觅的瑰宝。

（七）软玉收藏投资要点

投资收藏软玉应注意：

①软玉按其色泽的不同，可分为若干品种，其中白玉最具收藏投资价值，青白玉其次。色泽绚丽的黄玉和优质纯黑的墨玉也较高的价值，最不值钱的是色泽偏灰偏青的青玉。

②选择白玉，不仅色要白、没有偏色，而且光泽也很重要，最好的是油脂光泽，质地细腻、滋润，玉质均匀，无石花和僵块。

③白玉虽然不像翡翠那样有多种人工处理品，但也不是个个货真价实。其中最常见的是经人工伪作的仿仔料。这种伪仔料在鉴定上有一定难度，尤其是没有经验的爱好者，很容易上当受骗。因此如果你没有把握，最好还是请专业鉴定机构来为你辨别。

◇ 现代制作的子冈牌（5.3×3.8×0.9cm），子冈是明代一个非常有名的玉匠，他死后历代都有大量仿他风格的作品

白玉还有几种外观近似的廉价仿冒品。因此，购买时也切勿被貌似的外表所蒙蔽。

④软玉有着悠久的利用史，历代流传有众多的具有丰富古文化内涵的古玉器。投资收藏古玉器是当今社会的热门时尚，这使古玉器有着几倍甚至几十倍于当今玉器的身价。但是由于古玉断代上的困难，使古玉市场成为制假贩假的重灾区。人们估计，流传在市场上（包括某些收藏家的藏品）的"古玉"，十件中有一件是真古玉就很不错了。因此，如果你也想投资收藏古玉，切勿贸然行事，务必多向具公正立场的行家请教，免得吃亏上当。

⑤和翡翠一样，软玉也以经常佩戴、经常触摸为好。通过佩戴和触摸，人体分泌的油脂会渗入玉中，使其更为滋润。软玉还不怕陈旧，愈是陈旧（只要不是有碍观感的污脏之色），愈加古朴，给人以年代久远的观感，身价反而愈加提高。

（八）软玉的供需概况

软玉，在世界上有着较多的产地，几乎可以说各大洲均可见其踪影。产出的丰富就决定了它的价值相对偏低。不过，软玉中的白玉，却远比其他品种产出稀少，迄今只来自四个地方，即新疆昆仑山麓、青海祁连山麓、俄罗斯贝加尔湖地区和韩国春川地区。而最受人们青睐的白玉仔料，则几乎只产自新疆；再由于自古至今的历年不断的开采，使资源已濒临枯竭，所以就使白玉仔料从各品种软玉中脱颖而出，价格扶摇直上，从早先每千克几千元，上升到几万元，到现在为十几万元、上百万元。

白玉仔料的供应市场，主要限于新疆和田一带，而且仔料的采集多属个人行为，并具有很大的偶然性，所以它始终不能形成规模生产，产量也十分有限。人们采集到的仔料，大多直接拿到当地的集市上，独自议价出售。

新疆和田的玉料市场

半山半水料，尤其是山料的开采则相对容易得多。虽然这里山势险峻，海拔较高，有的甚至在雪线之上，给开采带来很大难度，但毕竟由于矿石相对集中，允许人们进行集约开采。不过，开采者多为一些小企业、小矿山，它们采集到的矿石则各自以批量供应的方式销售给二手商，或直接供应加工厂。需要指出，由于山料的售价远低于仔料，这使一些人常把山料人为地打磨成鹅卵石状，冒充仔料出售。

软玉一般不用于制作戒面石，多用于制作传统的玉雕器物或佩件，故加工的工艺要求相对较高。改革开放前，软玉的加工多由扬州、北京和上海等一些国营玉器厂进行。改革开放以来，鉴于国营厂经营不景气，原国营厂中的许多名师巧匠纷纷自立门户或受聘于一些私营作坊，致使软玉加工呈现群雄逐鹿、百家争鸣的态势。不过，这些小厂小作坊仍主要集中在扬州、北京和上海一带以及河南的镇平，它们大多还不是软玉的专业加工厂，而是根据市场的供需情况，时而加工软玉，时而加工其他品种的玉石。安徽的蚌埠则是仿古软玉器件的主要加工地。

软玉在我国虽然有着十分悠久的利用史，但民间对软玉的认识远不及翡翠。这主要是由于软玉在传统上多用于制作玉器，用于摆设和陈列。器件的体积相对较大，价格也较昂贵，这对于当年生活水平普遍较低的广大民众来说，自然无法问津。改革开放后，随着人民生活水平的逐步提高，软玉，特别是用白玉或青白玉制作的佩件，也逐渐被人们所接受。但总的说来，软玉的国内消费市场仍然十分狭小。为了弘扬我国的玉文化，许多人正致力于推广白玉，他们还建议把白玉定为我国的国石，以唤起民众对白玉的认识。人们相信，通过宣传，再加上人民生活水平的不断提高，白玉制品定会迎来一个新的消费高潮。

除我国大陆地区，白玉在我国台湾和日本也拥有较好的消费前景。应该说，就目前的情况而言，白玉在我国台湾和日本的消费市场比我国大陆地区更旺盛。但在欧美，除了少数雕琢精美的白玉或其他软玉器件外，其他则问者寥寥。

三、欧泊

在瑰丽的珠宝世界中，欧泊是最奇异、最具魅力的一种玉石。它那缤纷的可变幻的色彩，使每一个看到它的人都爱不释手。

早在公元纪年之初，博学的罗马学者普林尼（23～79年）就这样赞美：它具有"红宝石的火、紫水晶的亮紫色及绿宝石的绿色，所有色彩不可思议地联合在一起发光"。罗马人把欧泊石视为爱神丘比特之子，并尊它为希望和纯洁的象征；还认为它能使佩戴者防病祛灾。诗人杜拜则赞美道："当自然点缀完花朵、给彩虹着上色、把小鸟的羽毛染好的时候，它把从调色板上扫下来的颜料浇铸在

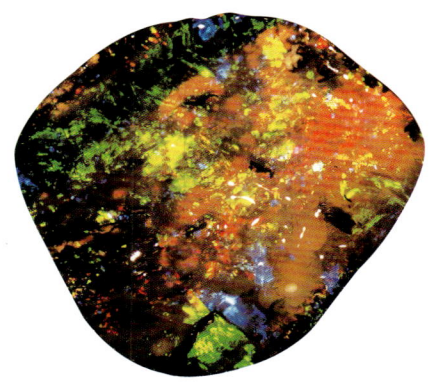

美丽的五彩缤纷的欧泊（据杨莱）

欧泊石里。"智者奥海儿则称赞道：欧泊石"用快乐充满了众神之心"。阿拉伯人则相信，欧泊石是从闪闪发光的真主神殿掉下来的，所以它才具有神奇的颜色。正因为人们对欧泊石有着这样许多美好的想象和赞语，故欧泊石一直是许多人热情追求的对象。

（一）色彩变幻的欧泊

那么欧泊究竟是什么呢？它为什么会有如此神奇的色彩？

欧泊，在矿物学中叫作蛋白石。这是因为当它没有那种奇幻色彩时，外观很像是凝固了的蛋白。蛋白石中凡具有宝石学价值的，被称为"贵蛋白石"或欧泊石（英文为opal，音译为欧泊）；也有人称其为"澳宝"，这是因为澳大利亚是当今世界上欧泊石的最重要产区，而"澳宝"与"欧泊"又读音相似；在香港，人们又称其为"闪山云"或"闪山石"，以及"月华石"、"五华石"，显然来自对其变幻色彩的描绘。

在化学成分上，欧泊石与水晶是近亲，以二氧化硅为主要成分，但含有不固定比例的水，化学式为$SiO_2 \cdot nH_2O$。与极大多数宝玉石不同的是，它不具有晶体结构，是一种非晶质的胶体。

胶体对于我们来说，其实并不陌生，我们日常生活中碰到的牛奶、豆浆、肉汤

等就是一种胶体，只不过这些是液态的，而欧珀是固态的。在胶体中，组成物质的质点由于表面吸附有带电离子，所以互相排斥，不会凝聚在一起。事实上，欧泊石就是由这种球状的粒子紧密堆积而成的。而在牛奶、豆浆中，胶体球粒则是分散在液体中。

研究表明，正是欧泊石的这种特殊的结构，决定了它所具有的变幻的色彩；而且小球的直径和观察的角度还直接决定了它的色斑的颜色。当小球的直径明显大于可见光波长时，可见光将直接通过它，就不会产生色彩，于是我们看到的便是普通的蛋白石。当小球直径明显小于可见光波长时，可见光将大部分被挡在石头之外，仅有少量散射光，于是欧泊石便会呈现出淡淡的蓝色乳光（天空所以呈现蓝色也是由散射光引起）。只有当小球的直径与可见光波长相近时，部分透过的光会互相干涉，使某些相关的色光得到加强，从而产生相应的颜色。由于天然欧泊石中，二氧化硅小球的堆积不是完全均一的，有的球体大一些，有的小一些，因此便产生了不同的色斑；再则观察视角或入射光角度的变化，也会对光的干涉作用产生影响，致使我们看到的颜色发生变幻。对于欧泊石的这种光学现象，人们称之为"变彩"。

欧泊石的颜色，除了这种纯粹光学效应引起的变彩之外，还有来自其本身的体色。根据它体色的不同，一般将其分为三类，即一种以白、乳白、灰白等浅色调为主的"白欧泊"；

◆ 胶体粒子的构成示意

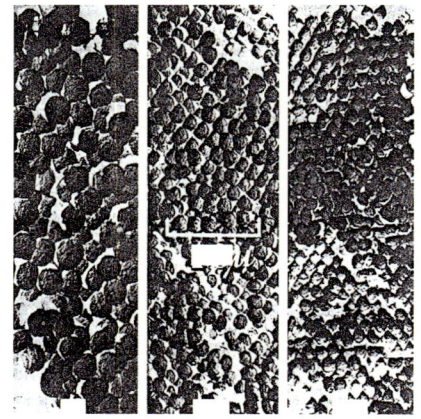

◆ 在电子显微镜下看到的欧泊石的球状结构，左边的球粒较大产生红色，中间的产生绿色，右边产生紫色

◆ 白欧泊

◆ 黑欧泊

◇ 火欧泊　　　　　◇ 蓝欧泊　　　　　◇ 澳大利亚产的欧泊原石

一种以黑、灰黑、深蓝、深绿等暗色调为主的"黑欧泊",以及一种以橙黄、橙红、红棕等偏红色调为主的"火欧泊"。此外,人们在南美洲的秘鲁发现一种蓝色的欧泊,它应该属于三类之外的独立一类。

欧泊石由于是一种非晶质的胶体,所以它不属于任何晶系,并具有光学均质性和单一的折射率。但其折射率会受含水量的变化影响,含水量多则趋低,反之趋高,一般变化于1.47～1.37之间。同样,相对密度与硬度也受含水量影响,含水多则相对密度偏低,硬度也降低,反之则升高。一般其相对密度为2.23～2.06,硬度为6.5～5.5。具有玻璃到树脂光泽。在紫外光下,大多可发出中等强度的荧光,有的还有磷光。欧泊石的最大弱点,是由于它含水,所以怕热、怕曝晒,这会使它脱水、干裂,严重时会完全失去变彩。它还相对较脆、易碎,也会被酸所侵蚀。

在世界上,欧泊石的最重要产地是澳大利亚。它占有世界欧泊石产量的95%。在这里,欧泊石一般呈细脉状分布在砂质岩石中。由于砂岩是一种水成的沉积岩,所以,当地产的欧泊又被人称为水欧泊。欧泊石的另一个著名产地是墨西哥。这里以盛产火欧泊(火欧泊一名不仅来自其体色,还因为其主要产于火山岩的裂缝中)而著称。除此之外,匈牙利、巴西、美国和新西兰等地也有少量产出。遗憾的是,我国迄今没有发现具有变彩的欧泊石矿藏。

(二)欧泊的优劣评价

评价欧泊的优劣,最重要的就是它的变彩效果。一般说来,可着眼于以下三点:

① 变彩的色彩要全,最好同时出现赤橙黄绿青蓝紫七种色彩。如果没有七色,则以色彩越多越好。若是仅有一二种颜色的变彩,则对于水欧泊来说,最好的颜色依序是红色、紫色、橙色、黄色、绿色和蓝色;而对火欧泊来说,若有变彩则以紫色为最好,然后是绿色和蓝色,因为这三种颜色相对于火欧泊的黄、橙、红的体色,会产生较强烈的对比效果。

② 彩斑要大,越大越好。面状彩斑好于线状,线状又好于点状。还要看彩斑在整块宝石中所占的面积,当然所占比例越高越好。优质的欧泊应是全部都有变彩。

③ 看彩斑的明亮程度,越明亮越好。理想的是在一臂之远处仍能清晰地看到彩斑的变幻。

评价欧泊石除了变彩,还要看它本身的体色。在三种不同体色的欧泊石中,以

◆ 这块欧泊中央有很大的红色彩斑，周围又有橙、黄、绿、蓝、紫的变彩相配，无疑是块较优质的欧泊，可惜它的变彩没有占满整块宝石

◆ 从这块欧泊矿石上可以看到欧泊呈细脉状分布于矿石中

黑欧泊最为名贵。这是因为它那暗色的体色，可把变彩衬托得更加鲜明、夺目，而显得更雍容华贵。据报道，世界上最优质的黑欧泊，其售价高达每克拉1万美元以上。其次是火欧泊，火欧泊很少有变彩，但它那色调强烈的橙色和橙红色，还是赢得了人们的欢心。倘若再有变彩，自然是锦上添花。白欧泊由于体色偏浅，变彩不能得到很好的衬托，而显得色彩不那么强烈，所以，价值相对偏低。但有些白欧泊也会有很好的变彩，并给人以清丽宜人的感觉，价值也会迅速升高。

评价欧泊石，大小也是一个十分重要的因素。一般说来，欧泊石很少具有能做成凸弧面型宝石的厚片。这是因为它大多成很薄的细脉状夹杂在围岩中。即使有足够的厚度，也很少做成凸弧面型宝石，因为最好的变彩通常发生在平行脉体分布的扁平的区域里，把其加工成凸弧面型常会减弱它的美丽，所以人们更多是把本来的厚片剖割为二，做成两个扁平但却美丽的宝石。

由于欧泊石大多被切成扁平的薄片，为了满足首饰镶嵌的需要，它常被做成半真二层石或半真三层石。前者以欧泊石薄片为顶，以暗色的玻璃、胶或其他材料为底，目的在于提高变彩的对比度。后者则在薄层欧泊石的顶上再加上一个凸弧形的保护用冠部，它们常用水晶等透明材料做成。欧泊石还常见一种叫"基质欧泊"的琢型宝石，它实际上也是一种半真二层石。但它的底部不是人工粘合上去的，而是利用欧泊石的天然围岩一起琢磨而成。毫无疑问，不管是哪一种二层石，其价值都会明显打折扣。

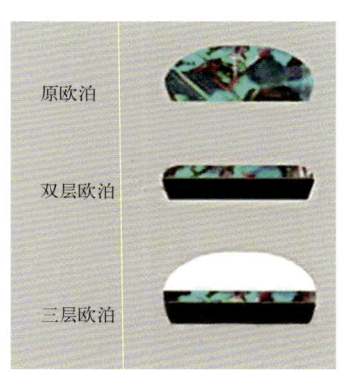

欧泊石的拼合石，除上述的上下粘合的二层石外，还见有用小块欧泊拼接成一个完整戒面的。影响欧泊石优劣的另一个因素是它的完美程度，也即瑕疵和裂纹的多少，还有质地的致密或疏松程度。好的欧泊应是透明度较好，质地坚实，无裂纹、无瑕疵的。

综上所述，欧泊石会因上述优劣因素的不同，而具有不同的价值。广东中山大学的丘志力副教授根据对我国和周边市场的调查，把欧泊石分成若干等级，并提供了它们市场参考价。

◆ 欧泊二层石和三层石构造示意

由小块欧泊拼合而成的欧泊戒面

基质欧泊

中国市场欧泊简略分级估价表（据丘志力）（大小1～5克拉）

分类	级别	质量要求			价格（元/克拉）
		体色	变彩	完美性	
黑欧泊	A	黑色或蓝黑色	以红色为主，色彩强烈明显，整块分布	无明显瑕疵	8 000元以上，随大小而变
	B	黑色或蓝黑色	含红色变彩，但主要以其他色为主，变彩较明显，整块或部分分布	无明显可见瑕疵	5 000～8 000
	C	灰黑色或较暗的灰色	色彩不够强烈，缺乏明亮色彩	可见瑕疵	800～5 000
火欧泊	A	橙色或橙红色	有明显变彩，透明度高	无明显瑕疵	3 000～5 000
	B	橙黄色	半透明，无明显变彩	可见瑕疵	800～3 000
白欧泊	A	白色或浅灰色	变彩非常明显，变彩明亮活泼，以红色为主	无明显瑕疵	800～3 000
	B	白色或灰白色	变彩明亮活泼，红色较少	无明显瑕疵	500～1 500
	C	灰白色	变彩分散，不强烈，以冷色为主	可见瑕疵	200～500
夹层欧泊	A	黑色	变彩强烈明显，具红色变彩	无可见瑕疵	50～300
	B	深灰黑色	有明显变彩，但不强烈	无可见瑕疵	30～200
	C	深灰黑色	变彩较弱	可见瑕疵	10～50

应该指出，上表仅是一个参考。事实上，一些优质欧泊的价格远远在该表所列范围之上。如据报道，在澳大利亚，一些优质黑欧泊的克拉单价可达4 000～8 000澳元；在美国更达1 700～5 200美元，有些最优质的，每克拉竟在1万美元以上。

（三）欧泊的处理、合成和仿造

自然界产出的蛋白石，品质差异悬殊，价格也有天壤之别。这就促使人们努力寻找如何把劣质的蛋白石变成优质欧泊的途径。

欧泊石处理一般有两个最主要的目的，即：①使无变彩变成有变彩；②改变体色以提高变彩的对比度。

为了达到第一个目的，可采用充填法。一些质量不佳、结构较疏松的蛋白石，是不会产生变彩的。但人们发现，在让它们浸饱水或油以后，在孔隙被填塞以后，便会出现颜色或美丽的变彩。但是，水或油会在较短时间内流失或干枯，颜色和变彩又重归消失。因此，人们便又改用塑料、硅胶、树脂一类物质来对蛋白石进行充填，以获取会变彩的欧泊。此类欧泊一般具有相对密度、折射率偏低的特征；另外，在显微镜下仔细检查，通常不难发现充填物存在的痕迹；再者，也可以在不显眼处用针刻划，然后在显微镜或放大镜下观察刻划处，将会发现由于充填物大多较软而留下的断续的划痕。又，人们还发现，一种来自巴西的填充欧泊，为了提高它的相对密度，让其接近正常欧泊，在填充物中掺杂有铁镍硫化物的粉末，因此，在反射光下用显微镜进行检查，可见金属般的闪光亮点。

改变欧泊石体色的方法有二。一种叫"糖煮欧泊"，方法是把预先洗净的白欧泊，浸泡在葡萄糖溶液或蔗糖溶液或蜜汁中，慢慢加热，力求让糖溶液能渗满整块欧泊；然后取出投入浓硫酸中。在硫酸的作用下，糖迅速炭化成微粒。由于这种碳质微粒遍布欧泊各处，就使欧泊具有暗黑色的体色，仿如黑欧泊。另一种叫"烟熏欧泊"。它是先用纸把白欧泊包好，然后再裹以干燥的牛羊粪，置于铁锅中，加热铁锅，直到纸和粪冒烟、烧焦为止。这样烟所产生的碳质微粒也会渗入欧泊的各个孔隙中，使其体色变黑。不过烟加工的碳质微粒很难渗入欧泊的内部，所以它的黑色大多仅限于表面。不管是前者还是后者，它所获得的黑色通常不会很均匀，在显微镜下用反射光检查，可见黑色成斑块状浓集或沿开放性裂隙分布；有的用针尖挑拨，还会拨出炭末。

把白欧泊处理成黑色还有一种更简便的方法，就是在透明度较好的白欧泊背面涂上一层黑漆，称为"喷漆欧泊"。这种欧泊的体色没有改变，还是原来的颜色。因此，从宝石的侧面仔细观察，会发现它具有与正视不同相对偏浅的体色。

市场上出售的欧泊，除了上述的处理欧泊外，还有合成欧泊和仿欧泊。

合成欧泊最先于1974年由吉尔森公司推出。在外观上，它与天然欧泊十

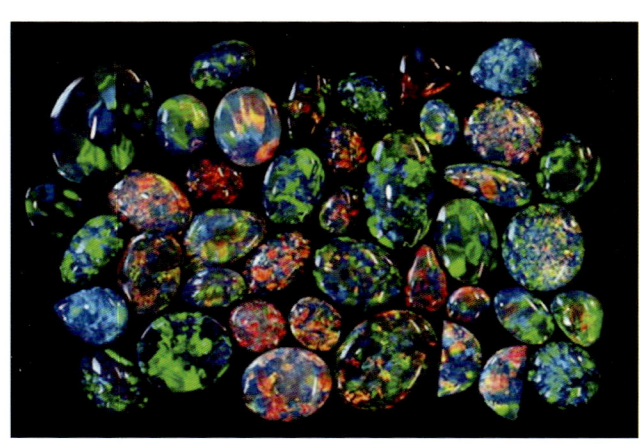

◆ 美丽的欧泊

分相似,也可具有良好的变彩。但这种欧泊的最大特点是具有蜂窝状或所谓的蛇皮状结构,尤其是合成黑欧泊更易发现。此外,它还具有硬度偏小(大约5.5,天然欧泊是5.5~6.5),相对密度值偏低(一般2.00±0.03,天然欧泊为2.15±)等特点,可资鉴别。

日本京瓷公司也生产有一种可产生生动变幻色彩的人造欧泊。它很像填充欧泊,由80%的二氧化硅和20%的树脂组成。它具有更低的相对密度值(1.89),更低的硬度(摩氏4级)。

不久前,俄罗斯也推出两种人造欧泊,并与日本的人造欧泊类似,由二氧化硅小球与胶结物共同构成。根据胶结物的不同分为氧化锆型(简称Z型)和树脂型(简称R型)。Z型含氧化锆3%~5%,相对密度为2.19~2.22,折射率1.46,都接近天然欧泊的最高值;它的彩斑也近似天然,没有吉尔森欧泊那样的蛇皮结构。R型含丙烯酸类树脂20%~30%,可具有十分近似天然的变彩,折射率1.45~1.46,但相对密度明显偏低,仅为1.81~1.83,可资鉴别。

不久前,香港一家公司推出一种假基质欧泊二层石,称之为"熔合欧泊二

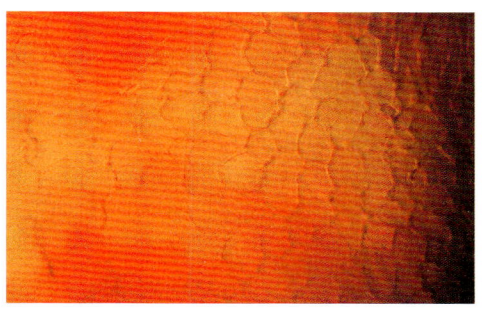
◇ 吉尔森合成欧泊的蛇皮状结构(×70)(据张蓓莉)

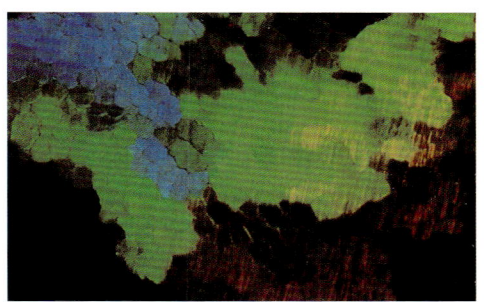
◇ 吉尔森合成欧泊的变彩(×35)(据张蓓莉)

◇ 斯洛科姆欧泊的彩斑片有着固定不变且相对整齐的边界

◇ 日本生产的人造欧泊

层石"。它采用日本生产的人造欧泊石为顶,然后将其粘贴在来自澳大利亚昆士兰的砾石基底上,使人误认为是真的基质欧泊。但由于它的顶部是人造欧泊,在放大检查时仍可观察到人造欧泊的固有特征。

还有一种被称为"斯洛科姆(Slocum)欧泊"的仿欧泊。它是把彩虹色的金属箔或赛璐珞片、鲍贝壳等夹于玻璃中;为了增加层次感,通常还把玻璃扭曲后再进行琢磨加工。这种玻璃仿制品虽然外观也十分接近欧泊,但放大检查时,可以发现它的彩片具有固定不变的界限,边缘相对整齐,与天然欧泊的变彩明显不同。另外,它偶尔还可见有气泡,折射率与相对密度也与天然欧泊不同,都要高一些(折射率 1.49～1.52,相对密度 2.40～2.50)。

市场上还可见有一种完全用塑料仿制的欧泊。外观极像透明到半透明的欧泊,肉眼很难区别。但它具有低得多的相对密度(1.20)和低得多的硬度(2.5),折射率则相对较高(1.48～1.53)。

(四)欧泊的收藏投资要点

色彩变幻、艳丽的欧泊可说是人见人爱。但已知欧泊石有着众多的不同品种和形形色色的人工处理品、合成品和仿制品,因此,当你决定投资收藏欧泊石时,你必须注意以下几点:

①前面我们已经谈到,即使是天然欧泊,由于它大多很薄,故常做成各种夹层石,而夹层石的价值远低于整块欧泊,因此你必须十分小心鉴别它们。一种较简便的方法,可以把它放在盛满水的白底杯或碗中,用镊子夹着欧泊,仔细从腰部进行观察。如果是一颗未镶嵌或用齿镶法镶嵌的夹层石,大多能发现其拼粘的痕迹;若是腰部已被镶嵌金属完全包住,则不能发现,但这种镶嵌法本身已告诉你,这很可能是一颗夹层石。

②购买欧泊石还要谨防购入欧泊石的处理品、合成品和仿制品。关于这些人工制品的鉴别,我们在前面已作了介绍。如果你自己无法掌握这些鉴别方法,那么为了保险起见,你还是应该请有关机构协助进行鉴定,免得上当受骗。

◆ 各种体色的欧泊(据李景芝)

③当已经确定你拟购买的欧泊是天然欧泊时,接下来便是评判它的质量优劣和究竟值多少钱的问题。前面我们也已经谈到,欧泊的优劣首推它的体色和变彩。从体色而言,黑欧泊的价值最高。从变彩而言,则以有明亮强烈、齐全的全部光谱色为最好;如果色彩不全,则以有红色变彩的为好,蓝色变彩为差。

④欧泊石硬度偏低,且含水,因此较易受到磨损。为防止磨损,较宜于用

美丽的欧泊吊坠

作制作吊坠、胸针、耳环等物,而不宜用于制作经常佩戴、易与其他物体接触碰撞的戒指。若是制作戒指,最好用小颗钻石围镶,这不仅能增加美观,还能起到一定的保护作用。

⑤欧泊石因含水,有的含水量甚至可高达20%以上,因此,它十分忌讳高温和曝晒,这会使欧泊因失水、干燥而破裂,并失去变彩。即使不让欧泊接触高温和曝晒,它也同样会因长期干燥而渐渐失水,为了避免这种情况出现,可在不佩戴时,经常地把欧泊石首饰浸泡在净水中,让其随时补充丢失的水分,保持美丽的本质。

⑥欧泊石还大多富有孔隙,所以,不要佩戴欧泊石去发廊、厨房、化学实验室等地,因为这些地方散发出的各种气体很容易渗入欧泊中,产生损害。欧泊石首饰若因佩戴日久而有污垢,切勿用超声波清洁器进行清洗,因为强烈的震动也可能使它受损。清洁时应使用柔软的布轻轻擦抹。

(五)欧泊的供需概况

欧泊,是一种早早就受到人们喜爱的宝石。早期的欧泊主要是来自欧洲的喀尔巴阡山(现斯洛文尼亚和匈牙利一带)。至今奥地利维也纳国立博物馆还藏有一颗来自这里的、拳头般大小、具美丽变彩的欧泊。但由于历代的开采,这里的欧泊资源已近枯竭,故很少再有产出。

当代欧泊的最主要供应国是澳大利亚,其产量占世界产量的95%。澳大利亚的欧泊发现于19世纪的中后期。矿藏主要分布在澳大利亚西南部的新南威尔士州、南澳大利亚州和昆士兰州。其中,南澳大利亚州的库勃彼德是欧泊产量最高的矿山,占其总产量的50%以上。另一个著名的矿山是位于新南威尔士州的闪电岭,它是世界最著名的黑欧泊产区,曾产出重226克拉被命名为"澳大利亚精华"和重273克拉的"世纪之光"等重要的欧泊石。

这枚重3.7076克的欧泊吊坠在2010年秋上海古今通宝拍卖会上起拍价为12 000元

由于澳大利亚的主要欧泊矿山都位于沙漠干旱地带,酷热的气候和缺水,使欧泊的勘探和开采充满艰辛。加之欧泊的分布又大多十分不规则,这更大大增加了开采的难度,并使产量很难保持稳定。一般说来,在气候干燥炎热的年份,产量会相应下降,反之则升高。

除澳大利亚外,当代欧泊的另一重要产地是墨西哥。矿藏主要位于墨西哥南部，如伊尔戈、吉玛巴和圣尼古拉斯等地。其中较早投入开采的伊尔戈和吉玛巴已基本采尽，所以目前的产量也十分有限。

美国内华达州的维尔京山谷也产有部分火欧泊和黑欧泊。世界已知的最大一块欧泊，重2610克拉，就是来自这里（现存于美国华盛顿史密森博物馆）。不过，美国欧泊的缺点是含水较高，长期暴露在空气中会因失水而开裂，最终甚至完全自动破碎。

20世纪80年代，在南美秘鲁的铜矿区发现一种非常特殊的含铜的蓝色欧泊。它一般呈绿蓝～蓝绿色，彩斑不明显，透明或半透明，内部常含苔纹状、絮状、斑点状的铁锰氧化物或褐铁矿，及偶尔可见的硅孔雀石的包体。2001年，在美国图森珠宝展销会上，其优质品的售价大约是每克拉80美元。另外，秘鲁还产有一种粉红色的欧泊，但多数不透明，也基本没有变彩。

不久前，非洲索马里也发现产有欧泊，其体色为白色、黄色、橙色、红色和巧克力色，透明～半透明，其中大约有一半具有变彩，并以巧克力色为最佳。

除此之外，欧泊还来自巴西、印度尼西亚、坦桑尼亚等地，但数量均相当有限。所以，就全球来说，优质欧泊的供应是供不应求的。

欧泊的加工也主要集中在澳大利亚。与其他宝石相比，欧泊加工的技术难度更大一些。它需要技巧、耐心和经验。因为它需要判断切磨哪个方向才能使手中的欧泊显现出最迷人的变彩。所以同一块欧泊，加工的优劣对其价值会产生很大的影响。欧泊加工还大多采用随形（即根据原石的形态加工成具原石轮廓的宝石）。这是因为欧泊矿脉大多薄且小，人们为避免因加工而损耗太多这种来之不易的宝石，只好采用这样的形态。

欧泊的消费市场主要是欧美和日本。在欧洲，由于历史上有众多的学者、名士（如前述的普林尼、杜拜等）对欧泊赞美有加，这使欧泊在人们的心目中一直占有十分崇高的地位，博得众人的青睐，所以具有良好的消费前景。在日本，欧泊也是人们最喜爱的宝石之一。据说这是因为日本有一本畅销书，书中的主人翁拥有一块美丽的欧泊宝石。正是该畅销书对欧泊石的描述和赞美，使民众掀起了一股购买欧泊石的热潮。

香港不是欧泊的主要消费市场，但却是欧泊的二次加工（制成首饰）和转运中心。来自澳大利亚的欧泊大多先运抵这里，再转运欧美和日本。

欧泊在我国境内，由于很少有人知道这种宝石，故目前是一种尚未被广大消费者接受的宝石，所以，在大多数珠宝店中很难觅其踪影。看来，欧泊要被国人所接受尚需一定时日。

用随形欧泊制作的挂坠

四、绿松石

绿松石在我国古称"甸子",也被称为"碧甸子"和"青琅玕";后又因其形似松、球(结核状),色近松绿,而被称为绿松石。当代工艺界也有人称之为"松石"或"松耳石"。

(一)绿松石的基本情况

绿松石是一种有着十分悠久的使用史的玉石。早在新石器时代,它已被人们用做饰品。如我国甘肃省永靖大何庄的齐家文化遗址(距今 4 千~5 千年)里,就曾发掘出绿松石制品 20 件;稍后,又在甘肃省武威皇娘娘台,也是属于齐家文化的遗址里,又发掘出绿松石制品 32 件。另外,山东大汶口文化遗址(距今 4.5 千~6.5 千年),以及以后的商代中期、西周、春秋晚期、战国至汉等各个朝代的墓葬中,均时而可以看到绿松石的身影。至今在西藏,绿松石仍被认为是最神圣的饰物。藏语把绿松石称为"gyu",其读音与玉(yu)十分近似。

在国外,绿松石也享有盛誉。它曾是古埃及人和古玛雅人眼中的神物,认为它具有镇妖、避邪的作用。为了获得绿松石,在公元前两千年左右,古埃及人就曾派遣一支由两千多人组成的勘探队(这是已知的世界上最早的勘探队),从富饶的尼罗河畔出发,长途跋涉来到当时还十分荒凉贫瘠的西奈半岛上寻找和开采绿松石。据考证,这样的勘探队,在古埃及的历史上曾多次出现,前后延续了 2 000 多年,并在那里挖了几百个竖井,其中有些遗址至今仍可找到。有的开采井竟深达 250 米,而最大的井竟可容纳 400 人在里面工作。可见当时人们对绿松石需求之旺盛。1900 年,考古人员就曾在五千多年前的一个古埃及皇后的木乃伊的手臂上,发现有 4 只包金的绿松石手镯。据说,人们把它从墓葬中发掘出来时,它还仍然光彩夺目。

绿松石在西方的正式名称是"Turquoise",即"土耳其石"或"突厥石"。这应该是由于欧洲的绿松石,最初是由突厥人(即土耳其人)带过去的缘故。今天,绿松石仍然被许多民族所喜爱,认为它是吉祥如意、幸福美满的象征。人们还把它选为十二月的诞生石。

那么绿松石究竟是什么呢?首先要知道的是,"绿松石"一名实际上包含了两个不同的含义。它的第一个含义是指一种铜铝的磷酸盐矿物 $[CuAl_6(PO_4)_4$

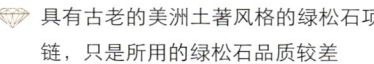
具有古老的美洲土著风格的绿松石项链，只是所用的绿松石品质较差

类似风格的绿松石项链，所用的绿松石品质明显优于前者，还有一些质地更好的戒面，及一块质次的料石

$(OH)_8·5H_2O]$。它的第二个含义，也就是人们通常所说的"绿松石"，是指铜铝磷酸盐矿物的隐晶质集合体。因此更准确地说，它应该叫"绿松石岩"。

作为矿物，绿松石属于三斜晶系，具有似针状或鳞片状的晶形。在它的晶体结构中，铜离子常会被少量的锌离子所替换，铝离子会被铁离子所替换，所以它的化学式也常写成$[(Cu,Zn)(Al,Fe)_6(PO_4)_4(OH)_8·5H_2O]$。

作为玉石，即绿松石岩，是一种基本上由绿松石矿物的细小晶体（极大多数为隐晶，少数为微晶）集合组成的单矿物岩。在放大3000倍的显微镜下，可以看到绿松石矿物以似针状或鳞片状的晶体形态聚集在一起。纯的绿松石岩，绿松石矿物的含量几乎可以达到百分之百。但在大多数情况下，它会夹杂有铁锰质或炭质的网纹，有时还会混杂有少量高岭石、石英、云母、褐铁矿、磷铝石和方解石等杂质矿物。在自然界，它通常以鲕粒状、豆状、结核状、块状或脉状产出。1994年人们在我国湖北郧县的云盖山，发现一个大块体，它长82厘米，宽、高各29厘米，全重66.2千克，据称是目前世界上已知最大的一块。

一般认为绿松石是近地面环境的外生作用的产物，是风化淋滤作用的结果；也就是说，它的形成过程与澳大利亚

我国湖北发现的大型葡萄状绿松石（重59千克，长60厘米，高26厘米）

的水欧泊的形成有些类似,不同的是被风化的近地面岩石不同。产有绿松石地区的近地面岩石是一些含有或多或少铜元素的岩石。在风化过程中,岩石中的铜被分解析出,然后又被雨水所溶解,并随雨水渗入地下;当这种含铜溶液与地下含磷的组分相遇时,便互相结合形成为绿松石。如我国湖北郧阳的绿松石,就产在富含磷等有机组分的炭质岩石中,正是炭质岩中的磷,为绿松石的形成提供了物质基础。

(二)绿松石的性质与品种

绿松石(下面谈到的绿松石都是指的绿松石岩)虽然被冠于"绿色"之名,但实际上真正优质的绿松石却不是绿色的,而是具有一种独特的天蓝色,有人还专门把它命名为"绿松石色";在美国则称其为"知更鸟蛋蓝色"。当然,绿松石也有绿色的,事实上我们可以把绿松石的颜色分为三个系列:即蓝色系列,包括深浅不同的蔚蓝~天蓝色;绿色系列,包括深蓝绿、灰蓝绿、灰绿、黄绿、浅黄绿等;杂色系列,包括黄色、土黄色、月白色、灰白色等。绿松石之所以有这样的颜色变化,主要在于其组成分中铜、铁离子含量的变化,也在于组分中水含量的变化。铜含量愈接近理论值,蓝色就愈深愈艳丽;反之铁的存在,则使它的颜色趋向黄绿,铁含量愈高,黄绿色调就愈浓。水在绿松石中以三种不同形态存在,一种是结构水,它以羟基根的形式出现,一般不易丢失,若丢失绿松石就演化为其他物质;再一种是以结晶水的形态出现,它比结构水易丢失,如果丢失会使绿松石的晶格受到破坏;第三种是吸附水,它存在于绿松石的孔隙之中,含量因环境中的湿度而异,也即它会随时从空气中吸收水分,也会随时丢失这种水分。当吸附水充足时,绿松石的颜色会加深。其道理与湿布比干布的颜色深是一样的,都是由于水填充了孔隙,使散射光减弱的缘故。绿松石中的结晶水和结构水虽然相对不易丢失,但在风化作用的影响下也会或多或少地丢失,并导致晶格的破坏,以至铜也跟着一起流失,于是绿松石的颜色也从蔚蓝色逐渐变浅,甚至变为灰绿色、灰白色。

绿松石可缓慢地溶于盐酸。它对热也比较敏感,热会促使它失水,甚至爆裂、瓦解,变成一些褐色的碎块。

绿松石具有蜡状~油脂光泽,一些抛光良好的面也可以具玻璃光泽,但一些灰白色的多孔隙的绿松石则具有土状光泽。它通常不透明或近于不透明,平均折射率为1.610~1.670。蓝色系列多为1.623~1.630;绿色系列的折射率较高,多为1.640~1.670,杂色系列则较低,多为1.617~1.626。在长波紫外光照射下,通常为惰性,无荧光。少数可以有弱的黄绿

◇ 以不规则的斑块状或脉状产出的绿松石

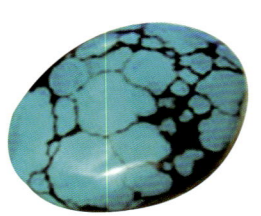
铁线绿松石

两个斑点绿松石的小挂件

色荧光。摩氏硬度一般为5～6,但多孔隙的灰白色品种的硬度可低到3左右。相对密度一般为2.4～2.9,其中优质的相对密度较大,常达2.8～2.9,多孔的则可低至2.4。

绿松石常可见有铁黑色、黑褐色或褐色的纵横交错的不规则的纹路,俗称"铁线",实系褐铁矿和炭质等的聚集物。绿松石还时见有局部分布的颜色变浅或白色的不规则斑块(俗称"白脑")及细小的纹理(俗称"筋"),这是高岭石、方解石、石英等杂质矿物相对聚集的结果。

根据绿松石的组构特征,绿松石一般可区分为以下品种:

透明绿松石,这是一种非常罕见的天蓝色的绿松石的独立晶体,迄今仅发现于美国的弗吉尼亚州,而且晶体都非常小,其琢型宝石都小于1克拉,是绿松石中的珍品。

瓷绿松石,简称"瓷松",具有强～中等的蓝色,致密、细腻,外观如上釉的瓷器表面,故名。无铁线,断口贝壳状,硬度较高,一般5.5～6,小刀划不动。是绿松石的优质品。

硬绿松石,简称"硬松",具中等的蓝色,致密,较细腻,一般也无铁线,硬度中等,为4.5～5.3,小刀可划动;断口平坦或有丝状麻茬。

铁线绿松石,有蛛网般铁线花纹的绿松石。以花纹美丽为好,但铁线也不宜太多。所谓铁线实为铁质、碳质等围岩物质聚集的产物。

蛛网绿松石,网纹由蓝色的质较纯的绿松石构成。其特征与人工染色的绿松石十分相似,很难区别,最好的办法是将其剖开检查。

斑点绿松石,绿松石呈斑点状、碎块状、云斑状散布在褐色或黑色的围岩物质中。它们实际上可视为是铁线绿松石的异化,当构成铁线的物质较多,以致绿松石呈大小不一的斑块分散分布时,便形成为斑点绿松石。

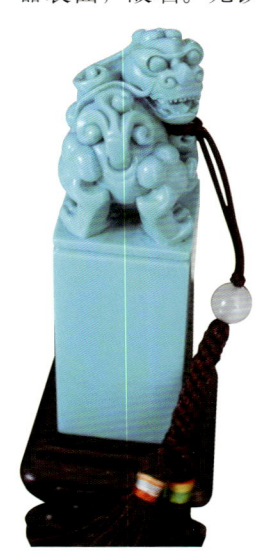
瓷松

半绿松石,简称"面松",是一种软质的、硬度小于4.5,

且富孔隙的绿松石。天然的面松无宝石学的直接利用价值,但常被人采用注塑加固后,再予利用。

(三)绿松石的优劣评价

评价绿松石的优劣主要从以下方面着手:

①颜色:颜色在绿松石的评价中具首要意义,并以天蓝色(即前述的绿松石色或知更鸟蛋蓝色)为最佳,次为深蓝色,再次为蓝绿色。若为浅蓝~灰蓝,就一般不用于制作首饰,只用于制作玉雕摆件。绿色者档次更低,常用于制作项珠。黄褐色者基本无价值。

②均匀度:致密均匀的瓷松为最优,但有铁线花纹的也不错,这时关键在于花纹是否美观,好的铁线绿松石的价值不比瓷松低。

③硬度:硬度也是评价绿松石的重要指标。好的绿松石硬度大,小刀划不动。若小刀划得动,其价值就会显著下降。

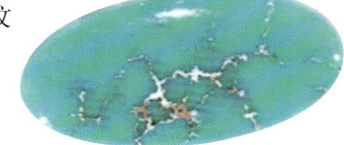
夹杂有白脑、白筋的绿松石

④纯净度:以无白脑、无筋、无褐色斑点和其他杂质为好。如有,当然以越少越好。

⑤块度:自然也以越大越好。作为饰品,其中天蓝色的应至少大于4克,颜色稍差的也不应小于7~28克。若为料石则可分为4个等级:1级大于3千克,2级2~3千克,3级1~2千克,4级1千克以下的碎料。

⑥做工:无特殊要求,可参考前面翡翠、软玉对做工的要求来评判。

在商贸活动中,人们还一般把绿松石的优劣分为以下等级:

波斯级绿松石:指最优质的绿松石,不管它是来自哪个产地。它通常具有强~中等的蓝色,孔隙度很小,十分致密细腻,硬度高,可以有很好的光泽。密度也较高,主要来自伊朗(旧时叫波斯),也有来自美国,我国产的绿松石也有少部分属于这一

用具有美丽蓝色的绿松石做成的首饰,有的均匀度也很好

用具有美丽蓝色的绿松石做成的项坠

▽ 美丽的波斯级绿松石首饰

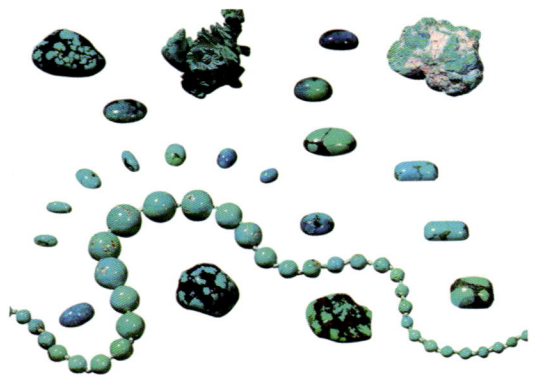
▽ 美国产的绿松石大部分属于美国级，极少数可以达到波斯级，另有一些铁线绿松石

等级。据报道，目前这一等级绿松石的售价大致为每克5～10美元左右。

美国级绿松石和墨西哥级绿松石：指一些颜色比较苍白，呈淡蓝～浅蓝色，或绿蓝色、蓝绿色的绿松石，经常是多孔隙，硬度、密度都较低的绿松石。售价大致为每克2～5美元。

埃及级绿松石：颜色多为蓝绿到黄绿色，虽然孔隙比美国绿松石少，较致密，硬度、密度也大于美国绿松石，但因颜色不受人们喜欢，所以价值低于美国绿松石。其售价通常每克不到1美元。

铁线绿松石：这种绿松石被独立分出。其价值视铁线花纹的美丽程度而定。

（四）绿松石的人工美化处理

绿松石虽然价值不是很高，但却是一种深受多个国家和民族喜爱的玉石，尤其是在阿拉伯世界和我国西藏等地，一直被视为是一种神圣的宝石，所以社会需求量较大。当天然优质的绿松石不能满足人们的需求时，便出现了各种优化处理品和仿冒品。现逐一简介如下：

注油或浸蜡处理：这是最传统的处理方法。早在古代，人们就已发现绿松石的颜色会受湿度的影响，所以当时中东地区的一些绿松石采矿人，会把刚刚开采出来的颜色较浅的绿松石埋在潮湿的泥土下或马厩下，让它吸收水分或弱尿酸，使颜色得到改善。这应当是绿松石的最早的人工处理。只是经过这样处理的绿松石，时间长了以后，水分会逐渐丢失，致使颜色重新变为深浅不一的灰蓝色、蓝绿色。近代，人们改进了这种原始的土办法，先是采用注油的方法，即把绿松石直接浸泡在汽油等液体中，可迅速使绿松石的颜色得到改善。但油比水更易挥发，所以现已很少使用，改用浸蜡。浸蜡可使颜色的改善保持较长的时间，但太阳的曝晒或受热会加速它的褪色。需要指出：由于绿松石的浸蜡处理与大多数玉石的浸蜡处理不同，不仅仅是

图中显示上方那块绿松石料石富含空隙，下方的珠链就是用类似的料石经浸蜡处理后加工而成的

改善表面的光泽，而是会改善它的颜色。所以我国在1996年和2003年颁布的"国标"《珠宝玉石名称》中规定，这种方法属于"处理"，在销售时是必须向消费者说明的，否则属于欺诈。然而，在2010年颁布的新"国标"中却把绿松石浸蜡改为"优化"，承认其是一种可以接受的优化处理方法，销售时可无需向消费者声明。笔者认为，这一更改有迁就商业利益之嫌。事实上这是一种不耐久的处理方法，阳光或热都会加速其褪色的程度。

要鉴别浸蜡处理，可在放大镜下用烧热的针接近绿松石，此时可看到蜡熔化呈小珠析出的"出汗"现象。另外，也可利用绿松石的吸水性来进行检测。由于作浸蜡处理的绿松石，都是一些不那么致密富空隙的绿松石，而且一般镶嵌用的绿松石多是正面磨光，反面没磨光的，因此当你把这种绿松石在清水中蘸一下，就可以发现没处理过的所蘸的水分会马上被吸收掉，浸蜡的则吸收很慢；还会发现未作浸蜡处理的会因吸水而使颜色加深，浸蜡者则变化不大。

染色处理：一些黄绿色、土黄色的绿松石即使采用浸蜡也无法改善它的颜色，于是就采用无机（如硫酸铜溶液）或有机染料对其进行染色处理。染色处理的绿松石与其他玉石的染色品一样，在放大检查时可以发现它的颜色沿颗粒间隙和裂隙分布，而且仅有近表面不厚的一层。部分染色品用蘸有氨水的棉花擦拭，可以发现棉花上沾染了蓝色。

注塑处理：一些多孔的"面松"，不能直接用作宝石，因此人们在一定温度压力条件下把有机塑性液体（一般均带色）注入面松内，不仅可使其得到加固，也使颜色得到改善。但这种经过注塑，看上去很漂亮的绿松石，却有着与其漂亮外观不相称的低密度，也即它的相对密度一般在2.0～2.48；它的硬度也很低。一般为3～4；折射率也会低于1.61，都足以与正常绿松石相区别。如果还有疑问，那么通过放大检查，时而可见有小的气泡；用热针进行试验，会闻到塑料熔化产生的辛辣

经注塑染色后的绿松石

气味。红外光谱检查也能发现有机物的存在。另外，同样也可以用蘸水的方法进行鉴别，注塑会比浸蜡更不易吸水。

注硅酸钠(水玻璃)处理：这是对注塑处理的改进。在获得相似处理结果的同时，又使其密度和硬度都得到一定程度的提高。即相对密度可在 2.40 ～ 2.70 间；硬度一般可达到 5。但这种绿松石会感觉透明度高一些；放大检查，仍时而可见有小的气泡。

查察里（Zachery）处理：这是一种最新的由查察里发明的新处理法。方法是在绿松石中注入一种未公布的含钾的物质，结果可使绿松石得到加固和增色，且光泽也增强。据说在阳光下曝晒 164 个小时也不褪色。它还具有与天然绿松石相近的物性，即具有相近的折射率和相对密度。在长波紫外光下可有弱～中等的蓝白色荧光。鉴别这种绿松石的最佳方法是用草酸进行试验。涂抹草酸后，其表面会形成"白皮"。但这是一种破坏性试验。此外的另一方法是用尖端的电子探针仪来分析其成分，这时可发现它的成分中，有天然绿松石所没有的钾的存在。

需要指出，绿松石的这些处理方法，在现行"国标"中，除浸蜡属于"优化"外，其他均属销售时应予明示的"处理"。

另外，1972 年，法国的吉尔森（Gilson）公司推出了一种所谓的"合成绿松石"。它在化学成分和物理性质上与天然绿松石几乎完全一样，也可区分为致密块状的纯绿松石和铁线绿松石两种。但放大 50 倍后，可以发现它具有与天然绿松石不同的结构，是由无数紧密堆积在一起的微小的蓝色球粒构成，而天然绿松石没有这样的结构。这使一些人认为，它不是真正意义上的人工合成制品，而是一种再造制品，即它是用绿松石粉末压结而成，所以称之为"再造绿松石"。现在且不管它究竟是怎样制成的，如果要鉴别它们，当然最好是观察到它的这种微粒结构；其次还可以通过分光仪的检查，天然的一般都含铁，会在蓝光区有一条弱～中等 432nm 的吸收线；再造者则无。

新法再造绿松石：这是我国近年生产的一种利用绿松石废弃料制成的再造绿松石。它不用有机高分子做胶结剂，而用与绿松石成分相近的磷酸二氢铝 [Al$(H_2PO_4)_3$] 为胶结剂。其与绿松石粉料（粒度一般为 250 ～ 300 目，并可根据情况经染色烘干后再参加胶结）的质量比约 1∶4。由此制得的再造绿松石颜色均匀，色调单一，具蜡状～玻璃光泽，折射率 N = 1.60 ～ 1.61（点测），相对密度 2.32 ～ 2.54，硬度 4.5 以上（折射率、相对密度和硬度都比天然的低），紫外下惰性；结构均匀，部分样品具微粒结构，抛光性能良好，无铁线和白脑。

◆ 吉尔森公司推出的两种所谓的"合成绿松石"。左为致密块状，右为铁线绿松石（有不同于天然铁线绿松石那样的网纹）

（五）常见的绿松石的仿冒品

绿松石也常见有多种仿冒品。根据它们的成因，我们可以把它们分为三大类：

第一大类是纯人工制造的，它又可分为4类：

釉陶绿松石，这是最早出现的绿松石仿冒品，据说早在古埃及时期就已出现，并常做成项珠般的饰品。事实上，它的核心是用天然的细砂岩磨制而成，外面则涂上一层陶瓷质的蓝色釉。鉴别这种仿冒品并不困难，因为它们的折射率与相对密度都与天然绿松石有明显差别。目前，这种制品已很少见。

玻璃绿松石，用石英、铜化合物（如孔雀石）、碳酸钙、碳酸钠按一定配比共熔后制成的似绿松石玻璃。其特点是可能含有气泡，硬度比绿松石大，小刀划不动，折射率和相对密度也不同于绿松石。另外，大多是采用直接浇铸成型，所以常可发现它的底面微微内凹，这是热胀冷缩的结果。

塑料绿松石，用塑料仿制的绿松石。它和玻璃绿松石相似，也会有气泡；同样由于采用直接浇铸成型，所以底面也会微微内凹。另外，它的相对密度很轻，一般不会超过 1.55，硬度也低，一般小于 3。

碳酸盐质绿松石，这种绿松石是先把染成蓝色的方解石粉末粘结成团粒，然后给它裹上一层炭末，再胶结成块，从而获得酷似铁线绿松石的外观。要鉴别这种仿冒品并不困难，因为它由方解石组成，滴稀盐酸可发现它会强烈起泡，真绿松石一般不会（不过，少数有些含有方解石杂质的天然绿松石也会起泡）。还有它的硬度较低，约 3，相对密度也低，一般为 2.00～2.25。

◇ 碳酸盐质绿松石与天然绿松石的比较，左为天然绿松石，右为仿制品（据郑姿姿等）

◇ 一颗冒充绿松石的染色菱镁矿

第二大类是天然材料，经人工染色以后来冒充绿松石，其中较常见的有：

染色三水铝石，三水铝石是铝的氢氧化物 [Al(OH)$_3$]，在自然界它常与绿松石共生。它一般呈白色、浅绿色，集合体和绿松石一样也呈豆粒状、结核状、团块状，所以极易与绿松石混淆，尤其是经染色处理后更难分辨。但它的硬度很低，一般为 2.5～3.5，相对密度 2.30～2.44 也低于绿松石，折射率一般为 1.56～1.59，可资鉴别。

染色菱镁矿，菱镁矿是镁的碳酸盐 [MgCO$_3$]，它一般呈白色、灰白色、浅米黄色，有的也有灰黑色或褐色的网纹，经染色后，很像铁线绿松石。常用于制作仿绿松石的串珠和小挂件。但它的相对密度较高，在 3.00～3.13 之间，折射率则较低，为 1.60 左右。更重要的是它可溶于酸，用蘸有稀盐酸的棉花擦拭，可发现棉花沾染了颜色。

染色磷铝石，磷铝石是一种铝的磷酸盐 [$AlPO_4 \cdot 2H_2O$]，也常和绿松石共生。它一般呈白色、浅红色、绿色、黄色和天蓝色，也常呈豆粒状、结核状、团块状产出。优质磷铝石本身可直接用作宝石，但由于优质者少见，且其知名度不及

一堆硅孔雀石料石

绿松石，所以其普通料石常用于冒充绿松石。它虽然也有蓝色，但绝不会有绿松石的优美蓝色，故通常都要进行染色处理。不过它的折射率较低，一般为 1.56～1.59；相对密度也不高，为 2.53～2.58；硬度 5 左右，据此可以与绿松石区别。

染色羟硅硼钙石，羟硅硼钙石是一种含硼的硅酸钙 [$Ca_2B_5SiO_9(OH)_5$] 矿物，它通常呈白色、灰白色、灰褐色，也常有灰黑色或黑色的网脉，因此染色后很像铁线绿松石。但它的折射率较低，一般为 1.586～1.605；硬度也较低，多为 3～4，相对密度 2.45～2.58，在滤色镜下还可观察到呈粉红色。这种仿冒品主要来自美国。

除此之外，还见有染色的玉髓、染色的方解石或白云石等，它们由于在物性上与绿松石均有明显差别，所以只要稍具宝石学知识，应不难区分之。

第三大类是一些外观很近似绿松石的天然材料，其中较常见的有：

齿胶磷矿，又称"齿绿松石"或"骨绿松石"。它们实际上是古代动物的牙齿或骨骼的化石，因受到后期蓝铁矿 [$Fe_3(PO_4)_2 \cdot 8H_2O$] 的交代而形成的产物。蓝铁矿是一种具有深浅不同蓝色和浅绿色的矿物，所以与绿松石的颜色十分相近，折射率也与绿松石差不多，一般为 1.57～1.63；相对密度则相对较高，为 3.00～3.20；其最大的特征是可能保留有化石的原有结构。齿胶磷矿因是来自化石，产量也有限，因此，在价值上常不输于绿松石，甚至高于绿松石。因此在市场上，有时也可看到有用铁的磷酸盐，对骨化石或焙烧过的象牙进行染色处理而获得的仿冒品。

硅孔雀石，这是一种含水的铜铝硅酸盐 [$(Cu, Al)_4H_{3\sim4}(Si_4O_{10})$

品质一般的天然磷铝石

$(OH)_8 \cdot nH_2O]$，通常呈绿色、蓝绿色，含杂质时也呈褐色或黑色，因此，外观有些近似铁线绿松石。但硅孔雀石常具有比绿松石好的透明度，它的绿色也相对浓艳一些，不像绿松石的绿色常带有黄色调或蓝色调；硅孔雀石的折射率很低，一般为1.460~1.570；硬度也很低，多为2~4（含石英类杂质多时，硬度也可达6~7）。

磷铜铁矿，也叫"铁绿松石"，是一种铜铁的磷酸盐$[CuFe^{3+}_6(PO_4)_4(OH)_8 \cdot 4H_2O]$，从化学成分讲，它实际上就是绿松石成分中的铝被铁替代后的产物，所以可以与绿松石紧密共生。它一般呈淡绿到绿色，折射率较绿松石高，一般为1.83~1.93；相对密度也较大，常为3.1左右；硬度4.5左右。

绿松石及其相似玉石鉴别特征简表

分类	玉石名称	主要物性参数			其他特征	著名产地
		硬度	相对密度	折射率		
	绿松石	5~6	2.4~2.9	1.610~1.670	隐晶质，不透明或几乎不透明	伊朗、美国、我国
完全人造	釉陶绿松石	>7			核心用砂岩磨制，外面为人工陶釉	古埃及
	玻璃绿松石	6±	2.50±	1.52±	非晶质，可能有气泡	
	塑料绿松石	<3	<1.55	1.46~1.70	非晶质，可能有气泡	
	碳酸质绿松石	3	2.65	1.48~1.65	滴酸会起泡	
染色仿冒品	三水铝石	2.5~3	2.30~2.44	1.56~1.59	隐晶质，不透明或几乎不透明	常与绿松石伴生
	菱镁矿	4~4.5	3~3.1	1.60±	可溶于稀盐酸	我国辽宁等地
	磷铝石	5±	2.53~2.58	1.56~1.59	透明度一般比绿松石好	美国
	羟硅硼钙石	3~4	2.45~2.58	1.58~1.61	滤色镜下会呈粉红色	美国
天然代用品	齿胶磷矿	4.5	3.0~3.2	1.57~1.63	常可见动物化石残余特征	西伯利亚地区、法国
	硅孔雀石	2~4	2.0~2.5	1.46~1.57	常含有石英、玉髓等杂质	许多铜矿区的风化带
	铁绿松石	4.5	3.1	1.83~1.93	隐晶质，不透明或几乎不透明	美国

（六）绿松石的投资收藏要点

投资收藏绿松石要注意的有以下几点：

1. 绿松石虽然深受阿拉伯人、北美洲的印第安人和我国西藏人民的喜爱，但由于它是一种基本上不透明的玉石，不像其他一些优质的宝玉石那样晶莹剔透，光泽璀璨；再一个笔者认为更重要的原因是，对绿松石有特别偏好的这些民族，在当今的世界上都不是经济发达的民族，因此，他们的爱好对世界的影响也相对较弱。所以绿松石在整个宝石殿堂中并不占有重要的地位，只被人们列为中档的宝玉石。在美国，其未经加工的天然石料的价格，一般仅每克1～5美元，甚至有的只有几十美分；即使加工好的优质绿松石饰品，其售价也一般不超过每克10美元。但尽管目前它的价值不高，我们却可以预期它的未来还是有较大的升值潜力的。特别是当喜爱这种玉石的民族在经济上有了快速发展之后，绿松石一定也会有较大的升幅。在我国市场上，目前品质一般的绿松石售价约为每克80～250元；宝石级珍品则可达到每克500～1 000元。其中，超过15千克的绿松石佳品十分罕见。

2．由于市场上，存在大量绿松石的处理品和仿冒品，这促使一些爱好者把目光转向较少有处理品和仿冒品的老绿松石制品，以致老绿松石制品的价格常比新品高出3～5倍。

3．绿松石虽然在世界上有多个不同产地，总的资源量并不匮乏，但其中真正优质的却十分稀少，远不能满足需求，而这正成为各种绿松石处理品和仿冒品大肆出笼的客观基础。甚至可以说，市场上众多的绿松石制品有很大一部分都不是真正的天然绿松石。

4．鉴于市场上的这一现状，我们的读者如果想投资收藏绿松石制品，一定要倍加小心。如果你自己不能辨别它的真假优劣，那么你最好还是请专业机构对其作出准确的鉴定。

5．绿松石是一种含水的矿物，因此，它怕高温、怕在阳光下曝晒。曝晒会使它褪色；若长期置于高温环境里，它甚至会最终瓦解。所以收藏时应注意避光，不要放在太干燥的环境里。

6．绿松石通常较富孔隙，易以吸附周围环境中的各种气体，所以若佩带绿松石首饰，最好不要进入厨房、理发室、美容院、洗澡间等场所，以免让它吸入油烟、香水、发胶等可能使它变色的气体。

7．绿松石制品若沾有污垢，不可用超声波清洗，持续的快速震动有可能导致它的破裂，所以只能用微湿的柔软毛巾轻轻擦拭。这时还要注意，有铁线的地方，大多比较脆弱，玉石易沿铁线裂开，因此要格外小心，不要用力过大。

（七）绿松石的供需概况

前面我们已经谈到绿松石是一种在近地表的外生环境下形成的玉石，已知它在世界上有若干个产地，其中最重要的是伊朗（旧称"波斯"）。

伊朗的尼沙普尔是世界最著名的优质绿松石的来源。据说已有几百年的开采史，并从中世纪以来就一直是欧洲所使用的绿松石的主要来源。所产的绿松石以瓷松为主，具有中～强的蓝色，质地致密，抛光后可显示出良好的光泽，因此向来被认为是最优质的绿松石；以致"波斯绿松石"成了最优质的绿松石的代名词。但据报道，在20世纪的第一次世界大战前，该地绿松石的开采在达到极盛期以后，已由于历代的长期开采而趋向衰落，有些矿坑的开采深度已超过100米，近些年来，其产量已十分有限。除尼沙普尔外,伊朗还有另外两个产地,即位于伊朗中部的亚兹德和中南部的科尔曼,但产量也有限。

在当今世界上,绿松石的最重要供应地是美国。已知美国有多个绿松石产地,它们主要分布于亚利桑那州、科罗拉多州、内华达州和新墨西哥州等地。其中亚利桑那州的两座铜矿山所产的绿松石,在20世纪80年代曾占有世界总产量的80%左右。不过美国产的绿松石,虽也有部分优质的,堪与波斯绿松石媲美,但绝大部分质量相对较差,多为浅蓝色、绿蓝色或蓝绿色,甚至部分为"面松"。

埃及的西奈半岛,也曾是世界重要的绿松石产地,而且是最古老的产地。早在几千年前就已开采,但现在已几乎完全绝产,仅偶尔有个别矿石被人们捡拾到。

我国也是世界上绿松石的主要出产国,已知主要产于鄂、豫、陕三省交界处,即湖北的郧县、竹山及陕西的白河、安康一带。其中,湖北的绿松石有着古老的开采历史,有古矿坑40多处,尤以郧县的云盖寺及竹山的喇叭山两地最负盛名。所产绿松石除很少一部分可以达到"波斯级"外,大多与美国产的相近,绿多蓝少。除此之外,我国的绿松石还来自安徽的马鞍山、新疆的哈密、青海的乌兰等地,但产量均很有限。其中安徽的马鞍山虽产量极其稀少,质量却相对较好,大多可属瓷松等级。

在世界上,绿松石还来自墨西哥、阿富汗、俄罗斯、澳大利亚、秘鲁和智利等地。但所有这些产地都很少有优质绿松石的产出,所产的绿松石多为"美国级",甚至更差的"埃及级"。

所以,尽管世界上绿松石产地众多,但真正优质的绿松石却明显不能满足市场的需求。而这正是众多的绿松石处理品和仿冒品得以纷纷问世的客观基础。

中东的阿拉伯诸国是世界上绿松石最重要的消费市场。早在几千年前,古埃及人就对绿松石有着特殊的偏爱,从而促使他们为了获取绿松石而从富饶的尼罗河畔,不辞辛苦,跋涉千里到荒漠的西奈去开采绿松石,同时也把喜爱绿松石的习俗传承至今。因此就像玉在我国人民的心目中有着崇高的不可替代的地位一样,在阿拉伯人的心目中,绿松石也有着相似的地位,并凝聚了几千年来阿拉伯文化的精粹,成为阿拉伯文化的一个重要特征。时至今日,许多阿拉伯人仍以拥有绿松石为荣,相

用绿松石、钻石和铂金制成的《棕榈叶冠冕》,1936年法国著名珠宝商卡地亚的作品

◆ 清代制作的绿松石摆件

信绿松石能给他们带来幸运和欢乐,能使他们战胜困难,事业有成。

由于中世纪时,传承了阿拉伯文化的土耳其人建立的奥斯曼帝国曾扩展到中欧和南欧一些地区,并给欧洲人带去了绿松石,所以,被称为"土耳其石"的绿松石在欧洲也很受人们的喜爱。后来人们在选定诞辰石时,把绿松石选为十二月的诞辰石,用于象征幸福,祝愿成功。

在美洲,美国西南部的印第安人也对绿松石特别偏爱,自古以来他们习用绿松石装饰房屋和坟墓,用来体现大海和蓝天的精灵;他们也喜爱用绿松石装饰自己,相信它会给佩戴者带来幸福和好运,避免受到伤害。所以在那里,绿松石是一种长盛不衰的宝石。

在我国,绿松石的主要消费市场是西藏、青海一带的藏胞。在那里,绿松石被视为是有灵魂的宝石,是最佳的护身宝石,因此只要有条件,几乎人人都会佩戴包含有绿松石的各种饰品。有人甚至说,在西藏没有任何一件珠宝玉石饰品会不装饰有绿松石,可见绿松石在藏民族中的地位。与西藏的情况相反,我国东部经济较发达地区的人民,却大多对绿松石知之甚少,自然也很少有购买绿松石的欲望。不过,这种情况近些年来正在逐渐发生改变。据业内人士透露,在东部市场上绿松石销量正明显上升,价格也在不断攀升。如2007年的价格约为每克80～100元的绿松石,2013年已涨至每克200元左右。

◆ 在西藏的珠宝市场上可见众多的绿松石饰品

有机宝石　第三篇

　　有机宝石，指的是一些与生物密切相关的，可用于装饰的固体材料。譬如，它们有的本身就是生物体的一个构成部分，如象牙和玳瑁；有的则是生物的分泌物，如珍珠和琥珀；还有的是由古代生物质转化而来，如煤精和硅化木等。

　　从物质组成来说，有机宝石可分成两类：一类全由有机物质构成，如琥珀、玳瑁、煤精等；另一类主要由无机物质构成，如珍珠、象牙、红珊瑚等。

　　有机宝石虽然不如无机宝石那样坚硬耐久，但仍具有美丽、稀罕的基本品质，而且长久以来一直备受人们的推崇，在人们对珍宝的传统观念中始终占有十分重要的地位，被视为献给至高无上的天神和权高位重的帝王的礼物，因此，在五光十色的珠宝世界里，它也占有十分独特和不可替代的地位。

一、珍珠

珍珠,是有机宝石中最重要的品种。

珍珠,也称"真珠",是自古以来最受人们青睐的宝石之一。人们相信,早在人类的初期,当原始人沿着海岸和河流寻找食物时,就发现了珍珠,并被它的晶莹璀璨的光泽所深深打动,便用它来装饰美化自己。所以,它应该是最早被人们利用的宝石之一。

(一) 深渊之宝

珍珠不仅美丽动人,而且来之不易。因为珍珠虽然是贝壳类动物的分泌物,但却不是所有的贝壳类动物都能分泌出光泽美丽的珍珠。据研究,世界上现生的贝壳类动物的种类大约有 15 000 多种,其中只有几十种能分泌出美丽的珍珠。产珠贝不仅数量有限,而且大多生活在较深的水域,因此,珍珠又有"深渊之宝"的美誉。为了采集它,人们不得不潜入深水,以致在古代常常演出了一幕幕以人易珠的惨剧。这种以生命的代价换取来的珍珠,自然有着不菲的价值。所以,无论是在东方还是西方,人们都一直把珍珠视为最珍贵的宝贝。一世纪时古罗马的大哲学家大普林尼(23～79)就曾赞誉它是"人间最名贵的货物,世上最瑰异的商品"。在佛教的经典中则把它列为"七宝"之一。人们还誉它为"宝石中的皇后",视之为纯真、完美、富有、尊贵和权威的象征。历代的帝王将相、富贵人家无不以收藏和拥有个大美丽的珍珠为荣耀。

今天,珍珠被人们选为六月诞辰石,用以象征富贵、健康和长寿。它还被选作结婚 30 年的信物。

珍珠,虽是生物的分泌物,属于有机宝石,但从其物质组成来说却以无机矿物为主。在

深渊之宝

其化学组成中，碳酸钙的含量常占有 86% ~ 93%（少数也可低到 82%），并主要以属斜方晶系的文石矿物的形态（少数呈属三方晶系的方解石形态）产出；还常有少量的碳酸镁以及微量或痕量的锰、锌、钾、钠、铜、镍、钴、磷等元素。此外，也含有 4% ~ 10%（最多可达 14%）的有机物，其成分主要是似角状有机物（$C_{32}H_{48}N_2O_{11}$）。还有 2% ~ 4% 的水。

◆ 不同颜色的珍珠

珍珠，是贝壳类动物围绕侵入其体内的砂粒、小虫或人工植入物而形成的分泌物，所以，它具有明显的同心层状构造。每层的厚度一般不超过 0.5 微米。一颗珍珠常有几十到上万层，每层则由无数个细小的文石晶体垂直层面紧密排列而成。晶体与晶体之间或层与层之间的间隙中则分布着有机质。珍珠的这种特殊的构造状态，使人们至今无法制造出与其具有完全相同构造的合成珍珠。

珍珠以银白色为主，但也有多种不同的颜色，并具有特征的珍珠光泽。一般为微透明到不透明，个别也可以达到半透明。折射率因碳酸盐矿物光轴方位的不同而变化在 1.495 ~ 1.686 之间。硬度 2.5 ~ 4。韧性较好，还具有较好的弹性，一般若从桌面跌落可反弹一定高度，又不破碎。相对密度则介于 2.61 ~ 2.78 间。由于含水，受热时间较长会脱水、干裂；高温则可能使所含的有机物燃烧，变成褐色；温度更高（> 894℃）碳酸盐也会分解。它还易于受到酸的侵蚀。

珍珠不仅可用于装饰，还具有良好的医疗作用。它是美容护肤的佳品。据说清末的慈禧太后就常年服用由珍珠配制的验方。中医医典认为：珍珠味甘、咸、寒，入心经和肝经，镇心安神，养阴熄风，清热祛痰，去翳明目，解毒生肌。可见，珍珠的药疗作用是十分广泛的。

（二）珍珠的类型

珍珠，按其产出水域的不同，可分海水珠（简称"海珠"）和淡水河湖珠（简称"河珠"）两大类。一般说来，海里的贝壳类动物体型较大，故能形成颗粒较大的珠；又因海域相对深邃，海水清澈，故所产珍珠的珠质也大多相对较优。

20 世纪以前，人们看到的珍珠，基本上都是天然形成的。1913 年，日本人御木本辛吉把珍珠养殖业作了商业化推广，从此有了第一批由人工养殖而成的养殖珠（简称"养珠"）。经过近一个世纪的发展，今天市场上所见的珍珠已几乎都是养珠。

养珠与天然珠的最大差别，在于天然珠是无核的（天然珠是砂粒或微生物侵入刺激形成的，所以即使有核也是非常微小，以致不可辨），而养珠则有人工植入的珠核，为了缩短养殖期和获得颗粒较大的珍珠，人们还会植入一个较大的核。不过，淡水珠和海珠在养殖时植入的珠核是不同的。淡水珠植入的是由其他珠母贝身上切割下来的所谓"外套膜"的微块。由于外套膜是贝壳类动物的肌肉组织，它在珍珠发育过程中会被逐渐吸收，所以淡水养珠也是一种无核珠；又由于外套膜是一种柔软的肌肉，不成形，所以淡水养珠多具不规则的外形，很少成圆粒状。海水养珠因使用的养殖贝体型较大，故可以使用由其

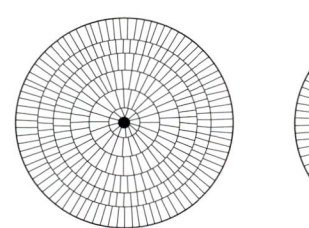
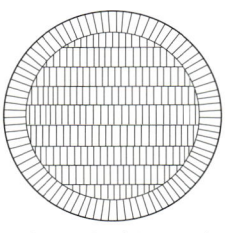

◆ 天然珠（左）与有核养珠（右）的构造差异示意

从图可以看到，天然珠基本无核或只有很小的核，并由众多的同心珍珠层构成；而有核养珠则有一个很大的核，这个核多由贝壳磨制而成，所以它具有平行层状构造

他贝壳类动物的贝壳磨制的圆核，所以是有核珠，而且可形成圆度较好的珍珠。不过，受到蚌体大小的限制，珠核也不能太大，否则会使珠蚌因不适应而死亡，所以即使是养珠，大颗粒珍珠也是十分稀少的。值得一提的是，20世纪末，在我国珠农的努力下，淡水养珠也开始有了有核珠，但目前数量很少，每年仅几千克，这与淡水无核珠全球年产两千吨相比，可说是微不足道的。

人工养殖的珍珠，不仅有整粒的，也有半粒的。养殖整粒珠是把人工珠核（或外套膜切块）插入养珠贝的外套膜的结缔组织中，让其因受刺激而分泌珍珠质来包裹珠核，逐渐形成为珍珠。而养殖半珠则是把人工制备好的半珠核，插入贝壳与外套膜之间，让珠贝分泌的珍珠质把插入的半珠核固定在贝壳上，形成一个凸起和附着于贝壳内壁上的珍珠，所以又称附壳珠。使用时，把附壳珠从贝壳内壁锯下。这时原先植入的半珠核往往会脱落，仅留下了半球状的珍珠质外壳，必须进行充填，并埋入钉棍，制成半珠，然后可用于制作半珠饰品。半珠一般直径较大，直径10多毫米并不罕见。半珠也称"似珠"，或"马白珠"（"马白"一词来自英文Mabe的音译）。

在养殖半珠时，如果植入的不是半球状的珠核，而是一个小的佛像或其他形状的东西，那么在经过一段时间的养殖以后，就可以看到珠贝的贝壳内壁出现与植入

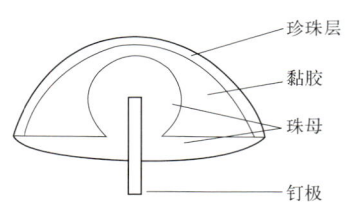

◆ 附壳珠　　　　◆ 长在贝壳上的人物像　　　　◆ 半珠的构成示意

物形态相同的附壳珠。这就是在一些贝壳内壁可以看到有珍珠质的佛像或人物像的来由。

(三) 珍珠的颜色

常见的珍珠多为银白色的,但也有多种其他的颜色。

珍珠的颜色可区分为体色、伴色和晕色。

晕色是珍珠表面或表面下形成的会漂移的彩虹色,是由珍珠的物理光学效应引起的,是不同深度的珍珠层的反射光互相干涉的结果,所以,与珠层的透明度、珠层的厚薄等因素有关。

伴色是漂浮在珍珠表面的一种或几种色彩,它也来自物理光学效应,是珍珠表面对光的漫反射和散射的共同产物。

体色是珍珠质本身的颜色。根据珍珠体色的不同,人们把珍珠分成三个组:浅色组、黑色组和有色组。

浅色组的珍珠是最常见的珍珠。该组常见的颜色有银白色、奶白色、瓷白色、白玫瑰色、粉红色、微黄色等。其中银白色俗称"银光皮",是最受国人喜爱的颜色;其次是俗称"美人醉"和"孩儿面"的粉红色,也深受人们的喜爱。目前,价格最高的是主要来自澳大利亚等南太平洋地区的白色"南洋珠"。据报道,其产量每年仅2 300千克。平均价格为每克120～161美元。其中直径9～12mm的圆珠,每颗价为100～600美元,13～15mm是800～5 000美元,16～20mm是6 000～10 000美元。浅色组中最不受欢迎的是微黄色的珍珠。事实上,浅色组珍珠在经历长时间光照和佩戴以后,常常会逐渐变黄,所以有"人老珠黄不值钱"的俗语。

黑色组或称暗色组,是一些具有深暗色调的珍珠,如纯黑、蓝黑、灰黑、褐黑、黑蓝、暗绿、深褐、紫褐和古铜等色的珍珠。此类珍珠因产地相对狭小,主要来自南太平洋的塔希堤岛(也译作大溪地)一带的海域,年产5 000千克,故长期来一直是珍珠中相对名贵的品种。据报道,黑色圆珠的平均价格每克160～200美元。其中8mm的圆珠,每颗约120美元;10mm每颗250美元;12mm每颗500美元;14mm每颗

◆ 粒大精圆的银光珠

◆ 黑色组的珍珠

金珠首饰

紫色的珍珠

1 200美元；18mm每颗24 000美元。黑珍珠因价格昂贵，因此在市场上除天然色外，也常见有经人工染色或辐射改色而成的"黑珍珠"。自然后者的价格与天然的相比有天壤之别。

有色组是指一些既不属于浅色也不属于暗色，但却具有其他色彩的珍珠。如锡灰色、绿色、蓝色、紫色、紫红色、黄～金黄色等。此类珍珠也不常见，只是由于其色彩并不浓艳，缺乏引人入胜的魅力，所以，其市场价并不见得高于浅色组。不过，有色组中那些具有金黄色调被称为"金珠"的珍珠，则是当今市场上价格最昂贵的珍珠。据报道，目前全球的金珠产量约为每年100千克，其中9～14mm的圆珠的平均市价为每克400～600美元，即每颗900～2 500美元。

上面我们已经谈到，珍珠的体色除了天然色外，也有人工色。其中尤以黑色组珍珠最常见有人工色，已知人工致色的方法有四种。

一是漂白处理。珍珠，尤其是浅色组珍珠在采出以后，漂白是必做的加工工艺。有时候还要反复进行多次漂白，以去除珍珠表面的一些污色，增加白度和亮度。这种处理被认为是属于优化，是可以接受的。

二是染色处理。其中最常见的是用银盐染黑的黑珍珠，近年还见有用有机染色剂染黑的珍珠和其他彩色珠。染色珠大多色较单一，晕彩不强，光泽较弱，但彩色染色珠的体色会较鲜艳；放大检查时可见有不规则分散的色斑；若珍珠表面有裂隙或凹坑，可见染色剂在此相对集中。其中

色彩鲜艳的染色珠

用染成绿色的珍珠制作的珠链

用银盐染色的珍珠,若用蘸有 2% 稀硝酸的棉球擦拭,可见棉球上染有黑色或黑褐色。从珍珠穿孔的孔眼观察,可见色层仅限于表层。

价值昂贵的金珠也时见有染色制品。而且根据染色层的厚薄可将其分成两种类型。一种色层厚小于 20 微米(简称 I 型);另一种色层可厚达 50~80 微米(简称 II 型)。染色金珠除少数质次样品,在其表面瑕疵处可依稀辨认有染色剂呈深浅不一的褐黄色斑点不均匀聚集外,大多数染色金珠用常规测试手段很难依赖表面特征予以分辨。但从剖面观察,天然金珠,自外向内呈现颜色渐深(淡黄色—黄色—橙黄色)的变化,且同心色带发育;而染色珠则呈现外深内浅(暗橙黄色—黄色—淡黄色)的变化。其中 I 型在紫外-可见光范围内呈现两组特征吸收谱带,一组位于 427(±2)nm,另一组位于 353(±2)nm 处。II 型则仅在可见光蓝紫区有 426(±2)nm 的吸收。天然金珠则仅见 356(±2)nm 的吸收。

三是辐射致色。辐射可使浅色珠变成黑色、古铜色、孔雀绿色、暗紫色、深蓝色等。据研究,珍珠之所以会因受到高能辐射而变色,主要与其组分中含有微量的锰有关。海水珠含锰低,故辐射后其颜色较浅,多银灰色。辐射致色珍珠可以有很好的晕彩。但辐射时产生的热量,可使珍珠层轻微膨胀,水分散失,而导致出现零星的不规则裂纹(有的在表层之下)。其颜色即使用浓硝酸擦拭也不会掉色。从穿孔检查,若为有核珠,可见珠核的颜色比珠层更深。另外,天然致色的塔希堤(大溪地)黑珍珠(包括养珠),在紫外光下会发出红色荧光,而染色珠或辐射致色的黑珍珠则无红色荧光。这是鉴别它们的最重要依据。

四是采用有色人工珠核来养殖有色珠。这种有色珠从外表很难鉴别,最好的办法是采用内窥镜,从珍珠穿孔进行观察,可以看到珠核面上有明显的色层。

(四)评价珍珠品质七要素

评价珍珠品质的优劣和价值的高低,一般可从以下七个方面着手。

1. **颜色**。关于这点已见前述,颜色不同对珍珠的价值会有很大影响。其中还要注意的是,由于民俗习惯、理念的差异,同种颜色的珍珠,在不同地区会因民众对其爱好程度的不同而有着不同的身价。如锡灰色珍珠在我国因

灰色珍珠耳钉

不受喜爱而无市场,但在南欧葡萄牙却是一种深受欢迎的颜色,因而也有了不菲的价格。评价珍珠的颜色,除了着眼于体色外,晕色和伴色也十分重要。晕色和伴色越强、越丰富,品质也越好。

2. **形状或称品样**。珍珠按其圆度,一般可分为圆珠、半圆珠和异形珠三类。以圆珠为好。圆珠根据其长短径之比可再分为:精圆珠或称正圆珠{长短径之差,小于 1%,即 $[D_1-D_2/^{1/2}(D1+D2)] \times 100\%$},圆珠(长短径之差在 1%~10% 之内),近圆珠,椭扁圆珠(长短径之差为 10%~20%),扁平珠和异形珠。其中以精圆珠

价值最高。精圆珠我国习称"走盘珠",意为其在盛盘中可任意滚动不息。检验走盘珠可让其从斜面上向下滚落。若垂直滚落,则表明其圆度和对称性好,否则就会偏向滚落。在一般情况下,在其他品质条件相同时,一串珠链若全由圆珠构成,其价格可按100%来评估;若大部分为圆珠,则其价格只能按70%～90%来评估;若全部为椭扁圆珠构成,则其价格只能按20%～30%来评估。

2002年我国颁布的《养殖珍珠分级》国家标准对珍珠形状的分级

形状类型级别		直径差百分比(%)		备注
		海水养珠	淡水养珠	
正圆	A1	≤1	≤3	
圆	A2	≤5	≤8	
近圆	A3	≤10	≤12	
椭圆	B	≥10	B1短椭圆 ≤20	含水滴形、梨形
			B2长椭圆 ≥20	
扁平	C	具对称性,有一面或两面成近似平面状	C1高形 ≤20	
			C2低形 ≥20	
异形	D	形状极不规则,通常表面不平坦,没有明显对称性		

异形珠一般是最不值钱的,如那种被人们戏称为"爆米花"的异形珠,用其制作的珠链一般只有十几到几十元一串。异形珠也常被人用于磨制珍珠粉。但是有些异形珠,造型奇特,再加能工巧匠的巧妙构思,制成瑰丽的饰品,赢得了人们的青睐,从而也使其价格迅速攀升。

3. 光泽。珍珠之所以令人喜爱,重要的就在于它那美丽的珍珠光泽。好的珍珠晶莹夺目、光彩照人,俗称"有晶"。通常珍珠的珍珠层愈厚,质地愈致密,其

◇ 用异形珠制作的蜥蜴饰品

光泽也愈强。天然珠之所以一般优于养殖珠,就是由于天然珠有着较厚的珠层,而且珠层致密,光泽也就较强。养珠的珠层一般厚仅0.5~1.5mm,且因在人工饲养环境下,饲料丰富,珠层生长较快,也就不那么致密,故光泽也就较弱。当然,天然珠也不是个个都有好的光泽,有时候甚至出现无光珠或陶质珠。世界已知最大的一颗珍珠——"阿拉之珠"就是一颗陶质珠。

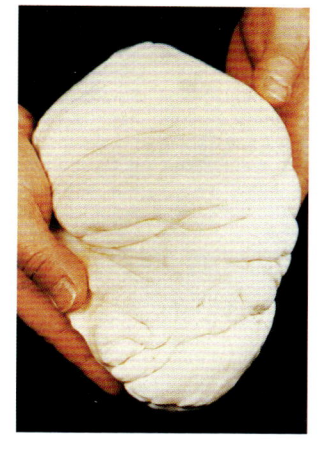

阿拉之珠,重6 350克,因其外形酷似缠有头巾的阿訇,故名。又传说它是2 500年前,我国古代哲学家老子把1个小护身符植入蚌体,经两千多年的生长育成,故又称"老子之珠"。1934年被人从菲律宾沿海捕获。现由一个美国人收藏。20世纪末,其拥有者拟以2 500万美元的价格出售

海珠的光泽一般也优于淡水珠。这是因为河湖水一般比海水浑浊,致使滋生出来的珠层,光泽也相对减弱。2002年颁布的《养殖珍珠分级》标准中曾把养珠的光泽分为4级。

《养殖珍珠分级》中的光泽分级

光泽分级	海水养珠	淡水养珠
极强A	反射光特别明亮、锐利、均匀,表面像镜子,映像很清晰	反射光很明亮、锐利均匀,映像很清晰
强B	反射光明亮、锐利、均匀,映像清晰	反射光明亮,表面能见物体影像
中C	反射光明亮,表面能见物体影像	反射光不明亮,表面照见物体,但影像较模糊
弱D	反射光较弱,表面能照见物体,但影像较模糊	反射光全部为漫反射光,表面光泽滞呆,几乎无映像

另外,鉴于光泽与珍珠层厚度的密切关系,《养殖珍珠分级》也对珍珠层厚提出了要求,并根据珍珠层厚,把海水养珠分为5级(淡水养珠是无核珠,故不存在珠层厚度问题):A,特厚级,珠层厚≥0.6mm;B,厚级,珠层厚≥0.5mm;C,中级,珠层厚≥0.4mm;D,薄级,珠层厚≥0.3mm;E,极薄级,珠层厚≤0.3mm(本级因珠层太薄,已不能用作饰用珍珠)。然而,尽管标准对珠层厚度提出了要求,但客观上,在没有把珍珠剖开的情况下,要准确地测出珠层的厚度尚有一定难度。但若利用近红外光谱技术或X射

粉红色的珍珠耳钉

线探测技术,则可以在无损条件下,测出珠层厚度。

4. 透明度。珍珠一般为微透明到半透明。透明度愈高,珍珠就愈显得晶莹美丽,晕彩瑰丽。一般说来海珠的透明度高于河湖珠。这是因为海水通常比河湖水清澈,使珍珠在生长过程中不易受到泥沙的污染。

5. 大小。和所有的其他宝石一样,珍珠的价值也随其大小而有成倍的增长。珍珠的大小除用其直径来表示(通常用于圆珠和近圆珠,并以其最小径来表示)外,也常用重量表示。通常采用的重量单位是珠喱(1 珠喱 = 1/4 克拉 = 50 毫克)。在对珍珠进行估价时均要考虑其大小的倍率影响,常采用的估价公式是:基价 × (珠喱)^2,或基价 × 规格倍率。其中,基价是根据珍珠的其他品质评估的结果。随着珍珠直径的增大,当直径超过 6.5mm 以后,其倍率系数就会以几何级数的比例上升。

珍珠规格及其倍率系数

规格	粒径(mm)	倍率系数
喱珠	2.0~5.0	1.0
小珠	5.0~5.5	1.1
中珠	5.5~6.0	1.4
	6.0~6.5	1.6
大珠	6.5~7.0	3.5
	7.0~7.5	5.0
特大珠	7.5~8.0	10.0
	8.0~8.5	14.0
超大珠	8.5~9.0	20.0
	>9.0	30.0

6. 表面光洁度。也即瑕疵问题,如珍珠表面是否凹凸不平,有无裂纹、刮伤、疤痕、被称为"痱子节"的突和刺(它们实际上是微生物侵入引起)、被称为"肋"的环状突起,以及其他影响表面光洁度的现象。清代曾任广州知府的赵翼(1727~1814)在评论珍珠优劣时说:"品珠先论形体,稍有欹侧及皱纹,弗贵也"。他又说:"珠又多疵,体或圆点,而有一二点黄晕,又珠之累也"。可见在古人眼中,对珍珠表面的瑕疵是多么重视,甚至将其置于首要的地位。

大小不一的珍珠

2002年颁布的《养殖珍珠分级》中对珍珠光洁度的分级

光洁度级别	质量要求	
	海水养珠	淡水养珠
无瑕A	肉眼观察表面光滑细腻，极难观察到表面有瑕疵	同海水养珠
微瑕B	表面有非常少的瑕疵，似针点状，肉眼较难观察到	同海水养珠
小瑕C	有较小的瑕疵，肉眼易观察到	同海水养珠
瑕疵D	瑕疵明显，占表面积的四分之一以下	同海水养珠
重瑕E	瑕疵很明显，严重的占据表面积的四分之一以上	同海水养珠

7. 连相或其他。所谓"连相"，也即匹配性，是指珍珠的配对。如一对耳坠，所用的珍珠在色泽、大小、形态等方面是否相似；一串项链，是否颗颗如出一辙。显然能够满足这些条件的珍珠串，其价格将不是单颗珍珠的简单颗数的乘积。如一串黑珍珠手链，单颗珍珠个个都有明显的肋环，显属低级的等外品，但若将其巧妙地串在一起，给人以别样风情的观感，其身价也即倍增。另外，珍珠的穿孔是否正中也很重要，尤其是一串珍珠，若有些珍珠穿孔不正，则拎起来一看，便会发现它歪七歪八，自然其价格便会大打折扣。在2002年颁发的《养殖珍珠分级》中曾把珍珠的匹配性分为三级：

有肋环的黑珍珠手链

《养殖珍珠分级》对珍珠匹配性的分级

匹配性	级别	质量要求
很好	A	形状、光泽、光洁度等质量因素应统一一致，颜色、大小应和谐有美感或呈渐进式变化，孔眼居中且直，光洁无毛边
好	B	形状、光泽、光洁度等质量因素稍有出入，颜色、大小较和谐或基本呈渐进式变化，孔眼居中无毛边
一般	C	颜色、大小、形状、光泽、光洁度等质量因素有较明显差别，孔眼稍歪斜并且有毛边

根据《养殖珍珠分级》，珍珠的分级报告应包含以下内容：
(1) 名称（应标明海水养珠或淡水养珠）
(2) 养殖珍珠或饰品中养殖珍珠等级
(3) 颜色

(4) 大小
(5) 形状级别
(6) 光泽级别
(7) 珠层厚度级别（无核养殖珍珠除外）
(8) 光洁度级别
(9) 匹配性级别（如果涉及）
(10) 总质量（单位为克）

该分级标准又规定颜色和大小不参与养殖珍珠的等级评定。这样其等级可依序按养殖珍珠的形状、光泽、光洁度、珠层厚度（如果涉及）、匹配性（如果涉及）相应等级的英文代号来表示。如 A_1BBAC 即表示该珍珠饰品的珍珠形状为圆形，光泽为强，光洁度为微瑕级，珠层厚度为特厚级，匹配性属一般。对于一串珍珠，应先对每颗珍珠进行评级，然后以占有 90% 以上的某等级的珍珠为该串珍珠的等级。如某串珍珠中有 12% 的珍珠为正圆级，54% 为圆级，25% 为近圆级，还有 9% 属椭圆级，则该珍珠的形状等级应属于近圆级。

该分级标准又规定，作为饰用的宝石级养珠应满足下述三条件：
(1) 光泽级别：中（C）
(2) 光洁度级别：
大小在 9mm 和 9mm 以上者，光洁度级别在瑕疵（D）级或以上
大小在 9mm 以下者，光洁度级别在小瑕（C）级或以上
(3) 珠层厚度（有核养殖珍珠）在薄（D）以上，即 ≥ 0.3mm

正圆形　　椭圆形　　卵形　　水滴形　　纽扣形　　车轮形　　巴洛克

◆ 珍珠的几种常见形状

（五）珍珠的鉴别

珍珠的价值除决定于上述七要素以外，还决定于珍珠的品种。前面我们已经谈到，珍珠有天然珠和养殖珠之分，又有海水珠和河湖珠之别。另外，珍珠虽然没有人工合成品，但却有人工制造的仿造珍珠（简称"仿珠"）。显然这些不同品种会有完全不同的价格区间。如何鉴别它们，便成为珍珠鉴定的主要课题。

1. 天然珠与养珠的鉴别

天然珠与养珠的最大区别，在于其内部构造，前者基本无核、珠层较厚，后者有一个占体积比很大的植入核和较薄的珠层。它们的鉴别也主要以此为依据。

天然珠与养珠的鉴别

鉴别法	天然珠	养殖珠
肉眼观察	质地细腻，光泽和透明度较好，外形多不规则，直径常较小。	海水养珠形状多为圆形，个头较大，淡水养珠则形状多不规则（有的如炒米花）。它们的光泽及透明度较差，且表面多瑕疵。
密度鉴别法	在密度为 $2.73 g/cm^3$ 的溶液中，有80%的珍珠漂浮。	在同样溶液中，海水养珠90%下沉，淡水养珠则大部分漂浮。
放大观察	结构均一，质地细腻，有强烈晕彩和光泽。表面大多光滑，有的可见有细小纹丝。	质地较松散，晕彩不强，时见有肋、刺、突和凹坑等弊病。
强光透视法	看不到珠核和由珠核产生的条纹反映。	多数可见珠核，及珠核产生的条纹层带。
内窥镜观察	内部均匀，无壳核之分。	壳核之间常见有一条黑线。一般壳比核透明（戴过的不准）。
偏光镜观察	几乎全透光，明暗差小。	透明层较白，明暗差较显。
磁场反应法	在强磁场中不会转动。	在强磁场作用下，因珠核的层状构造要与磁力线方向一致而发生转动。

除表中所列方法外，人们还采用 X 射线照相、紫外线摄影法、X 荧光法等方法来鉴别它们。但这些方法需要一些特殊的专门设备和仪器，不是普通爱好者能够做到的。

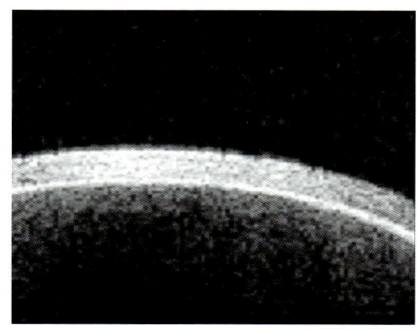 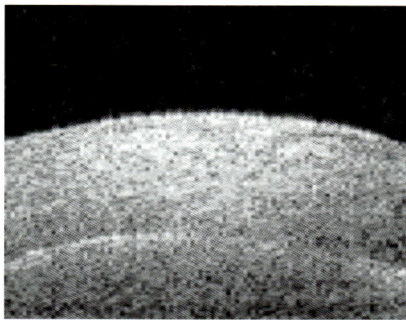

采用 X 射线照相技术看到的有核珠（左）和无核珠（右）内部结构

2. 海珠和淡水珠的鉴别

由于目前市场上所见的几乎全为养珠，所以，这里我们讲的是海水养珠与淡水养珠的鉴别。下表列出了它们的主要区别。造成这些差异的原因在于养殖环境、养殖贝和插核方法的不同。

海水养珠与淡水养珠的鉴别

项目	海水养珠	淡水养珠
晕色	清晰，较强	稍弱，偏淡
光泽	强	稍弱
透明度	较好	较差
形状	多为圆珠	少圆珠，多异形
大小	大，一般>7mm，个别可达20mm	小，很少能>10mm
X光下	大多无荧光	常有较强的荧光

3. 仿珠的鉴别

据报道，早在1656年，在法国就有人制造仿珠。这种仿珠是用玻璃制成的空心小球。球内填充有羊皮纸浆；表面则涂覆有从鱼鳞提取的鱼鳞精（它可产生似珍珠般的光泽）。三百多年来，仿珠的生产技术已有了不断的改进，目前，市场上所见的仿珠已有多种不同的类型。但它们的基本结构相同，都是由人工核和类珍珠质的

一些形似可乐瓶、葫芦形、梨形的淡水养珠

涂层构成。已知仿珠的核有用贝壳和石灰岩磨制的，也有用人工玻璃珠或塑料珠的。类珍珠的涂层除了鱼鳞精外，也有采用人工合成的类珍珠质，如一种氯化氧铋的白色晶体粉末，细微的云母粉为主要原料的涂液等。尽管仿珠有不同类型，但它们的鉴别方法则大体相似。下表列出了鉴别它们的主要方法。除此之外，我们还可以对整条珠串进行整体观察，仿珠每每颗颗十分相似，而珍珠则很难有颗颗品质特征完全相同的。还有，仿珠因制作时讲究效益，涂层有时涂覆不匀，甚至局部漏涂，后来检查时又进

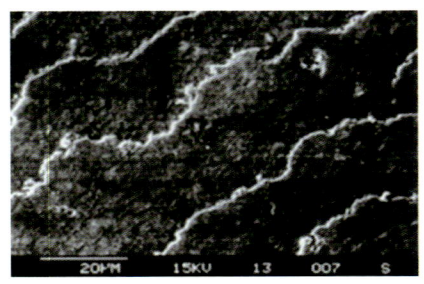
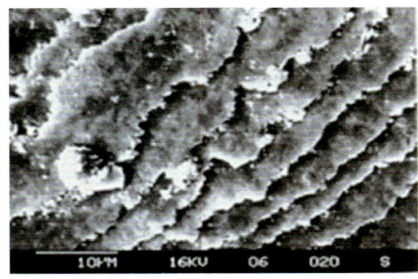

不论是天然珠还是养珠，在放大50～80倍的显微镜下，一般在其表面都能观察到这种由珍珠薄层层层叠覆形成的如沙丘被风吹的纹理，仿珠则没有这种纹理

行补涂，从而留下了补缀的痕迹。这种情况在珍珠和养珠中都是不可能出现的。

珍珠与仿制珠的简易鉴别

鉴别方法	珍珠	仿制珠
手摸法	手摸爽手，凉快感	手摸有滑腻感，温感
牙咬法	牙咬无滚滑感，常有肌里凹凸感，若用力咬，响声清脆，表面无凹陷牙痕，无珠层局部脱落，具砂感	牙咬有滚滑感，在牙上轻磨之，感觉光滑，用力咬，表面出现凹陷牙痕，甚至珠层局部脱落，无砂感
直观法	表面有天然肌理纹，无论如何也看得出光泽颜色的不统一，形状多为圆形不规则形，在一串珍珠项链中，其大小也会存在一定差异，具有自然的五彩珍珠光泽	珍珠的钻孔处有小块凸片，形状多为球形，圆度较好，表面微具凸点，缺乏特有的珍珠光泽所发出的虹彩光泽，颜色非常统一、单调、呆板
嗅闻法	轻度加热，无味；嘴巴呼气，表面出汽雾状	轻度加热，有异味，臭味；将之放近嘴边，出现水汽
放大观察法	表面有纹理，能见到碳酸钙结晶的生长状态好像沙丘被风吹的纹状	只能看到蛋壳样的较均匀的涂层，表面尽是高高低低的很单调的状态
弹跳法	将珍珠从60cm高度掉在玻璃板上，反跳高度20~25cm	同样条件下，仿制珠只能弹跳15cm以下，而且连续弹跳高比珍珠差
溶液浸泡法	当放入丙酮溶液中摇振数分钟	同样条件下，只需摇振1分钟，表面光泽全部消失
烧灼法	将之放置在打火机上灼烧，珍珠未出现黑烟色，表层完好，未见脱落，仍有珍珠光泽；灼烧时间延至1~2分钟，有微小爆裂声响，用指甲刮时出现珠层脱落，呈多数裂片状、弧形、银灰色，具光泽，易形成粉末，加压珠核裂成两半	同样条件下，仿珠出现火光，烧灼面呈黑色，如锅底状，水洗后表面珠层脱落，露出珠核，失去光泽；烧灼时间延至1~2分钟，珠核裂成两半
察孔法	项链或手链的珍珠必定已钻全孔，观察孔边显得锐利	钻孔处常出现凹陷，呈喇叭状口
掂估法	由于珍珠密度2.65~2.78g/cm³，手感较重	玻璃、塑料制品密度小于珍珠，手感较轻
点酸法	钻孔处点稀HCl，起泡	玻璃、塑料珠不起泡

珍珠鉴定除了上述3个问题以外，还要注意其颜色究竟是天然的还是人工处理的。关于这个问题，我们已在《珍珠的颜色》一节中作了介绍，这里就不再重复。

（六）珍珠的收藏投资要点

在选购珍珠时，你也许会常常听到东珠、南珠、南洋珠、西珠等的称呼。它们代表了什么意思？原来，这是对来自不同地区珍珠的一种命名。

东珠，源于西方人对产于波斯湾、马纳尔湾等印度洋海域所产的珍珠的称呼。此类珍珠多为白色或奶油白色，常具有带绿色的强珍珠光泽。由于这一带珍珠养殖技术尚不发达，因此，今人也有用"东珠"一词来指天然珠。我国也有人把"东珠"一词用来指称日本和我国东海所产的珍珠。另外，在清代，人们还把产于我国东北江河中（主要是松花江、嫩江、黑龙江等）的珍珠，称为"东珠"（宋、金时期称为"北珠"）。这可能与"东"在我国人民心目中具有"主"的地位有关，如东宫、东道主等。由于清王朝认为东北是其"龙兴之地"，因此不仅将"北珠"改为"东珠"，还特别重视这种东珠，规定只有王公宗室才可佩用，一般人连珍藏都不准许。因此，尽管这种东珠的珠质并不很佳，甚至有很多是属于无光珠，但仍受到皇室的宠爱，视为珍品而身价倍增。后来，随着清皇室的衰微，这种东珠的地位也随之下降。鉴于东珠一词存在着上述几种不同的含义，因此，你在选购东珠时必须仔细鉴别。

◆ 珍珠王冠

西珠，指欧美地区所产的珍珠，多为河湖珠，并常为异形珠，珠质也相对较差。

南珠，也称"南海珠"，指我国南海一带（包括广东、广西、海南等地）所产的珍珠，其中尤以广西合浦所产的珍珠最为著名。这里所产的珍珠颗颗结实凝重、圆润晶莹、珠光夺目。故自古就有"西珠不如东珠，东珠不如南珠"之说。合浦古属廉州，故合浦珍珠又称"廉珠"。

南洋珠，指澳大利亚和南太平洋各海岛所产的珍珠。这里的产珠贝个体较大，所产的珍珠大多颗粒较大，珠层较厚，光亮晶莹，属于较名贵的珍珠。尤其塔希堤（大溪地）一带所产的黑珍珠，以及澳大利亚产的白色粒大的白珍珠均是珍珠中顶尖品种。

在珍珠交易中还有另外一些用产地命名的珍珠品种，如琵琶珠（日本琵琶湖产的淡水养珠）、委内瑞拉珠（南美委内瑞拉海域产的珍珠）等。

购买珍珠，除了弄清商品珠的这些名称外，还要注意以下几点：

（1）明确你欲选购的究竟是哪一类珍珠。是天然珠还是养珠？是海珠还是淡水珠？显然，它们的价格会有很大的不同，千万不要用买天然珠的价格去买养珠，更不要误买了仿珠。这里要特别强调一下的是，由于目前珠宝业界执行的2003年颁布的珠宝玉石国家标准中规定，在有关珍珠的鉴定报告或商品标识上，可以把养殖珍珠直接标识为"珍珠"，把天然珠标识为"天然珍珠"，因此在国内市场上，你在选购珍珠饰品时，切莫把标有"珍珠"之名的当作是天然珍珠[在国外，按照国际珠宝联盟（CIBJO）的规定，养殖珠应称"养珠"，天然珠才称"珍珠"]。

（2）同一品种珍珠，由于品质七要素的差异，也可以有悬殊的价格差。所以，你应谨记珍珠分级评价的这七要素，才不会买到价高但等级低的珍珠。

（3）购买金珠、黑珍珠或彩色珠时，除了要辨别它们会不会是人造仿珠外，还要注意它们的颜色是不是天然的。那些人工着色的珍珠，其价格与天然色珍珠是不可同日而语的，而且，有些染色珠还会褪色，甚至可能在你的衣服上留下痕迹。

(4) 天然珠和养珠的鉴别是有很大难度的。前面我们虽然向你介绍了一些鉴别的方法，但却不是百分之百可靠。最可靠的方法是使用 X 光。所以，对于那些价格昂贵的珍珠，你应该还是得请专门机构进行鉴定，免得造成损失。

(5) 有了珍珠饰品，就要注意收藏保养。因为珍珠比较娇嫩，硬度偏低，且怕酸、怕热，若不妥善保养极易受到损害。珍珠保养应注意下述几点：

①珍珠多孔，易于吸入空气中的各种气体。千万不要戴着漂亮的珍珠进入厨房，煮菜的油烟和蒸汽对珍珠是十分有害的；也不要去理发和美容院，那里化妆品的气雾也会使珍珠受损、变黄。

②佩戴珍珠后（尤其是在炎热的夏天），一定要把沾上的汗液擦干净。不要随意拿普通纸擦，因纸里常有相对坚硬的微粒，会把珠皮磨损，使其失去光泽。

③不要用水清洗珠链。因水可能进入珍珠的穿孔内，难以抹干，以致在里面发酵长霉。如果不慎沾上较多的水或汗，就一定要设法把它擦干或晾干，切勿曝晒。曝晒会使珍珠脱水、干裂。

④不要长期将珍珠锁入保险箱，也不要用不透气的塑料袋密封。珍珠需要经常接触新鲜空气，需要人体的滋润，所以，珍珠饰品应该经常佩戴，否则也易变黄。

⑤不要长期将珠链挂起，日子一长穿绳可能变形。长的珠链，最好在每粒珍珠间打个结。这样既避免珍珠与珍珠之间的摩擦，而且万一穿绳断裂，也不致使整串珍珠散失。

⑥珠链最好每 3 年重新贯串。一防穿绳年久断裂，二防穿绳上的污垢对珍珠产生损害。

⑦暂时不使用的珍珠，应用干净的软布包裹，使其免受其他硬物的摩擦。

（七）世界珍珠的供需概况

珍珠是一些贝壳类动物的分泌物。由于贝壳类动物在世界各地的海洋中都有分布，所以理论上说来，世界各地都有珍珠产出的可能。事实也确是如此，不论是亚洲还是非洲，欧洲还是美洲，都曾有发现优质珍珠的记录。然而，由于天然珍珠生长缓慢，加之历代人们贪得无厌地采集，今天，天然珠在世界各地都是非常罕见的，偶有所见，价格必定高高居上。据报道，有一串由 87 颗珠径在 3～8mm 间、形状甚不规则的天然珠组成的珠链，价格相当人民币 10 万～12 万元。

天然珠的稀少，使养殖珠成了当今珍珠市场的主角。其中海水养珠，主要来自日本、我国、东南亚地区、澳大利亚和玻利尼西亚群岛。淡水养珠则主要来自我国、日本、越南和美国。

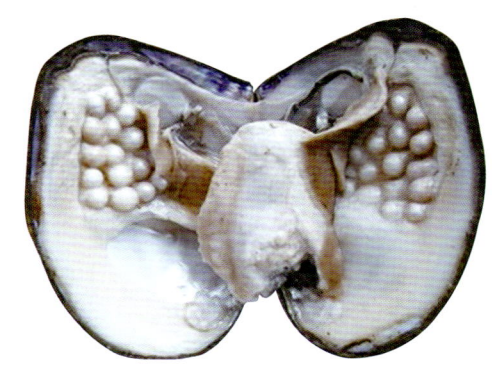
产有珍珠的珠母贝

南洋珠，是市场上最著名的银白色的海水养珠。澳大利亚是此类珍珠的最重要生产国。其产量约占全球同类珍珠产量的 60%。此外，南洋珠还来自印度尼西亚、菲律宾和缅甸等地。由于澳大利亚对珍珠养殖业实行配额控制，致使其珍珠产量基本恒定。

银白色的海水养珠，除南洋珠外，还有来自日本南部和冲绳一带的所谓"雅可珠"。1989 年最盛期曾年产雅可珠 45 吨，价值 3.63 亿美元，平均每克为 0.8 美元。但由于受到海洋污染等影响，其养珠业趋向萎缩。1998 年其产值仅相当于 1.8 亿美元。

我国产的南海珠也属于白色珍珠系列。目前年产量在 10 吨左右，其价值约相当每克 10～12 美元，其中优质的为每克 14～27 美元。

黑珍珠，主要来自法属玻利尼西亚群岛，尤以塔希堤（大溪地）为最著名的产地。该地从 1961 年开始进行人工养殖试验（此前产的为天然黑珍珠），1965 年收获 1 000 颗。1972 年增至 1.56 千克。1996 年更上升至年产 5 000 千克，价值 1.52 亿美元，平均每克 30.48 美元。除玻利尼西亚外，还有不到 10% 的黑珍珠来自印度尼西亚、东南亚和我国。

金珠，是当今世界上最珍贵的珍珠。据报道，大约 20 世纪 80 年代中期，缅甸和马来西亚均生产过品质甚佳的金珠。此后，澳大利亚、日本等地也有生产，但均是在生产其他珍珠时伴生的，数量有限。目前仅印度尼西亚有金珠专业生产基地，但因技术上的难度，产量也不高。据人们估计，目前全球的金珠产量仅 100 千克左右。

淡水养珠，最早由日本生产。琵琶湖是著名的淡水养珠的基地，早在 20 世纪 30 年代就已开始生产，60 年代达到全盛期，以致在世界上人们就以琵琶珠作为淡水养珠的代名词。但 70 年代以后，我国的淡水养殖业有了迅速发展，产量渐渐超过日本。特别是 90 年代以来，日本琵琶湖水受到严重污染，致使其养珠业受到了毁灭性的打击。相反，我国则发展迅速。1998 年我国年产淡水养珠 2 000 吨，占全球产量的 98% 以上。其中江浙两地是最重要的淡水养殖基地，其他如皖、赣、湘、鄂、粤、桂等地也均有生产。除无核淡水养珠外，近年来广东还有少量（年产约几千克）有核淡水养珠的生产。另外，越南和美国也有一定规模的淡水养珠业，但与我国相比，显然只是小巫见大巫。

综上所述，我们可以看到，在世界珍珠供应市场上，海水养珠相对不足，尤其是南洋珠，不仅质优粒大而受人

💎 广西合浦（旧称"廉州"）是我国最著名的海水养珠产地，图为合浦海水养珠场远眺

这串由 39 颗最大直径 18.5mm 的珍珠串成的长 45cm 的珠链,在 2011 年秋北京保利拍卖会上估价 15 万~18 万元

们青睐,更因澳大利亚实行配额控制,使其供应更显不足,因此,其价格一直保持居高不下。而淡水养珠的情况则恰恰相反,由于我国的发展过于迅猛,产量迅速膨胀,以致供大大地超过求。为了打开销路,人们又竞相压价,致使其价格一跌再跌。一些地区珠链售价仅为十几元到几十元,已跌破成本价。

珍珠的消费市场是全球性的。大家知道,自古以来我国人民对珍珠一直倍加青睐。古时人们就把珍珠、玛瑙视为珍贵财宝的象征。对珍珠的偏爱也延续至今。高于钻饰和其他镶宝首饰。不过,由于我国人民生活水准的限制,目前国内的珍珠消费还主要限于价值较低的淡水养珠。

和我国类似,欧洲人对珍珠也有特殊的偏爱。在中世纪时,一些欧洲国家的帝王立法禁止平民拥有珍珠,视珍珠为王室贵胄的专用珍宝。在这样观念的影响下,珍珠在各类珠宝中一直居有至尊至贵的地位。一些名人贵妇无不以拥有个大粒美的珍珠为荣,并沿袭至今。当代的巴黎已成为世界珍珠的最重要集散地,来自澳大利亚、日本和我国,以及其他地方的珍珠,经这里的珠商再次精加工,或直接倒手再转卖到世界各地。20 世纪五六十年代以来,日美经济的强劲增长,使日本和美国成为珍珠的主要消费市场。日本不仅是珍珠的主要生产国,也是珍珠消费大国,同时,它还是世界珍珠的重要集散地,不仅有日本自产的珍珠,也有来自澳大利亚、塔希堤(大溪地)等地的珍珠在这里转口出售。美国和日本不同,它虽也有少量淡水珠的产出,但远不能满足自身的需要,所以它是世界最重要的珍珠进口国。尤其是由于它具有旺盛的购买力,就使它成为各种高档珍珠的主要消费市场。

这颗重约 60 克拉的水滴形珍珠被誉为世界最大珍珠之一,2011 年春在佳士得迪拜拍卖会上估价 25 万美元

天然圆黑珍珠和白色梨形珠白色金镶钻耳坠

二、琥珀

琥珀也是一种很早就被人们利用的有机宝石。在石器时代的遗址中就发现有用琥珀制成的珠子、钮扣及用途不详的制品。我国至迟在春秋战国时代的墓葬中也发现有琥珀制品。

琥珀是什么？古人对此曾有过一些错误的认识。《隋书》中称其为"兽魄"。明李时珍《本草纲目》中记："虎死，精魄入地化为石，此物状似之，故曰虎魄。"但实际上，早在唐宋时期已有人正确认识到琥珀的来源。唐韦应物（737～792）曾写有一首《咏琥珀》诗："曾为老伏神，本是寒松液，蚊蚋落其中，千年犹可觌"。宋《陈承别说》中也说："琥珀乃是松树枝节荣盛时，为炎日所灼、流脂出树身外，日渐厚大，因堕土中，津润岁久，为土所渗泄，而光莹之体犹存"，"其虫蚁之类，乃未入土时所粘者"。可见，其时的认识已与今天十分相似。

◆ 琥珀挂坠

在西方，古希腊人曾经相信，琥珀是阳光照耀下海水的结晶（因当地常见漂浮在海面的琥珀）；也有人认为它是太阳西沉入海时淬落的碎片；还有人认为它是神鱼产的卵等等。

对琥珀来源的这些神话般的传说，使琥珀在古代一直具有很高的身价。如虎魄说，使人相信它具有镇邪作用，可使佩戴者壮胆去惊，避祸消灾。虎是兽中之王，作为虎魄的琥珀自然也有着十分尊贵的地位，为帝王所钟爱。《南史》载：南齐东昏侯（483～501）的潘贵妃有一支琥珀钏，价170万两。佛教徒也视琥珀为佛祖赏赐的吉祥物，列为佛教七宝之一。

在西方，琥珀也具有十分尊贵的地位。据说古罗马时期，一个小小的琥珀雕像比一名奴隶还值钱。为了获取琥珀，古罗马国

◆ 富丽堂皇的琥珀宫一角

王尼禄（37～68）还特意派遣商队远赴波罗的海去采购。1701～1709年，普鲁士国王弗里德利希一世把数万块琥珀切割、抛光、拼接，建成一个四壁都是琥珀的琥珀宫（高5.3米，面积约55平方米）。后来威廉一世把它送给俄国的彼得大帝。1740年彼得罗芙娜女皇将其扩建为墙高10米的宫殿。1941年，"二战"时期德国入侵，当时的苏联人来不及将其搬走，德国人将其拆卸成30箱运走，但自此便下落不明，成为一个历史之谜。

（一）琥珀的基本状况

今天，我们知道，琥珀是古代松柏类植物分泌的树胶、树脂，经长期掩埋，一些相对易挥发的组分丢失并氧化固结而成树脂化石。由于松柏类植物属于较高等的裸子植物，所以，琥珀主要出现在地质时期的较晚阶段，通常是距今几千万到几百万年间的第三纪时期。偶尔也发现有较早的，如我国黑龙江曾发现有1.3亿年前中生代时期的琥珀，加拿大也发现有1亿年前的琥珀。

未经琢磨的琥珀原石

琥珀是一种完全由有机物构成的物质，其化学组成相当于$C_{40}H_{64}O_4$（或$C_{10}H_{16}O$），及少量的硫化氢、微量的氮、铁、硅等，是一种非晶质固体，一般为透明到半透明，少数也可以不透明。树脂光泽，折射率1.539～1.545。相对密度很低，只有1.05～1.09，所以它常可漂浮在海面上。硬度2～2.5，性脆、易断，断口呈贝壳状。不耐高温，150℃时会软化，250℃～300℃时熔化，并具有可燃性。还具有挥发性，捏在手中时间稍长，即可挥发出一种优雅的琥珀香味（这一性质使其在中世纪时深受罗马贵妇的喜爱，以致人手一块）。它还具有摩擦生电的特性。它还易溶于硫酸和热硝酸中，部分溶于酒精、汽油、乙醚、松节油中。

琥珀通常为各种深浅不同的黄～黄褐色，也常见褐～褐红～红色和黑色，偶尔

红色的血珀

蓝色的蓝珀

常见的琥珀色琥珀

◆ 绿色的绿珀

◆ 包含有小虫和植物的琥珀

也有微绿、微蓝、微紫,甚至绿色和蓝色的。

琥珀中常见有小气泡,还常有小虫、种子、草叶等的包裹物,也可以有石英、长石、高岭石、方解石等的混入物。

琥珀通常以颗粒状、饼状、肾状、瘤状、拉长的水滴状等不规则团块产状。每块的重量一般在几克到 1～2 千克。在缅甸曾发现一块重 15.25 千克的大琥珀,现存于英国伦敦自然历史博物馆。在瑞士巴塞尔市自然博物馆则存有另一块大琥珀。该琥珀内包裹有一条长 17 厘米、生活在 2 000 万年前的完整蜥蜴。它来自加勒比海沿岸的多米尼加共和国。

琥珀在世界上的最重要产地是波罗的海沿岸,包括俄罗斯、波兰、德国、丹麦等的沿岸地区(其中部分矿床受到海水侵蚀,致使琥珀漂散在海中)。这里产的琥珀以质优、量大而著称。其次是意大利的西西里。这里产有特征的微蓝色和微绿色的琥珀,也有其他颜色偏暗的琥珀。此外,琥珀还来自罗马尼亚、缅甸、多米尼加、黎巴嫩以及美国等地。我国的琥珀则主要来自辽宁抚顺、四川奉节、河南西峡、湖北恩施,以及云南、西藏等地,以抚顺产的品质较好。

(二)琥珀的品种与品质评价

琥珀,根据其颜色,内含物和成分特征,产状等因素可划分为若干不同的品种。琥珀是一种非常特殊的宝石。它的价值常不主要体现在它的美观与否,而与它神秘的传说有关。"琥珀藏蜂"的虫珀被认为是琥珀中的极品。其价格又因所藏小虫的种类不同而异。据报道,1993 年在美国市场上,一块含有完整蚂蚁的琥珀,价格为每克 12 美元;若包含一只完整的蚊子,价格就可高达几千美元;若包含一只完整的蝎子,则每克高达 2 万美元(据此你可以想像到那块包含一整条蜥蜴的琥珀,其价格将会多么惊人!)。

琥珀的分类

分类	品名及其特征
按颜色分	金珀——金黄色 水珀——浅黄色 血珀——红褐~红色 蓝珀——具蓝色调 花珀——杂色相间
按透明度、结构特征分	明珀——晶莹润泽，一般黄红~黄色，似松香 洁珀——高透明，多微黄色 蜡珀——蜡黄色，蜡状感，含大量气泡，透明度差 油珀——像肥鹅肉，充满细小气泡 浊珀——有大量气泡，浑浊，近于不透明 泡珀——不透明的白垩状琥珀，不能抛光 骨珀——白~褐色，比浊珀更不透明，更软，像骨料
按物质组成和构造特征分	块珀——致密块状，颜色不限 硬珀——石化程度高，硬度大（H=3），透明度好 香珀——挥发性强，能散发浓烈香味 虫珀——包含有蚂蚁、蜂等虫类化石
按产状分	坑珀——从矿坑中采出的琥珀 海珀——从海中打捞来的琥珀，品质一般较好

这里要特别指出，在上述分类中没有列入当今市场上深受人们热捧的"蜜蜡"。这是因为在源自西方的宝石学经典著作中，并没有单独划分出"蜜蜡"这一品种，而是把它归入"蜡珀"之中。在英文中蜜蜡与琥珀都写作"amber"。但在我国由于民族传统的原因，人们对蜜蜡有着特殊的偏爱，就使它在众多的琥珀品种中有了一个特殊的地位。

其实蜜蜡就是那些颜色呈蛋清色、米色、浅黄色、鸡油黄、橘黄色等黄色系为主（也有因表皮氧化而呈枣红色），并具蜡状光泽，微透明到近于不透明的琥珀。

除蜜蜡外，香珀在琥珀的评价中也占有特殊的地位。此时将依其挥发性的强弱、香味的浓烈程度，而不依其他因素评价其价值。

琥珀评价就颜色而言，以蓝色、绿色和透明的红色价值最高，金黄色次之，微黄、褐红色又次之，最不值钱的是黑褐或石灰白色的琥珀。其中尤其是蓝珀，更是深受一些收藏家的青睐，甚至将其誉为"琥珀之王"。

人们还认为优质蓝珀（称"天空蓝"）粗看黄而纯净,肉眼感觉稍微有点蓝色荧光，在紫光灯下则会出现很强烈的蓝色荧光。中等蓝珀（茶蓝）看上去有点茶色甚至有点绿,肉眼也能感觉蓝荧光，紫光灯下也有蓝荧光。差一点的蓝珀看上去瓦蓝瓦蓝的，多数因为有一面含有较多杂质，通过折射反映在表面上很蓝。也就是说，真正的蓝珀，乍看上去颜色是金黄色的，略有些蓝色荧光，在灯光照射下，那种淡淡的蓝色才会自内而外呈现，并强烈起来；并非越蓝越好。蓝色又可分为天空蓝、海水蓝、茶蓝等。按照目前的流行观点，上等的蓝珀以天空蓝为佳，也最受市场追捧。

透明度在琥珀评价中也具有重要意义，一般说来以透明、明洁为最好（蜜蜡则以微透明为好)。

致密度也是琥珀评价应予注意的因素。显然，那些含有大量气泡、浑浊松软的骨珀和泡珀是琥珀中品质最差的品种。

琥珀通常会含有这样那样的包体，如果是完整的小虫，自然是奇货可居，价值不菲；即使是只含一些动植物碎屑也会比没有这些碎屑的价高一筹；尤其是这些碎屑布局恰当，形成美丽的花纹，仿如晚霞夕阳或晨雾薄起，或像森林草原、湖光山色等能让人浮想联翩，在评价上自然更上一层楼。但是，如果包含的是一些石英、方解石和泥沙一类的物质，则被视为是一种瑕疵，其价格自然下跌。绺裂的存在，无疑也是一种瑕疵。但琥珀具有热熔性，可以通过一定程度的热处理，使绺裂重新吻合，所以琥珀饰品中很少会发现有绺裂。

◆ 美丽的琥珀

琥珀的块度，对琥珀的价值评估也很重要。一块拳头大的琥珀，会被人们视为极品。

由于品质的差异，一块大小相近的琥珀常会有悬殊的价格差。在美国市场上，琥珀饰品的价格一般在每克几美元到几百美元之间，但如果是虫珀就会高达几千甚至上万美元。

（三）再说蜜蜡

在上一节中我们已经谈到蜜蜡就是那些颜色呈蛋清色、米色、浅黄色、鸡油黄、橘黄色等黄色系为主（也有因表皮氧化而呈枣红色），并具蜡状光泽，微透明到近于不透明的琥珀。鉴于它是当今我国市场上最受人们青睐的琥珀类珠宝，我们有必要对其再作一些更详细的介绍。

首先我们要指出，坊间有所谓"千年琥珀，万年蜜蜡"之说，并没有科学的根据，而是商家为抬高其身价的说辞。事实上，已知最古老的琥珀已有上亿年的历史，它们并没有转变成为蜜蜡。所以蜜蜡与其他琥珀的差异，不是年代推演的结果，而更可能是源于它们是不同树种的分泌物；也可能与树木分泌树脂时的气候环境或以后的埋藏环境的差异所致。所以，在一些产地可同时发现蜜蜡与其他琥珀的共存。如我国的抚顺和欧洲的波罗的海地区。

◆ 不同颜色的蜜蜡

蜜蜡虽然以不同程度的黄色为主，但由于埋藏环境的差异，受后期矿物质的渗染也可以具有其他颜色，如较罕见的绿色和蓝色。颜色的不同成为一些人划分蜜蜡品种的依据。不过，在市场上人们更倾向于把蜜蜡分成新蜜蜡和老蜜蜡两种，并以老蜜蜡为贵。

老蜜蜡又根据其来源（原产地

大多已不可考）分为西藏老蜜蜡、阿富汗（实为伊斯兰地区）老蜜蜡和印度老蜜蜡。欧洲波罗的海虽然产有蜜蜡，但古代欧洲人并不看重蜜蜡，而更青睐具一定透明度的琥珀，只是现代受到东方文化的影响，也开始注重蜜蜡，所以现在市场上的波罗的海蜜蜡多为新蜜蜡。

老蜜蜡与新蜜蜡相比常有以下这些特征：

①由于使用的年代相对久远，经久氧化致使表皮呈现出黄褐色，或红～红褐色，故更显自然古朴优美，散发成熟迷人韵味。

②年代久远加上阿富汗等地气候比较干燥，使蜜蜡出现脱水现象，一些蜜蜡表面甚至出现冰裂纹，称为"开片"。人们还注意到有开片的蜜蜡会比没有开片的蜜蜡具有较浓郁的香味。不过也应该指出，开片虽是鉴别是否是老蜜蜡的重要依据，但开片过多、过于明显，显然也会影响蜜蜡的观赏性。

③老蜜蜡的穿孔处还常常可以看到有所谓的"爆花"和"爆星"现象。爆花是指蜜蜡珠孔道四周产生的细微的成丛爆裂（这应该与开片形成机理相似，穿绳的长期摩擦使其更益显著）。爆星不像爆花那样只沿孔道四周爆裂，而是因为时间够久使整个珠子的内部爆裂，但其裂痕不是直纹或散射式，而是一个个半月形或浅碗形般的爆裂。

④老蜜蜡使用日久，其表面常会形成薄薄的颜色稍深、光泽也略有差异的包浆。包浆是岁月的尘埃和人体油脂触摸日久留下的共同产物。所以年代越久，一般包浆也会愈厚。

老蜜蜡由于有开片和包浆会使它的光泽相对暗淡，因此需要给予一定程度的"盘玩"。经过盘玩的蜜蜡会呈现出鲜润的光泽，晶莹油润，也即显得色泽更亮丽、手感更温润！人们称之为有"宝气"。

一些优质的蜜蜡还会呈现出类似有色宝石的多向色性，即从不同角度看，有两种或多种的颜色和色调：如一种被叫作"蓝精灵"的，背看为蓝色，正看为紫红色。

综上所述，蜜蜡是琥珀的一个品种，在化学组成和物理性质方面，与其他品种的琥珀并无根本性的差异（有人说蜜蜡含有较多的琥珀酸，但也许是笔者寡闻浅识，从未看到有正式的关于这个结果的化验报告。事实上琥珀酸具有一定的挥发性，遇热易分解。所以如果蜜蜡果真形成年代早于其他透明的琥珀品种的话，则它所含有的琥珀酸应该会更多地逸失掉，而不会更多。主张蜜蜡含更多蜜蜡之说，显然与"千

◇ 从左到右是使用年代由新到老的蜜蜡

◇ 开片明显的蜜蜡

◇ 经过盘玩和未盘的蜜蜡的光泽比较

年琥珀、万年蜜蜡"的说辞相矛盾）。另外，若从观赏性的角度而言，笔者认为蜜蜡未必优于具一定透明度的琥珀，只是由于观念上的原因，和商家的夸大宣传，就使它更受一些收藏者的青睐，以致在我国市场上，其售价常比其他琥珀高出2～4倍。

（四）琥珀的人工处理

市场上的琥珀（包括蜜蜡）也常见有经人工优化处理的产品。已知有以下四种：热处理是最常见的处理方法，它可改变琥珀表面的颜色，使其显示出仿如古老琥珀那样的红～红褐色（这种处理俗称"烤色"）。另外一些含有大量气泡、透明度不佳的琥珀可通过在菜籽油中缓慢加热（这种处理也被称为"油处理"），使透明度得到明显提高。经过这种处理的琥珀常会产生所谓的"阳光镜面效应"（也称"太阳光芒"）。它实际上是琥珀中的气泡，因受热爆裂所形成的圆盘形的放射状裂面，在光照下显现闪闪发光的镜面效应所致。

具阳光镜片效应的琥珀

热处理在我国国标中规定其是属于可接受的优化。但实际上它们与未经处理的琥珀相比，还是有着明显的价格差。据报道，1999年在香港国际珠宝展上，琥珀的价格一般为每克几十到几百港元，但含有大量阳光镜面效应的琥珀，价格为每克几港元。

熔压处理是把琥珀碎渣在180～300℃的温度下，压制而成的再造琥珀。有的在熔压过程中还添加色料，以期提高其颜色等级。这种熔压琥珀也常被称为"半琥珀"。鉴别这种琥珀可注意以下几点：

①在抛光面上用放大镜检查，时可见有因熔合的相邻碎块的硬度不同，而出现的凹凸痕迹。

②显示内部结构不均一，出现所谓"肉皮冻状构造"，即有的可见有清澈的和云雾状不同部分的混杂共生；有的小块之间有色较深的氧化层；有些有条纹的碎块显示条纹的延伸方向不同等等。

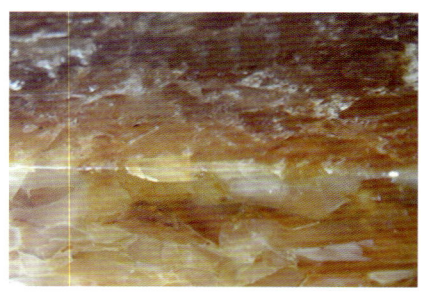 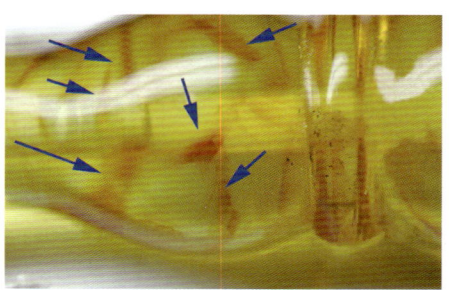

压制琥珀的内部构造

左：肉皮状构造；右：模糊的碎块边界（据酷阁珠宝）

这三个血珀左边是真正的天然血珀；中间是染色的，它的色层只有 0.2～1mm；右边的是覆有色膜的覆膜琥珀（据邓常劼）

③可见有因受压而变扁的气泡，且气泡分布极不均匀，有的多有的少（因碎块含气泡情况不同）。

④相对密度偏低，一般为 1.03～1.05。

⑤耐磨蚀性差，真琥珀在乙醚中无反应，熔压者几分钟后会变软。

值得注意的是，当今有些熔压琥珀是把琥珀碎块磨成粉末以后再压制而成的。这时，上述鉴别特征中的①、②、③点是观察不到的，但后两点则会更明显一些。另外，国标规定若是用片状或层状琥珀压结而成的，称"压固处理"是属于优化，否则属于处理。

覆膜处理。目的在于提高琥珀的光泽，及提高其抗外界磨损的能力。我国国标规定若被覆的是无色薄膜，属于优化；若被覆的是有色薄膜，则属于处理。放大检查，有的覆膜琥珀可见喷涂薄膜时留下的痕迹；用针挑拨或丙酮浸泡，薄膜有时会成片脱落。红外光谱检查则可见与琥珀不同的谱线。

染色处理。通常是把琥珀染成价值较高、比较罕见的蓝色或绿色，再或模仿古老琥珀的红褐色。染色琥珀的鉴别与其他染色宝石相同，可见染色剂局部浓聚于微裂隙和坑洼处。

（五）赝品琥珀的鉴别

琥珀不仅有上述四种人工处理品，而且有着众多的天然和人工的赝品。

琥珀的天然赝品有两种。

一种叫"脂状琥珀"，也称"琥珀脂"。这是一种外观酷似琥珀的化石树脂，通常呈暗褐色，主要来自德国等地。其主要特点是不含琥珀酸（所以人们认为它不属于琥珀的范畴）；硬度低，只有 1.5～2，故又有"软琥珀"之称；相对密度也较低，为 1.02；磨光效果也较差。

另一种叫珂巴（copal）树脂，也是一种化石树脂，但年代更新，挥发性组分含量较高，对溶剂的侵蚀较敏感。滴一滴甲醇或乙醚或丙酮于其表面，将会很快产生一黏疤或凹坑，甚至滴水于其表面，干涸后都会留下渍印，而真琥珀则绝无这种反应。珂巴树脂主要来自大洋洲的新西兰、南美西印度群岛及非洲大部分地区。

值得注意的是，这两类树脂都有可能和琥珀一样含有昆虫等化石。

琥珀的人工赝品又有两种情况，一种是半真的，另一种则是完全仿造的。

珂巴树脂

◆ 假虫珀

半真者最常见的是用来冒充虫珀。其手法也多种多样。如据报道，在美国曾发现一种虫珀，它用真琥珀制成，但琥珀中的昆虫则是人工雕刻在其背面而成。还有一种半真琥珀三层石，它用真琥珀为顶，用珂巴树脂为底，中夹人工置放进去的昆虫，然后在一定温度下将其压结在一起。鉴别这种半真虫珀其实并不困难。天然虫珀，在昆虫刚被捕获时，它是活的，决不甘心束手就擒，因此它必然拼命挣扎，从而使尚未固结的琥珀受到搅动，留下痕迹。而人工放进去的昆虫是死的，不会出现这种搅动的痕迹。

除半真虫珀外，市场上还见有一种被称为"压塑琥珀"的半真品。它是用人造塑料而不是用熔压的方法，把琥珀碎块（或粉末）胶结在一起。这种半真品在显微镜下不难发现由于胶结物与琥珀基体的物质组成不同，而显现出来的光性差异。又最近的报道称，俄罗斯生产的此类琥珀，用聚乙烯树脂和研磨得很细的琥珀粉末混合制成。若在自然环境下制成，呈浅黄色；若在充氮的环境里烤制后，会变成绿色；若粉末在空气中烤制后制成，则呈红色，近似老琥珀。由于采用的是琥珀的粉末，所以看不到上述的胶结物与琥珀之间的光性差异，要鉴别此类琥珀的最可靠的方法，是取其碎屑，用火烧（或用烧红的针刺烫），若闻到有树脂燃烧所产生的有别于琥珀的臭味，就可识别之。

◆ 左为塑料仿蜜蜡，右为真蜜蜡

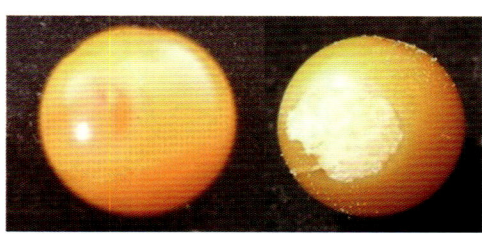

◆ 假蜜蜡用火试，几秒钟后就开始冒黑烟，并可闻到难闻的塑料燃烧味。30多秒后开始起皮、爆裂。熄火擦去烧焦的黑皮，便露出内部的真相（据冰咖啡）

完全人造的仿制琥珀也可大致分为两种。一种是由各类人工塑料，如酚醛树脂（电木）、氨基塑料、有机玻璃、赛璐珞、安全赛璐珞、聚苯乙烯、酪朊塑料等制成的仿造琥珀。这些仿造琥珀的共同特点是相对密度较高（＞1.18，聚苯乙烯例外，只有1.05），气味不同(可略加热，但当心它们大多是易燃的，尤

其赛璐珞极易燃),足以鉴别之。典型的如:

聚乙烯仿制琥珀,是波兰市场上常见的琥珀仿制品。外观酷似琥珀,甚至也见有"太阳镜片效应"或动植物的碎屑。但密度明显偏低(相对密度小于0.95,可浮于水面),容易老化和变形,摸起来有蜡质感;闻之,有一股烧焦的石蜡味。

常见塑料仿制品的鉴别

品种	折射率	相对密度	硬度	可切性	内含物及其他特征
琥珀	1.54	1.08	2.5	缺口	动植物残屑,气泡、漩涡纹;具蓝白色荧光,燃烧有芳香味
酚醛树脂	1.61~1.66	1.25~1.30		可切	流动构造,具褐色荧光
氨基塑料	1.55~1.62	1.50		易切	云雾状、流动构造
聚苯乙烯	1.59	1.05		易切	云雾状、流动构造,易溶于甲苯
赛璐珞	1.49~1.52	1.35	2	易切	易燃
安全赛璐珞	1.49~1.51	1.29	2~2.5	易切	燃烧发醋酸味
酪朊塑料	1.55	1.32		可切	滴浓硝酸留下黄色污垢,SW下呈白色
有机玻璃	1.50	1.18	2	可切	气泡、动植物体燃烧具刺激性异味

聚酯树脂仿制琥珀,一种波兰生产的仿制琥珀,主要由聚酯树脂制成。它呈饱满的金黄色,完全透明。据说是非常成功的仿制品。20世纪60年代前,它主要用来粘结琥珀材料或填补、修复旧的琥珀制品。60年代末,人们开始将小的无法使用的琥珀碎块加入其中,做成半真半假的粘合琥珀。

另一类常见的仿造琥珀是用玻璃仿造的。其鉴别更加容易,因其高硬度是琥珀不可能出现的。

(六)琥珀的收藏

琥珀的收藏保养应注意以下几个问题:

①琥珀的颜色会随时间的推移而逐渐加深。出现这种情况你不必害怕,这不仅不会影响琥珀的价值,反而会提高它的价值。市场上有就不时可见为了仿古而采用烘烤技术使其颜色加深,或通过染色来获得的所谓老蜜蜡、老琥珀。

②琥珀的硬度较低,只有2.5,因此很易受到硬物的磨损而失去光泽。即使是你的指甲(硬度也是2.5),不小心也会在它的表面留下划痕。琥珀还比较脆弱,怕碰撞,所以佩戴要十分小心,收藏则应用软布包裹。

③琥珀还怕高温,高温会使它熔化。因此不要在烈日下曝晒,也不要靠近火炉。它也怕酸,汗液的酸性如不及时擦去,时间长了也会使它受损。

④琥珀属于有机宝石,故而应避免与其他有机溶液接触,如酒精、汽油、香水、

化妆品等有机溶液对它都会造成损害。喷香水或发胶时，也应将琥珀首饰取下来。

⑤琥珀制品如有污垢，可用温和的肥皂水冲洗，不要用牙刷刷（因牙刷的硬度太大），更不要用超声波或蒸汽清除。最后滴上少量的橄榄油或是茶油轻拭蜜蜡表面，稍后用布将多余油渍擦拭后即可恢复光泽。琥珀极易因为脱水而干裂、老化，

◆ 同一块蜜蜡，左为烘烤前，右为烘烤后

所以应常用油脂摩擦，以免其脱水（建议采用橄榄油）。人们还认为琥珀是蕴涵不同灵性的活化珠宝，最好的养护方法就是经常佩戴，人气的呵护会使它变得润泽通透，富于变化，肌理细腻，触手温润，熨帖人心。

⑥琥珀具有很好的药理作用。中医认为：琥珀无毒、味甘，能"安五脏、定魂魄、消淤血、通五淋"，有安神镇惊、止血生肌之效，主治惊风、癫痫、心悸不宁、小便不通等症。所以，长期佩戴琥珀的确对人体有一定的治病、祛病功能。人们曾经发现琥珀加工厂的工人，没有一个患鼻炎，可见治病一说并非妄传。

（七）琥珀的供需概况

据报道，目前世界上琥珀的交易额每年在 2 亿美元左右。

波罗的海沿岸是当今琥珀的最重要产地。其中俄罗斯的琥珀蕴藏量占世界储量的 90%。这里每年开采琥珀约 600～700 吨，其中约一半可用于制作宝石，另一半劣质的用于工业或医药。由于俄罗斯的琥珀加工业相对落后，所以，其开采出来的琥珀大多转运到波兰、德国和立陶宛去进行加工，然后再销往世界各地。

在波兰，琥珀是最常见的宝石品种，也是波兰最具特色的旅游工艺品。波兰的格但斯克及其附近的几个城市，集中了许多大大小小的琥珀加工厂；而波兰的第一大城市华沙，则是世界最大的琥珀零售市场和成品集散地。来自欧洲其他国家、美国、加拿大、香港，还有中美洲一些国家的琥珀商都在这里开设办事处，从事转口贸易。

除波罗的海沿岸的琥珀之外，琥珀还来自意大利西西里、罗马尼亚和缅甸。但近代这些地方的产量锐减，以致在国际市场上很少见其踪迹。不过，市场上却可见到一些来自中南美洲国家，如多米尼加、危地马拉、墨西哥等地的琥珀。它们已成为今天市场上琥珀的另一重要来源，并以常含各种千奇百怪的昆虫为特色。1996 年

◆ 位于俄罗斯彼得堡的号称世界最大的琥珀产场

美国自然历史博物馆的科学家还报告说,在一块来自多米尼加的琥珀中,发现有可能属于鼩鼱类哺乳动物的6块脊椎骨和部分肋骨。

墨西哥和多米尼加还是蓝珀的最重要产地。据报道,虽然他矿区也宣称有蓝珀的发现,但论颜色、论质地、论产量,皆无法与多米尼加相提并论。

我国也产有少量琥珀。它们主要来自辽宁的抚顺,以及河南的西峡、四川的奉节等地,但大多品质较差,市场占有量不大。历史上有些所谓的"中国琥珀",实际上是来自缅甸的在我国加工的琥珀。

值得一提的是,新西兰虽然不是琥珀的主要产地,但却产有较多酷似琥珀的柯巴树脂。据说历史上(1850年),其产量曾高达1 000吨,并销往英国和北美。

在珠宝市场上,琥珀是一种非常受人喜爱的宝石。在欧美,由于受古罗马以来的传统影响,人们对琥珀一直情有独钟。据报道,在20世纪的20～30年代,在美国进口的珠宝中,琥珀的进口量是仅次于钻石、排名第二的品种,可见琥珀受欢迎的程度。近年来,琥珀在美国的进口量虽然有所减少,但美国仍然是世界上琥珀的最重要消费市场。尤其是近代受电影《侏罗纪公园》的影响,含有各种昆虫的虫珀更成为许多收藏家竞相追逐的对象。

在东方,琥珀也深受人们的喜爱。由于它属于佛教七宝之一。因此佛教徒常用之制作念珠,它成为泰国、柬埔寨、韩国、日本,以及港台地区信徒们炙手可热的选择对象。另外,受传统观念的影响,我国、印度以及一些伊斯兰国家更热衷于选择蜜蜡,尤重老蜜蜡。已知的老蜜蜡有来自我国西藏与国外的阿富汗等地。其中西藏老蜜蜡多呈黄褐到褐色,且穿孔都比较大,这是因当地用来串珠子使用的皮绳比较粗的缘故;而且由于当地气候干寒,蜜蜡历久易发生脱水,致其表面常出现开片。阿富汗老蜜蜡的穿孔则比较细小,并由于当地气候炎热干燥,故所产老蜜蜡多呈红到红褐色,表面也会有开片,穿孔处则时见爆花、爆星现象。印度老蜜蜡也以红～红褐色为主,穿孔也较细,由于气候相对潮湿,故开片等脱水现象常不明显。不过,蜜蜡由于硬度较低和相对脆弱的特性,致使其存世的数量比较有限,所以市场上更常见的是新蜜蜡,或人工做旧的新蜜蜡,甚至赝品蜜蜡。所以,收藏者们必须高度警惕。

在我国,虽然人们自古就视琥珀为最佳的驱邪祛凶的护身之宝,但以往由于国内琥珀的供应量有限,所以消费市场也相对较小。改革开放以来,琥珀消费方逐渐形成气候。不过,西藏是个例外,在那里被称为蜜蜡的琥珀品种,与红珊瑚及绿松石并列为西藏人最喜爱的三种传统宝石,只要有可能几乎是人人必备。

◇ 这个质重400多克的蓝珀摆件估价在500万元以上

三、红珊瑚

红珊瑚由于具有美丽的颜色和奇异的形态,所以自古以来就深受人们的珍爱。虽然对历史上人们究竟何时开始利用珊瑚尚缺少相应的考证资料,但已知至少可以追溯到公元前2世纪。如史料中就有南越王赵佗(约前240~前137)献火树的记录。《三辅黄图》(可能成书于晋代)中记:"积翠池中有珊瑚,高一丈二尺,一本三柯,上有四百六十三条,云是南越王赵佗所献,号'烽火树'。"在汉班固撰写的记述汉武帝(公元前156~前87)的《汉武故事》中也记有:"前庭植玉树。植玉树法:茸珊瑚为枝,以碧玉为叶,花子或青或赤,悉以珠玉为之"。可见,早在两千多年前,红珊瑚已被人们所珍爱和利用。

红珊瑚之所以令人喜爱,并不仅仅在于它那美丽的动人心魄的颜色和造型,更由于许多不同的民族,都把红珊瑚视为是神的象征和化身。

譬如,在我国古代,除利用整枝珊瑚外,也用红珊瑚制作项珠、顶戴等饰品。在佛教中,它被列入"佛教七宝"之一,人们相信佩戴红珊瑚可以得到佛祖的保佑。至今这一习俗仍在西藏广为流传,以致红珊瑚、琥珀和绿松石共同成为西藏人民最喜爱的宝石,不仅用于个人佩戴,也用于装饰神像和庙宇。红珊瑚还被视为是太阳的象征,清代帝王在祭拜日坛时,规定必须佩带用红珊瑚制作的朝珠。红珊瑚还是清代一、二品官员的官阶标志。

在西方,古罗马人把珊瑚枝挂在小孩的脖子上,认为可保佑他们不出危险。人们还相信珊瑚能平息风浪,保护航海人平安归来;相信可用于防雷电和飓风,并给人以智慧。迄今,许多意大利人仍用红珊瑚制作避邪的护身符。

在非洲,红珊瑚也被赋予特殊的宗教含义,被视为是献给统治者的最珍贵的礼物。谁要是丢失或盗窃了这珍贵的礼物,就将面临全家被杀的命运。

美洲印第安人由于特别崇拜水神,而珊瑚又是来自大海,所以他们认为珊瑚是神的化身,相信珊瑚具有特殊的护佑作用。

古时人们还普遍相信,珊瑚具有特殊的治疗作用。如古罗马人认为镶有燧石和珊瑚的狗用套圈,能有效地防止狂犬病的发作。人们还相信,把珊瑚浸泡在酒精中制成的"珊瑚药酒"是一种补药,能利尿排汗,清除人体内的"恶性液体"。人们还传说珊瑚会随佩戴者健康状况而改变色调。这个传说似乎被16世纪时的一个德国医生所证实,这个叫约翰·威蒂克的医生曾记载这样的一个案例:某人所戴的珊瑚项链,随着疾病的发作而先变为白色,而后又变为昏暗的黄色,最后死亡来临时,珊瑚上出现有许多黑斑。法国人还认为,珊瑚可用于止血。所以在18世纪,佩戴这种具有止血作用的所谓"血红念珠"曾在法国广为流行。

中药的药典中也认为,珊瑚性甘平,能安神定惊。

近代的研究发现,珊瑚中含有前列腺素,可治溃疡、动脉硬化、高血压、冠心病和性病,在采用高温或伽马射线消毒后,可用于接骨。

故宫珍宝:用红珊瑚制作的盆景

(一)珊瑚的生物学概况

珊瑚和珍珠一样,都是来自海洋中的瑰宝,而且它还不像珍珠也可以来自湖河淡水环境,珊瑚完全来自真正的海洋。它本是海洋中的一种无脊椎动物。在动物学的分类中,属于腔肠动物门,与水螅、水母同属一门。该门动物的特点是身体中央有一空腔,用以消化食物、吸收营养,故名。

珊瑚是该门动物中的一个纲。由于它们全部营底栖固着海底生活,又因其软体顶部有许多中空的触手,外形如花,所以古时人们曾误认其为植物。拉丁文"coral"一词的原意就是"花虫"。

珊瑚虫一般生活在温暖的海水比较清澈的浅海区。通常水深不超过90米,水温不低于13℃;但红珊瑚则可生活在更深的超过100米,甚至超过600米的海域里,最深可以达到1500米,水温也可低至接近0℃。珊瑚是一种十分古老的动物,早在4亿~5亿年前的古生代早期,它已经在地球上繁育生长。不过,早期的珊瑚多以单个个体的形态出现,后来它们便慢慢发展成由许多个体滋生在一起的群体形态。现代的珊瑚多为群体,

海洋中的四种珊瑚虫

并可划分为两个亚纲：六射珊瑚亚纲和八射珊瑚亚纲。前者的触手为6的倍数，其骨骼是构成珊瑚礁和珊瑚岛的主体；后者的触手是8的倍数，红珊瑚属之。

珊瑚虫有一个管状的体躯，顶部是柔软的触手，用于捕食；体躯的表面是肉体，会分泌钙质，形成骨骼。在其生长过程中，肉体会逐渐上移，露出下部丢弃的骨骼。

海洋中的珊瑚虫

珊瑚的繁殖有无性和有性之分。有性生殖时，其受精卵会被喷射出去，然后发展成为幼虫，它会自由游动，寻找新的落脚点。无性生殖则是在老珊瑚的基础上，直接萌发出新枝。我们所看到的"珊瑚树"就是由许多代的珊瑚共同组成的。

宝石学中所述的珊瑚，实际上是指珊瑚虫死后留下的骨骼。

在生物学上，珊瑚大约可区分出6 000多不同的属种，我们这里不予涉及。而从宝石学的角度看，我们把它划分为两大类：

钙质珊瑚：其骨骼由以碳酸钙为主的物质构成，按其呈现出来的颜色的不同又分：

红珊瑚（也称贵珊瑚）、蓝珊瑚和白珊瑚。

角质珊瑚：其骨骼主要由有机角质构成，按颜色再分：黑珊瑚和黄珊瑚（也称金珊瑚）。

（二）珊瑚的宝石学特征

在各种珊瑚中，最具宝石学价值的是红珊瑚，所以它又有贵珊瑚之称。

红珊瑚属于钙质珊瑚。在它的物质组成中，碳酸钙（$CaCO_3$）含量一般可达90%左右。我们知道碳酸钙有两种常见的结晶形态——方解石和文石。已知红珊瑚主要由方解石形态的隐晶集合体构成，而白珊瑚主要以文石形态产出。除碳酸钙外，它还常含有6%～7%的碳酸镁（$MgCO_3$），1%～1.5%的硫酸钙（$CaSO_4$），1.5%～4%的有机质（包括角质蛋白、有机酸和谷氨酸等14种氨基酸等），尚有0.5%左右的水，以及更少量的三氧化二铁（Fe_2O_3）和三氧化二铝（Al_2O_3），它还常常有极微量的锌、锶、锰、铅、硅等的混入。

大红色的红珊瑚

红珊瑚可以有不同程度的红到橙色。人们通常根据其颜色的不同将其分为以下等级：鲜红（大红）、红（辣椒红）、暗红（牛血红）、玫瑰红（孩儿面或天使皮肤）、粉红、橙红、橙和浅橙色。其颜色的成因，迄今还不是很清楚，有人认为可能来自微量铁的加入，但也

◇ 粉红色红珊瑚

 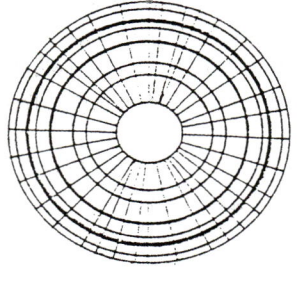
◇ 红珊瑚的表面纹理
左：纵向波状纹理；右：横截面同心圆纹理

有人怀疑是来自有机质。珊瑚具有蜡状～玻璃光泽，好的珊瑚抛光面可呈强的玻璃光泽。折射率为 1.486～1.658（角质珊瑚的折射率为 1.56），微透明或不透明；在长短波的紫外线下，一般没有或有很弱的白色荧光。

红珊瑚的硬度不高，一般为摩氏 3～4 级（角质珊瑚为 2.5），所以易被钢刀（硬度 5.5）划刻。性脆，易于折断（尤其是一些小的枝杈）。断口为不平坦的参差状或裂片状。相对密度为 2.6～2.7（角质珊瑚为 1.3～1.5）。

红珊瑚的最大特征，是具有顺着它的纵向枝条分布的、大致互相平行的、在颜色和透明度上略有变化的波状条纹，而在横截面上具有同心的色环和放射状纹。正是这一构造特征，任何人工制品均无法做到(有些白珊瑚也可具有相同的构造特征，但另一些白珊瑚、蓝珊瑚以及红褐色的海绵珊瑚则以体表具有大量的微小的腔孔为特征；黑珊瑚和金珊瑚的构造特征是布满有众多的"丘疹"般的突起)。

◇ 黑珊瑚枝和珍珠组成的饰品

红珊瑚的主要化学成分是碳酸钙，所以若滴上一滴稀盐酸，就可观察到它强烈起泡。另外，由于它含有一定量的有机物，所以，在珠宝工匠使用的喷灯的火焰下会变黑；温度更高时则裂解。

（三）珊瑚的优劣评价

珊瑚的价值首先体现在它的形态上，是整枝？是大枝，还是小枝？若是一个从

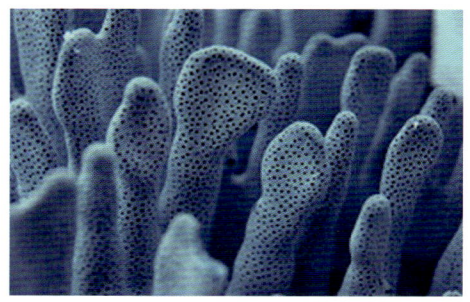
◇ 表面布满微小腔孔的蓝珊瑚

◆ 有天使皮肤之称的粉色珊瑚

◆ 橙色珊瑚

根部一直到小梢头都非常完整的整枝珊瑚,其价值就会很高。一般高一尺(30厘米)、径干粗一寸(3厘米)的整枝珊瑚,在当代就是十分罕见的珍品了。据报道,日本皇宫中保存有一株高达1米的大珊瑚。但它还不是最大的,1980年台湾望安乡的渔民,曾在太平洋中途岛附近海域,采捞到一株高约1.5米、主干直径12厘米、净重60千克的大珊瑚,当时以600万新台币售出(约150万人民币),现在显然已不是这个价。

撇开是否是整枝的考虑,在评价珊瑚的优劣时,通常颜色是一个首要的评价因素。虽然,由于民族的历史文化的差异,不同民族在颜色的选择上也有各自的不尽相同的爱好。如阿拉伯人偏爱鲜红色;而在欧洲,最流行的却是有天使皮肤之称的玫瑰红色。在我国,人们较喜欢的也是鲜红和红色,其次才是偏暗的所谓牛血红,玫瑰红,在我国被称为"孩儿面"的,也很受人们的喜爱,而橙色调的珊瑚价值就低一些,最差的是发白的浅粉红色。

其次要看光泽。好的珊瑚抛光后可具有明亮的强玻璃光泽。而珊瑚光泽的好坏与采集时珊瑚的生存状态密切相关。如采集的是活体珊瑚,则用其制作的珊瑚饰品,就会具有十分明亮的光泽;若为死珊瑚,由于长期浸泡于海水中,受海水的侵蚀,逐渐失去滋润的油脂,用其制作的饰品,光泽就会暗淡一些,一般只能达到蜡状光泽。介于这两者之间的,称为"倒珊瑚"。这是一些刚刚死去不久的珊瑚,它们虽然也受到海水的腐蚀,但历时很短,影响有限,抛光后仍具有玻璃光泽,只是不那么强。

第三个评价因素是瑕疵。在珊瑚中最常见的瑕疵是虫孔。这是因为珊瑚虫在生长过程中也常常会受到海中寄生虫的侵扰,它们蚕食珊瑚的外皮和骨骼中的油脂,使珊瑚留下一些虫道孔穴,尤以根部居多,多的时候会成蜂窝状,自然,这样的珊瑚就没有多大利用价值。那些虫孔较少的,人们在利用时通常会采取填补修饰的手法予以处理,所以必须谨慎观察才能发现。除虫孔外,

◆ 这个珊瑚枝就有几处白斑

另一较常见的瑕疵是白斑。这是由于有些红珊瑚的幼虫是白的，长大后外皮才逐渐变成红色，所以它常常会出现白心、白梢尖；另外，有时候白珊瑚和红珊瑚也会共生在一起，因此若选材不当，就会在饰品上留下白斑。白斑愈明显、愈多，价值就愈低。再者，珊瑚因性脆，易出现大小不等的裂纹，尤其是整枝珊瑚的小枝杈更易出现。这时制作者常会采用粘接方法予以处理，故购买者务必仔细观察，防止遗漏了这一影响它价值的瑕疵。

第四个评价因素是大小。红珊瑚的生长速度比较缓慢，据说每年也就长 1～2mm，加之历代的采捞使大珊瑚已十分罕见，所以珊瑚越大，价值就越高。

最后一个评价因素是它的做工和连相（匹配性）。关于这一点，它和其他珠宝的评价方法是一样的，这里就不再赘述。

1995年我国学者周佩玲对红珊瑚的分级

因素 等级	颜色	光泽	质地或瑕疵	块度或大小(原料)	做工(成品)
特级	深红、艳红、色匀	很好，好	致密	大而完整，高度大于0.9米	独特，精细
一级	红色、鲜艳色、较均匀	很好或好	较致密	块度较完整，高0.6～0.9米	精细
二级	粉红色，色不太均匀	好	致密，可有少量蛀孔	高度大于0.15米，块度不完整	规则
三级	浅红、橙红、褐红，色不均匀	一般	有较多蛀洞	高小于0.15米，残缺、断枝	规则或不规则
级外	可呈不同色调红色，色不均匀	较差或暗淡	有较多蛀洞	主要由各种残枝组成	较粗烂

这个表应可作为评价珊瑚等级的参考。不过，笔者以为该表对特级和一级珊瑚的大小要求未免太高，其实珊瑚枝能有 0.3 米高就不错了。据此可把特级的高度要求改为 0.5 米，一级则降至 0.3 米。

（四）其他珊瑚品种

珊瑚按颜色可分为五种：红珊瑚、白珊瑚、蓝珊瑚、黑珊瑚和金珊瑚。作为一种有机宝石，人们除最喜爱的红珊瑚外，也使用一些其他品种的珊瑚，现简介如下：

白珊瑚。是珊瑚中最常见的品种，它也是构成海洋中珊瑚礁石的主体。通常呈白、灰白、乳白和瓷白色，可有众多不同的种类。由于它的常见和分布广泛，所以其宝石学价值较低。除少数具致密结构者被用于磨制圆珠，制成项链、手链者外，很少直接用于珠宝饰品，但常见有将其染成红色冒充红珊瑚，或用其整个植株制成盆景，用于观赏。

海绵珊瑚。又有草珊瑚、玫瑰珊瑚的商品名称。生物学名为海底柏，因其骨骼堆积似柏树而名。天然者呈红褐色（较红珊瑚色深），有黄色条脉状色带贯穿整体，土状光泽，结构疏松多孔，孔洞沿中轴方向伸展，横截面为圆形。褐红色主体部分与黄色脉体部分的结构不同，后者较致密，孔洞也较小。折射率 N = 1.54～1.56，相对密度 1.53。海绵珊瑚因呈红褐色，故也常被人用作红珊瑚的代用品，又因其多孔、疏松不宜加工，故通常会用环氧树脂进行填充处理；并注有色胶以掩盖其褐色调，使之更接近红珊瑚的橘红色，相对密度也因此可提高到 1.85，光泽增强而具蜡状光泽。

蓝珊瑚。又名苍珊瑚，因呈蓝～浅蓝色而得名，也是一种主要由文石构成的钙质珊瑚。天然形态多呈树枝状，横断面有同心圆层的花纹结构和心点。玻璃光泽至暗淡光泽。硬度 3.5～4；相对密度 2.62～2.7，质地细腻，柔韧均一，断口平坦，不透明。和海绵珊瑚相似，表面有密集分布、各个独立的微小空洞。蓝珊瑚是一种极其罕见的珊瑚。

黑珊瑚。又叫海柳，俗称海铁树，一般呈灰黑至黑色，由壳角蛋白组成，故属有机珊瑚。质地异常坚韧，耐腐，有"铁木"之称；硬度 3，折射率 1.56 左右，不透明（边缘微透明），蜡状光泽；长波紫外灯下呈弱的土黄色荧光，短波紫外下惰性；相对密度 1.30～1.50，平均 1.35 左右。表面布满有众多的"丘疹"般的突起，这是珊瑚表层生长的触角被磨平后留下的痕迹；横切面则有收缩的树轮状构造。黑珊瑚是雕刻珍贵工艺品的宝贵原料。它浑身是宝，用途广泛。沿海艺人善于利用它的奇形怪状、雅观色泽和坚硬耐腐、质地细腻等特点，通过剪枝、刨、磨、锉、钻、雕镂出各种精美玲珑的烟斗、手镯、茶杯、项珠、戒指等艺术珍品。黑珊瑚由于表面有丘疹般突起，且多龟裂纹，故大多进行覆膜处理（常用环氧树脂加黑色剂），致其表面呈亮油黑色，但相对密度略有降低。国标规定覆膜属于需要明示的"处理"。

◆ 海绵珊瑚手镯

金珊瑚。又名金海柳，是一种寿命可延续数万年的海底灌木，因其长成树枝状，枝条纤美，质地柔韧，外形类似于陆地上的柳树，故名。它一般呈黄褐色、灰褐黄色，也主要由壳角蛋白组成，故也属有机珊瑚。与黑珊瑚相似，质地异常坚韧，耐腐（据报道，1985 年在福建东山岛一宋代古墓中曾发掘到一批金珊瑚制品，虽历经千年，仍保存完整无损）；硬度 3，折射率

◆ 蓝珊瑚手链（标价 400 元）

◆ 左：表面有"丘疹"般突起的黑珊瑚
　右：金珊瑚

1.56左右，不透明（边缘微透明），蜡状光泽；长波紫外灯下发强的黄白垩色荧光，短波紫外下发弱黄白色荧光；相对密度常略低于黑珊瑚，平均1.33～1.34。和黑珊瑚一样，表面也布满众多的"丘疹"般的突起；横切面有收缩的树轮状构造。由于表面有丘疹般突起，且多龟裂纹，故大多进行覆膜处理（常用环氧树脂）。处理后呈亮丽的金黄色，相对密度则略偏高。

人们还发现，黑珊瑚经漂白处理可转变为金珊瑚。

（五）珊瑚的人工处理和常见仿冒品

由于历代无节制的采捞，可用作珠宝的珊瑚资源正日见萎缩，市场的共需矛盾日见突出；另一方面，为了追求高额利润，也促使一些人竭力制造各种可用来仿冒珊瑚的制品。目前，市场上常见的珊瑚人工处理和仿冒品可有多种情况，现简介如下：

漂白，是珊瑚最常见的处理方法。从海洋中采集上来的珊瑚，一般都要用双氧水进行漂白，以去除其表面附着的浑浊颜色；尤其是死枝珊瑚，如未经漂白会呈现浊黄色。另外，深度的漂白还可使深色的珊瑚颜色变浅，如暗红色珊瑚可变为粉红色；黑珊瑚变为金珊瑚。珊瑚的漂白处理，我国国标规定属于优化。

除漂白外，珊瑚还常见有染色、填充、拼接和覆膜处理。为了叙述的方便，本书将这些处理的有关情况纳入珊瑚的常见仿冒品中一并介绍。

已知珊瑚的常见仿冒品主要有以下三大类：

第一大类是完全人工制造的仿制品。常见的有三种：

玻璃仿制品。此类多用于仿制整枝的珊瑚，或较大的珊瑚制品；但也有一些不法商人把它制成小的珠子，与真红珊瑚混合使用。玻璃质的仿制品，具有十分近似于天然红珊瑚的颜色和光泽，相对密度也相近。与天然红珊瑚的区别，在于它不会具有红珊瑚那种特征的内部结构条纹，且有的内部可见有小的气泡，另外，它的硬度较大（摩氏6级左右），小刀划不动，破裂口呈贝壳状，遇稀盐酸不会起泡。

塑料仿制品。和玻璃仿制品一样，也多用于仿制整枝珊瑚，或较大的珊瑚制品。虽然它也可以制作得与真红珊瑚十分相似，但仔细观察，可以发现它的光泽相对较弱，近于树脂光泽或蜡状光泽，有的表面会遗留浇铸的模具痕迹。它的硬度较低（小于摩氏3级），可被小刀划动；相对密度也较低（1.4左右），有经验的人用手掂，可感觉分量偏轻。同样，它也不具有真珊瑚的特征纹理，遇稀盐

◆ 吉尔森珊瑚

酸不会起泡。

吉尔森珊瑚。这是法国著名的人造宝石公司——吉尔森公司使用方解石粉末和少量染料,在高温高压下,压制而成的仿珊瑚材料。因使用的染料的多少和色泽的差别,可模仿各种不同色调的红珊瑚;更由于它使用的主要原料就是组成天然红珊瑚的方解石,所以可以取得十分逼真的效果。其基本性质也与真珊瑚相差无几,只是相对密度稍偏轻(2.44左右),而更重要的区别,在于它不具有天然珊瑚的纹理。放大检查可见有细微的粒状结构。

第二大类是一些经人工染色处理的天然材料。常见的有四种:

1. 用白珊瑚染色制成的仿冒品。此类制品最具欺骗性,因为它不仅具有与真红珊瑚基本相似的物理化学性质,而且也具有与红珊瑚相似的纹理结构,所以极易让人上当受骗。由于红珊瑚是西藏人们最喜爱的宝石之一,因此,从来自西藏的饰品中可以发现大量的此类仿冒品,其中有不少还具有上百年甚至更长的历史。鉴别此类制品,可从仔细观察颜色的分布入手,由于它是人工染色的产物,所以颜色会在一些有坑凹的部位或一些裂隙中相对浓集;另外,若有新鲜的缺口,则可以看到暴露出来的内部未被染上颜色的部分(但天然红珊瑚也会有白心、白斑,当心混淆)。再者,一些较早期的染色制品,可用蘸有酒精的棉花擦拭,这时棉花便会染红;但近代由于改良了染色剂,酒精棉已不能取得这一效果,这时需要使用丙酮或乙醚来代替酒精。更可靠的鉴定方法,是使用大型的红外光谱仪进行测试,因为白珊瑚的组成物质是文石而不是方解石,所以它具有与红珊瑚不同的红外特征。

2. 用大理岩染色制成的仿冒品。大理岩的矿物成分是和红珊瑚一样的方解石,因此其基本的物理化学性质与红珊瑚相似,凭此无法与红珊瑚区别。但大理岩是一种岩石,它不会具有珊瑚那样的生物结构纹理。另外,它也经过染色,因此上述的鉴别染色珊瑚的一些方法对它同样适用。

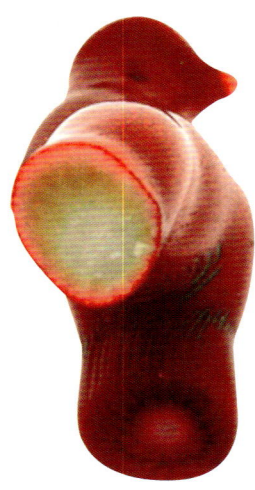

◆ 染色珊瑚的断口

3. 用染色的骨制品来仿冒。这种制品使用的骨料通常为牛骨、驼骨及象骨等。识别此类制品相对容易,因为它们的物质成分与珊瑚截然不同,物理化学性质差别也较大。如它们的相对密度偏低,在2.0左右,硬度也偏低,摩氏2.75级左右,遇稀盐酸不会起泡等。更简便的鉴别方法是仔细观察它的纹理:它的横截面没有珊瑚那样的同心圆加放射纹的特征,而有许多被称为"哈弗氏管"的小圆孔;在纵切面上,它没有珊瑚那样的相互平行的波状纹理,而是呈现为断续的平直纹理。

4. 用染色树枝来仿冒。由于树枝在形态上与整枝珊瑚十分相似,所以通常用于冒充珊瑚的植株,但此类制品比骨制品更易区别,只要稍加留心,应该不难发现它的破绽。它的最大特点是相对密度小于1,所以通常都可以在水中漂浮。另外,它的韧性大于珊瑚,不易折断,折断后的破裂口显示

填充处理的蓝珊瑚，可见蓝色充填物聚集在孔隙中

木纤维的犬牙交错状。再者，它虽然也可以有类似珊瑚的纵向纹理和横截面的同心环带，但却缺乏放射纹。

第三大类是用真的天然红珊瑚中的次品、残品，经拼接、填补等处理制作而成。天然红珊瑚在自然环境下易遭受虫蛀而留下蚀孔，从而使其外观受到损害；再有的因打捞采集、搬运加工等原因而遭到折断、损坏，使利用价值降低。为了提高它的价值，一些人常采用拼贴、粘接、空穴填补等方法予以修饰。对于此类制品，可用放大镜仔细检查，尤其要注意其纹理的延续情况，是否有中断、错位、交叉？如果有，那么这些部位便应该是拼接、填补的地方。填充处理也常用于蓝珊瑚的修饰，目的在于尽量掩盖、填塞蓝珊瑚表面的众多孔隙。此时放大观察，可见蓝色充填物聚集在孔隙中。

另外，前文中我们已经谈到，为了掩盖黑珊瑚、金珊瑚表面的大量丘疹般突起和龟裂纹，常对其进行覆膜处理。此外，一些质地较疏松或颜色不佳的红珊瑚也有进行覆膜处理的。我国国标规定，若被覆无色膜可视为优化，若覆有色膜则属于处理。覆膜珊瑚在荧光灯下，通常可发现有异样的荧光；还有的在放大检查时，可见薄膜出现局部脱落。

（六）珊瑚的收藏投资要点

首先要指出的是，在各种有机宝石中，自古以来虽然珍珠最负盛名，享有"宝石中的皇后"和"深渊之宝"的美称，备受人们的珍爱，但近代由于养殖珍珠的普及，珍珠已逐渐退去了她往日的神秘与尊荣，飞入寻常百姓家。相比之下，红珊瑚的情况却正好相反，迄今其来源仍完全依赖天然的采集，而由于历年的捕捞，产量正逐年锐减，优质者更为少见，这就使其身价日增，价格不断上扬。这与养殖珍珠的日趋普及，正好形成鲜明的对比，从而构成了超越珍珠的趋势。因此我们可以预期，投资红珊瑚，未来定可获得较好的收益。

正像前面已经谈到的，由于珊瑚有多种仿冒品，如果不小心把它们当作真珊瑚购入，就不仅不会有好的受益，还很可能遭受不必要的损失。要鉴别是不是真珊瑚，最重要的是学会观察它的纹理构造。已知在所有的红珊瑚仿冒品中，除了用白珊瑚染色的仿制品外，没有一种会具有珊瑚的特征纹理。至于染色珊瑚的鉴定，则有一定的难度，这时投资者最好还是依赖专门的检测机构。

在确定其为真珊瑚时，接下来你要注意的是，它是否经过人为的拼接、填充处理。如果没有，这时你可根据前面我们所述的几个评价因素，对它的品质优劣作出适当的评估。需要指出的是，和所有其他珠宝一样，品质愈优，未来的升值潜力也愈大。

为了保证你的珊瑚制品不致因保存不当而贬值，在收藏和保养红珊瑚时，应注意以下几点：

1. 红珊瑚的主要成分是碳酸钙，故其对酸碱特别敏感，极易受酸碱的腐蚀，因此，收藏珊瑚一定要谨防与酸碱物质接触。如洗洁净、洗衣粉、清洗剂，以及化学

金珊瑚随形烟嘴

药剂等都要尽力避免与之接触。

2. 珊瑚多极微细的小孔，易于吸附外界的各种气体，所以切忌佩带珊瑚饰品去参与烹调等家务活动；也不要戴着珊瑚饰品去理发、洗浴，否则油烟、香水、洗浴的蒸汽等会渗入珊瑚中，给珊瑚带来潜移默化的损害。

3. 珊瑚还含有少量的水分，所以也要避免因过分干燥造成的失水，导致开裂。更忌热力烘烤和在烈日下曝晒。也不要长期置于潮湿的环境里，因为珊瑚也含有一定量的有机物，长期的潮湿会导致霉变，甚至虫蛀。

4. 珊瑚质地较脆，硬度不高，故易受硬物划伤，留下擦痕，也易因坠落或受打击而折断，所以要尽力避免与硬物接触，防止坠落；在保存时，应用软布包裹，妥善置于有衬垫的盒中。

5. 若珊瑚饰品因日久受到污染，切勿使用肥皂液、洗洁精，可用温水或中性洗涤液来清洗，然后用柔软的羊皮或绒布轻轻擦拭，并放在阴凉处让其晾干；若表面有少许毛糙和失光，则可以沾上一些蜡，于相应部位来回擦拭，可起到补光的效果。

若能注意上述 5 点，你的珊瑚制品一定能长时间地保持靓丽如新。

最后，还要补充指出的是，虽然红珊瑚是各种珊瑚中最名贵的品种，但其他珊瑚，如蓝珊瑚和角质珊瑚，因自然界产量稀少，也具相当的价值，若有机会遇到也切切不要错过。

（七）珊瑚的供需概况

已知红珊瑚主要分布在较温暖的水域，即多产于南北纬 30 度之间，并大致成带状环绕各大洲分布。它从大西洋的爱尔兰南海，向南经比斯开湾，至马德拉群岛、加那利群岛和佛得角群岛；然后沿地中海两岸分布，再出红海，向南见于非洲东岸，包括塞舌尔群岛、马达加斯加和马斯克林群岛；另一带向东沿印度洋北岸、东南亚沿海，再转向北，经我国的南沙群岛、澎湖列岛、台湾东海岸，一直向北延至日本一带的海域。此外，太平洋中的夏威夷的西北部和中途岛附近海域也是红珊瑚的重要产区。

在这些产区中，最优质的珊瑚主要来自地中海沿岸，如非洲的阿尔及利亚、突尼斯和欧洲西班牙的近海，意大利的西西里岛、撒丁岛等地。而意大利的那不勒斯是世界最著名的红珊瑚加工地。

我国台湾地区曾是世界最重要的珊瑚生产地，20 世纪的七八十年代，年捞获量约 24 万千克，占世界总产量的 60% 左右。所采珊瑚主要来自以下四个地区：一，我国钓鱼岛附近；二，台湾岛与菲律宾之间的巴士海峡；三，澎湖至香港间的海域；四，关岛、中途岛等太平洋诸岛海域。但近年来，由于长年的过度捕捞，使珊瑚产量急剧下降，尤其是主干直径在 3 厘米以上的珊瑚已十分罕见。

当今，珊瑚的消费市场主要在美国、欧洲和日本。香港则是一个重要的珊瑚集散中心，每年都有来自台湾和其他产地的珊瑚原料运抵这里，进行拍卖和销售。其中一部分在香港本地或台湾进行加工，另一部分则被运往意大利、日本等地进行加工。

据报道，20世纪80年代初，太平洋地区产的红珊瑚原料的统货价格，大致在每千克100～140美元。但同一时期，一些色彩鲜红的优质日本红珊瑚，其价格竟可高达每千克5 000美元。

20世纪末珊瑚成品的价格大致如下：由特级和一级珊瑚加工而成的，大小在5mm×7mm～8mm×10mm蛋弧形戒面，一般每克为300～600港元；直径为8mm～10mm，长16英寸的项链，大致是1万～2万港元；直径为5mm～8mm的项链，价格则降至2 000～5 000港元。若为用二三级原料加工而成的，则同样大小的蛋弧形戒面，为每克80～250港元；同样大小的珊瑚项链，则分别是1 000～3 000港元和几百港元。然而，随着近年来珠宝市场的兴旺，红珊瑚也水涨船高。据报道，2012年最高等级的红珊瑚已涨至每克5 000～6 000元人民币；有的甚至超过万元。一些品质相对较差的红珊瑚，在2008年为每克500～600元，现在也已涨到每克2 000～3 000元。

在国内市场，红珊瑚在历史上虽然具有十分崇高的地位，但近代由于受到"左"的思潮的影响，加上我国大陆近海少有珊瑚产出，一度完全依赖从日本等地进口，所以仅有少量珊瑚用于制作高档的工艺摆件，并主要用于出口换汇，而用红珊瑚制作的饰品几乎绝迹市场。改革开放以后，特别是台海两岸交流的兴起，一些来自港台的红珊瑚饰品纷纷抢滩祖国大陆市场，尤其是沿海的一些大城市，但总的说来，尚未形成大的气候。不过，在西藏和宁夏地区，由于藏族人和回族人都有视珊瑚和绿松石是天赐宝物的文化观念，因此只要有条件，人人都希望拥有珊瑚制品，所以那里的珊瑚市场比较活跃。只可惜，那里的珊瑚制品大多质量较差，并以染色珊瑚居多。而染色珊瑚的价格一般只有同色珊瑚价格的1/8～1/3。

配有绿松石和蜜蜡的红珊瑚项链

后记

笔者与翁臻培教授合著的《名贵珠宝投资收藏手册》问世以来，承蒙许多读者的青睐，很快就销售完毕。为了满足读者的需求，笔者特在该书的基础上，根据珠宝市场和珠宝科技的发展现状，作了许多补充和更新，以期更好地适应读者的需要。为此目的，我们不仅对原书所涉及的钻石、红蓝宝石、翡翠、珍珠等名贵宝石作了新的补充，还增加了现今市场上热销的碧玺、石榴石和绿松石。只可惜限于篇幅，我们不可能面面俱到地介绍所有名贵珠宝，还望读者见谅。不过，我们相信读者若能较全面地领会本书的相关内容，即使遇到了一些比较罕见的名贵珠宝，也会举一反三地作出如何处理的适当判断。

另外，还要说明的是，本书是以当今正在执行的我国2010年颁发的"珠宝玉石国家标准"为准绳，但该国标允许把养殖珍珠直接称为"珍珠"，把天然珍珠称为"天然珍珠"。惜这并未与国际接轨。当今国际市场上，人们还是把养殖珍珠称为"养珠"，把"珍珠"一词用于天然珍珠。因此，当你准备投资收藏珍珠制品时，应注意可能存在的这种名称上的差别。还有，国际规定可以用"和田玉"一词来称呼不论产自何地的软玉，然而，事实上，我们在书中已经指出，在已知各地所产的软玉中，一般说来以和田所产的玉为最佳，其价值通常也高于其他地方所产的软玉。所以，国标的这一规定，势必使许多商家为追逐高额利润，把不是和田玉所产的软玉也合法地称为"和田玉"，这不能不引起我们玉石爱好者的高度警觉。

最后，在搁笔之前，我们有必要指出，在本书撰写过程中，曾摘引了张蓓莉主编的《系统宝石学》、吴瑞华等编著的《天然宝石的改善及鉴定方法》、张瑜生译《宝石内含物大图解》、欧阳秋眉、苑执中、林小玲、周国平、周佩玲、余平等人相关文章中的某些图片，以及摘引了一些来自网络的图片，在此，特向相关著者表示真挚的感谢！

本书还是集体劳动的成果，除主要执笔者张庆麟外，参加本书工作的还有翁臻培、吴秀玲、王美玲、张秀萍、张晓莉、寿金方、万嗣乃、李秀珠、臧珞珈和包建广。

最后，我们也要向本书的读者表示感谢。谢谢你们对本书的支持和爱护。另外，我们也热忱地希望你们能对本书的不足之处或错误提出宝贵的意见和建议。

编者

2013年10月